KEHUCE YONGDIAN ANQUAN FUWU
YINHUAN PAICHA SHOUCE

客户侧用电安全服务
隐患排查手册

国网浙江省电力有限公司衢州供电公司　组编

马　亮　周敬嵩　主编

中国电力出版社
CHINA ELECTRIC POWER PRESS

内 容 提 要

本书系统梳理了 10kV 用户配电房用电安全检查的各个方面，包括配电房内进出线电缆、高低压开关柜、变压器及新型设备等的检查内容、标准及常见安全隐患的排查及处理方法。

本书实用性与系统性强，可以帮助电力行业的技术人员和管理者识别和预防安全隐患，从而提升用电安全管理水平，确保电力系统的稳定与安全。

图书在版编目（CIP）数据

客户侧用电安全服务隐患排查手册 / 国网浙江省电力有限公司衢州供电公司组编；马亮，周敬嵩主编 .
北京 ： 中国电力出版社，2025. 8. -- ISBN 978-7-5239-0281-3

I. TM92-62

中国国家版本馆 CIP 数据核字第 2025ZX2508 号

出版发行：中国电力出版社
地　　址：北京市东城区北京站西街 19 号（邮政编码 100005）
网　　址：http://www.cepp.sgcc.com.cn
责任编辑：穆智勇（010-63412336）
责任校对：黄　蓓　郝军燕
装帧设计：郝晓燕
责任印制：石　雷

印　　刷：三河市万龙印装有限公司
版　　次：2025 年 8 月第一版
印　　次：2025 年 8 月北京第一次印刷
开　　本：787 毫米 × 1092 毫米　16 开本
印　　张：20.75
字　　数：451 千字
定　　价：128.00 元

前言

　　客户侧用电设备存在安全隐患可能导致设备损坏、引起火灾，甚至引发触电伤害；同时，客户侧用电设备的复杂性和多样性，使得用电安全隐患的排查显得尤为困难。近年来，国家对电力安全的重视程度不断加大，相关法规和标准相继出台，形成了较为完善的用电安全管理体系。尽管如此，客户侧仍然存在一定数量的用电安全事故，特别是 10 kV 客户配电房的运维人员和管理相对薄弱，安全隐患的排查和治理依然任重道远。未来的发展方向应聚焦于智能化、数字化的安全管理手段，提升用电安全的整体水平。

　　本书旨在为电力行业的从业人员提供一本系统、实用的用电安全隐患排查手册，针对 10 kV 客户配电房，介绍了检查的流程、内容、标准和依据，对各种隐患进行了定性分析，对典型隐患进行了剖析。希望通过对用电安全隐患的全面分析和实用指导，帮助用户和供电企业用电检查人员识别潜在风险，根据相应的隐患性质制定有效的预防措施，从而提升用电安全管理的科学性和有效性。

　　全书共分为九章，涵盖了用电安全检查工作的各个方面。第一章对用电安全检查工作进行了概述，明确了检查内容、依据、周期和流程等基本信息；第二～六章针对配电房的运行环境、进出线电缆、变压器、高压和低压开关柜等关键设备的检查进行了详细的叙述；第七、八章介绍了新型设备及应急电源的检查要点；第九章聚焦于运行管理的检查。全书系统性和实用性强、理论与实践相结合、图文并茂，适合相关从业者参考使用。

本书适合电力行业的各类专业人士使用，特别是负责用电安全检查的技术人员和管理人员。在实际工作中，建议读者根据本书的内容，结合具体的工作环境和设备类型，灵活运用相关检查方法和措施，定期进行隐患排查，并根据检查结果及时制定改进方案，以确保用电安全的持续稳定。

　　本书在编写过程中得到了诸多专家的指导和建议，在此谨向所有参与本书撰写、审核及提供支持的同仁表示衷心的感谢。我们深知，电力安全无小事，愿与大家共同努力，推动用电安全管理水平的提升。

编　者

2025 年 8 月

目录

第一章

用电安全检查工作概述

　　用电安全检查工作是保障电力系统安全运行和人民生命财产安全的重要环节。随着我国产业结构的升级及大量分布式电源和新型用电设备的出现，对用电安全的需求越来越高。

　　用电安全检查工作对于保障电力系统安全、提高可靠性、提升用电者安全意识和安全用电水平、履行电力管理部门职责具有重要意义。通过全面检查电力设备、线路、用电环境等，及时发现和排除客户潜在的安全隐患，如设备老化、线路短路、漏电等问题，避免因隐患导致的电火灾、电击伤害等事故发生。同时，用电安全检查有助于提高电力系统的可靠性和稳定性，及时发现并解决设备故障、线路负荷过载等问题，保障电力系统的正常运行，避免停电和电力供应中断。此外，通过宣传和培训用电客户的安全意识和安全技能，提高客户本质安全水平，减少用电事故的发生。

第一节　用电检查工作内容

　　根据国家相关法律、法规、方针、政策及电力行业标准的要求，供电企业应定期或不定期组织开展用电检查工作，以确保电力系统和客户用电设备的安全运行。

一、目的及范围

　　用电检查工作的目的是发现和排除潜在的安全隐患，确保电力系统的安全运行和人民生命财产的安全。供电企业和电力客户都应积极配合用电检查工作，各自对自己产权设施的安全负责。

　　用电检查人员应具备相应电压等级用电检查的能力，掌握电气设备相关知识和技能，熟悉与供用电业务相关的法律、法规、方针、政策、技术标准及供用电管理规章制度。

　　用电检查的范围主要包括电力用户的涉网装置，根据实际需要还可延伸至相关设施所在处。用电检查主要采用外观状态检查、资料核查、记录抽查等方式进行，并按照相关标准的规定检查电力用户的电气配置，检查人员不应对用户设备进行实质性操作。对于具备智能化采集或监测条件的电力用户，可以采用状态检查的方式。在执行用电检查工作时，应遵守电力用户保卫保密制度。若因电力用户产权设施引起的损坏或损害，由电力用户承担相应责任。

二、工作分类

用电安全检查工作分为常规用电安全检查、重大活动保障检查和其他检查三大类。

1. 常规用电安全检查

由于用电客户重要性不同，常规用电安全检查的服务内容有所不同。如图 1-1 所示，用电检查人员对设备开展常规用电检查。

图 1-1　用电检查人员开展常规用电检查

（1）普通用户涉网装置检查内容包括但不限于以下内容：

1）电力用户涉网装置的电气设备及相应的设施安全状况；

2）电力用户自备应急电源配置和非电性质的保安措施；

3）特种作业操作证（电工）配置及作业安全保障措施；

4）电能计量装置、电力负荷控制装置、继电保护和自动装置、调度通信等的运行记录；

5）公共连接点电能质量状况；

6）用户侧电源并网安全状况；

7）电力用户用电安全自查记录。

（2）重要电力用户检查内容除涉网装置检查外，还应检查是否满足以下要求：

1）电力用户重要性定级应准确；

2）电力用户供电电源配置与重要性等级应匹配；

3）电力用户保安负荷应接入自备应急电源，自备应急电源容量应满足保安负荷需求，自备应急电源启动时间、切换方式应满足安全要求；

4）防倒送电措施应安全可靠，包括双电源和自备电源应装设可靠的机械闭锁或电气闭锁装置，电气闭锁装置应定期开展试验等。

2. 重大活动保障检查

针对重大活动，供电企业需要开展重大活动保障检查。如图 1-2 所示，用电检查人员正对重大活动场所开展保障检查。

图 1-2　用电检查人员开展重大活动保障检查

重大活动保障检查主要包括以下内容：

（1）供电企业开展重大活动保障检查内容除常规用电安全检查外，还应检查是否满足以下要求：

1）重大活动场所供电电源及自备应急电源配置符合《重要电力用户供电电源及自备应急电源配置技术规范》（GB/T 29328）的规定；

2）重大活动场所重要负荷应采用双电源供电，特别重要负荷应采用双电源供电加装不间断电源（UPS）等不间断的供电方式；

3）重大活动场所对临时负荷接入应执行报备审批制度，新增负荷应重新校核继电保护整定值；

4）重大活动场所应结合实际用电情况，制定重大活动电力突发事件应急预案，并至少组织一次应急预案演练，对演练中发现的问题应及时修订应急预案。

（2）重大活动开始前应对重大活动场所同线路、同母线其他电力用户开展用电检查，并告知协同开展重大活动保障。

（3）供电企业在重大活动场所举办重大活动期间，还应检查是否满足以下要求：

1）重大活动场所应增加满足国家和行业规定、持证上岗的电气运行保障人员，加强电力设施的巡视检查，在重点电力设备保障区域开展值班值守；

2）重大活动场所应加强对自备应急电源的运行监视，自备应急电源宜处于启机热备用状态；

3）重大活动场所每路进线、高低压出线应定时进行负荷监测和配电变压器（简称配变）、环境温度测试，掌握设备运行状况，做好巡视检查记录；

4）重大活动场所应避免非必要的倒闸操作，确需进行倒闸操作时，应通知供电企业，会商后再行实施；

5）重大活动场所应加强对供用电环境和重要负荷的在线监测，及时发现隐患并妥善处理，或者采取有效的保障措施。

3. 其他检查

其他检查包括量价费合规性检查、超容用电检查、转供电行为检查、变更用电检查和防窃电检查等。如图 1-3 所示，用电检查人员在开展超容用电检查。

图 1-3 用电检查人员开展其他检查——超容用电检查

（1）量价费合规性检查。检查内容包括：

1）工商业及其他用电（两部制、单一制）输配电价格按照政府主管部门批准的电价或进入电力市场后按照市场购电形成的电价执行情况；

2）各商业综合体、产业园区、物业、写字楼等供电主体落实地方电价政策执行情况。

（2）超容用电检查。检查内容包括：

1）检查电力用户现场设备容量与合同约定容量是否一致。当检查发现有私自增加变压器/电机、私自更换大容量变压器/电机、私自更换或使用高过载变压器等现象时，按相关法律法规处置。

2）检查电力用户是否超合同约定容量运行。私增或更换电力设备导致超过合同约定的容量用电的，符合以下任一条件视为该电力用户在结算周期内超容运行，按相关法律法规处置：

① 结算周期（1 个月）内任一日，供电企业计量数据采集系统记录的电能表计量的最大需量（或最大有功功率，千瓦视同千伏安）大于合同约定运行容量的 105% 且

15 min 负荷曲线连续 4 个点超合同约定运行容量;

② 结算周期(1 个月)内,供电企业计量数据采集系统记录的电能表计量的最大需量(或最大有功功率,千瓦视同千伏安)大于合同约定运行容量的 105% 且 15 min 负荷曲线累计 60 个点超合同约定运行容量。

(3)转供电行为检查。检查内容主要包括是否私自扩大供电范围,私自变更用电主体及向其他用户转供电等。

(4)变更用电检查。检查内容包括:

1)减容(减容恢复)、暂停(暂停恢复)、移表、暂拆(复装)、更名、过户、销户、改类等业务的现场检查;

2)电力用户应提前申请暂停(暂停恢复)业务,供电企业应组织实施现场检查是否实施启封、封停等现场检查;

3)电力用户应提前申请销户业务,供电企业应组织实施现场勘查、拆表、电费结算等检查。

(5)防窃电检查。检查内容包括但不限于:

1)是否存在擅自接线用电、绕越电能计量装置用电、伪造或开启加封的电能计量装置封印用电、私自调整分时电能计量装置数据、故意损坏电能计量装置、故意使电能计量装置计量不准或者失效等状态和行为;

2)检查过程中发现用户存在窃电行为的,检查人员应予制止并可当场中止供电,并与用户书面确认。具备条件的地区,根据电力用户窃电行为的严重程度可纳入相关征信系统。

(6)电力用户二次回路及二次回路负载发生变动应主动告知供电企业,供电企业应提供现场检查。二次回路负载超过互感器额定二次负载或二次回路电压降超差时,应及时查明原因并处理。

第二节 用电检查工作依据

依据《用电检查规范》(GB/T 43456—2023),在用电安全检查服务时,必须遵守相关的法律法规、标准规范及《供用电合同》等规定,主要采用外观状态检查、资料核查、记录抽查等方式进行,不应对用户设备进行实质性操作。按照"服务、通知、报告、督导"四到位的工作要求开展,维护正常供用电秩序和保障公共安全,提高安全用电水平。

一、工作依据

安全用电检查工作的开展须遵循有关技术标准或文件执行。主要依据下列文件开展。

（1）技术规范类文件，主要包括：

《电力安全工作规程》（GB 26860）；

《重要电力用户供电电源及自备应急电源配置技术规范》（GB/T 29328）；

《3kV～110kV 高压配电装置设计规范》（GB 50060）；

《20kV 及以下变电所设计规范》（GB 50053）；

《10kV 及以上电力客户变电站运行管理规范》（GB/T 32893）；

《电力变压器运行规程》（DL/T 572）；

《电力设备预防性试验规程》（DL/T 596）；

《用户供配电设施运维及安全管理规范》（T/ZDL 024—2024）。

（2）管理类文件，主要包括：

《国家电网公司营销安全风险防范工作手册（试行）》（国家电网营销〔2009〕138 号）；

《国家电网公司关于高危及重要客户用电安全管理工作的指导意见》（国家电网营销〔2016〕163 号）；

《国家电网有限公司客户安全用电服务若干规定》［国网（营销/4）634—2019］；

《国家电网有限公司营销现场作业安全工作规程（试行）》（国家电网营销〔2020〕480 号）。

二、工作要求

安全用电检查按照"服务、通知、报告、督导"四到位的工作要求开展，指导、帮助和督促客户提高用电安全管理水平，维护正常供用电秩序。

1. 服务：规范开展现场检查

严格遵守用电检查有关规定，对客户现场的自备应急电源配备及使用情况、电气设备运行况、用电行为合法合规情况等内容开展检查。结合季节性特点，有针对性地增加防雷、防汛、防冻、防污等检查内容，做到查到位、不留死角。严格遵守检查纪律，严格执行安全规程，确保检查人员人身安全。

2. 通知：规范缺陷隐患告知

认真做好缺陷隐患告知工作，对于检查发现的用电安全缺陷隐患，应开具"客户受电装置及运行管理缺陷通知单"一式两份，一份交客户留存，另一份由客户签收后带回存备查。对于客户拒绝签收的，应通过函件、挂号信等具有法律效力的形式正式送达客户，确保通知到位、不存遗漏。图 1-4 所示为用电检查人员针对检查情况开具的"客户受电装置及运行管理缺陷通知单"。

3. 报告：严格执行隐患报备

严格规范隐患报备管理，对于客户的供电电源和自备应急电源配置不到位等可能导致电中断的用电安全缺陷隐患，每季度末前函报政府主管部门，确保报备到位、严防风险，并于季度末报送国网营销部。

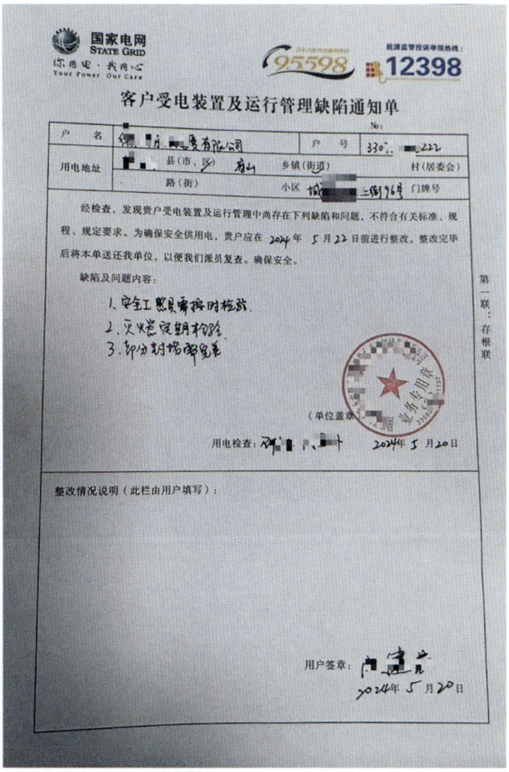

图 1-4　"客户受电装置及运行管理缺陷通知单"示例

4. 督导：加强隐患整改督导

建立完善的高危及重要客户缺陷隐患台账管理制度，主动为客户提供技术支持，持续督促客户落实整改措施。同时加强与政府主管部门沟通协调，借助政府力量推进客户缺陷隐患整改工作，确保督导到位、促进整改。

第三节　用电检查周期与流程

用电检查是保障用电设施和设备安全运行的重要工作，通过定期和不定期地按照规范的流程开展用电检查，可以及时发现和解决用电设施和设备存在的安全隐患，确保用电系统的安全稳定运行，保障人员和设备的安全。

一、检查周期

用电安全检查服务分为周期检查、专项检查和重大活动保障检查。周期检查可与专项检查、重大活动保障检查等现场相结合开展。

1. 周期检查

周期检查是指根据规定的检查周期和客户安全用电实际情况，制定检查计划，并按照计划开展的检查工作。如图 1-5 所示，用电检查人员对重要电力用户开展周期检查。

图 1-5　用电检查人员开展重要电力用户周期检查

（1）重要电力用户用电检查周期宜按以下规定执行：

1）重要电力用户，每 6 个月检查一次；

2）临时性重要电力用户，根据需要适时开展用电检查。

（2）应对普通电力用户加强用电安全宣传，根据需要不定期开展用电检查。

2. 专项检查

专项检查是指每年的春季、秋季安全检查，以及根据工作需要安排的专业性检查诊断，主要是针对高温、雷雨、洪涝、台风、冰冻、防火期等不同季节灾害性天气特点，结合周期检查开展迎峰度夏度冬、防汛防台、防森林草原火灾等专项检查。

国家法定节假日专项安全检查每年至少一次 / 项，包括春节、元旦、国庆节等；春、秋季安全用电专项检查每年一次 / 季，迎峰度夏防汛泵站安全用电检查每年一次。如图 1-6 所示，用电检查人员为春节开展专项安全检查。

图 1-6　用电检查人员为春节开展专项安全检查

3. 重大活动保障检查

重大活动保障检查服务是指因重要保电任务或其他需要而开展的用电安全检查。

高考、中考保供电专项检查每年至少一次／项；各级政府组织的大型政治活动、大型集会、庆祝、娱乐活动及其他特殊活动需要临时特殊供电保障，根据活动要求开展安全用电检查。如图 1-7 所示，用电检查人员为高考开展保供电专项检查。

图 1-7 用电检查人员为高考开展保供电专项检查

二、检查流程

为了规范用电安全检查的操作流程，提高检查质量和效率，用电安全检查服务工作需要在人员、检查工作准备、检查过程及后续管理过程中都做到规范化管理，确保每个环节都得到有效执行，确保电气设备的安全运行。

（一）作业前准备

1. 准备工作安排

准备工作内容主要包括制定检查计划、准备检查所需工具、了解客户基本情况、准备现场作业工作卡，准备工作内容及要求见表 1-1。依据《国家电网有限公司营销现场作业安全工作规程（试行）》规定，客户侧开展用电检查工作对应风险等级为一级，宜填用现场作业工作卡。

表 1-1 准备工作安排

序号	内容	要求	备注
1	制定年、月度巡检计划	定期安全检查服务需按照不同电压等级、重要性等级客户的检查周期要求制定计划。专项安全检查服务、特殊性安全检查服务需根据实际工作需求单独制定计划	
2	准备检查所需工具	安全帽等安全工器具、常用工具及工具包、摄录设备、移动作业终端、电能计量专用封印工具、万用表、非接触测温仪、三相多功能相位伏安表、数字高压兆欧表等	现场检查所需工具分为必备和根据需要配备

序号	内容	要求	备注
3	了解客户基本情况	通过营销业务系统、用电信息采集系统等，了解客户基本情况，掌握客户基本情况	
4	准备现场作业工作卡	用电检查工作宜填用现场作业工作卡。在按照有关法律法规开展客户侧用电检查现场作业时，可不执行"双许可"制度，由供电许可人许可后，即可开展用电检查相关工作	

2. 作业组织及人员要求

（1）作业组织。用电检查班长负责制定各类用电安全检查工作计划，负责分派具体检查人员。用电检查员负责开展客户用电安全检查工作，负责检查流程流转、归档，保存检查记录与相关文档，不少于 2 人。

（2）人员要求。用电检查人员应符合下述要求：

1）符合国家电网有限公司《供电服务规范》中基本道德和技能规范、诚信服务规范、行为举止规范、仪容仪表规范、营业场所服务规范的要求；

2）如图 1-8 所示，用电检查人员应着装规范、精神良好地赴电力用户场所开展检查工作；

3）工作人员应具有良好的精神状态和身体状况；

4）工作人员应着装整齐，个人工具和劳保用品应佩戴齐全；

5）熟悉《中华人民共和国电力法》《电力供应和使用条例》《供电营业规则》等国家有关电力法律法规、用电政策和电力系统及电力生产的有关知识；

6）工作人员在进行现场检查时，应向客户表明身份、出示工作证件并说明来意；

7）工作人员开展现场检查工作时，应遵守客户现场管理规定；

8）工作人员营销安规考试必须合格后才能上岗。

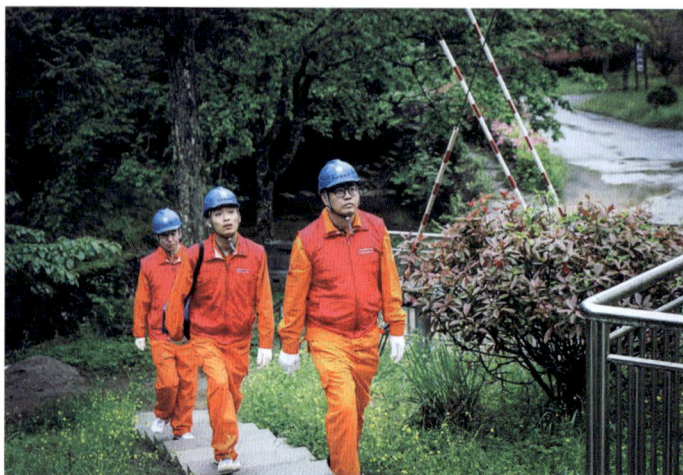

图 1-8　用电检查人员着装规范、精神良好地赴电力用户场所开展检查工作

（3）备品备件与材料。用电检查人员应携带《用电检查结果通知书》《限期整改告知书》《中止供电通知书》《窃电（违约用电）处理通知单》《窃电（违约用电）现场处理单》等若干表单。

（4）工器具及仪器仪表。包括专用工具、常用工器具、仪器仪表等，见表1-2。

表1-2　　　　　　　　　　　　　　工器具与仪器仪表

序号	名称	单位	内容	备注
1	安全帽等安全工器具	套	主要包括安全帽、统一工装、绝缘手套、绝缘鞋、绝缘梯等	必备
2	常用工具及工具包	套	主要包括钳形电流表、验电笔、手电筒、望远镜、放大镜等	必备
3	移动作业终端	台	包含支持开展用电检查业务的智能终端	必备
4	摄录设备	台	主要包括摄像设备、录音设备、执法记录仪等	必备
5	装表工器具	套	钢丝钳、尖嘴钳、螺丝刀、活动扳手、绝缘胶带等	反窃查违工器具根据实际需要配备，具体按照反窃查违作业指导书规定执行
6	电能计量专用封印工具	包	主要包括封印、封条、物证封装袋（箱）等	
7	测量工器具	套	相位伏安表、配变容量测试仪、高低压变比测试仪、三（单）相校验仪、非接触测温仪等	

（5）技术资料。包括客户基本信息、设备信息等，通过营销业务系统或移动作业终端查询，必要时，提前至档案室查阅纸质档案资料。具体包括：客户基本信息（户名、联系方式、供电电源情况、行业分类、用电类别等）、客户设备信息（主设备参数、各类试验报告等）、其他现场检查所需要提前了解的客户资料（客户图纸、业务档案等）。

（6）风险分析与预防控制措施。作业全过程风险点分析及预防控制措施见表1-3。

表1-3　　　　　　　　　　　作业全过程风险点分析及预防控制措施

序号	风险点	风险描述	预防控制措施
1	用电安全检查不规范	未按规定和周期要求制定检查计划	制定检查计划，落实用电安全检查的考核制度
		未按要求提前准备检查所需的设备及资料	在执行用电安全检查任务前，全面检查所带资料及设备，确保设备工作正常
		替代客户操作受电装置和电气设备	加强工作人员培训，强调不得替代客户操作电气设备

序号	风险点	风险描述	预防控制措施
2	发生触电、人身、意外等伤害事件	特殊气候条件下，如雷雨、大雾、大风等天气，户外设备巡检存在危险	特殊气候条件下，如雷雨、大雾、大风等天气时，现场检查人员应避免户外设备巡视工作
		现场设备外壳保护接地不可靠，对检查工作人员安全造成隐患	检查人员应避免直接触碰设备外壳，如确需触碰，应在确保设备外壳可靠接地的条件下进行
		户内 SF_6 设备检查，存在有害气体泄漏，对检查工作人员造成伤害的隐患	检查人员进入 SF_6 装置室，应确认能报警的氧含量仪和 SF_6 气体泄漏报警仪无异常报警后，方可进入。入口处若无 SF_6 气体含量显示器，应先通风 15min，并用检漏仪测量 SF_6 气体含量合格方可进入
		检查通道内枯井、沟坎时，遭遇动物攻击等，可能给检查工作人员安全健康造成危害	检查工作人员进入以上现场检查作业，应充分了解现场情况，配备足够的照明用具及防护设备，确保安全
		现场设备带电、交叉跨越、同杆架设等可能给检查工作人员带来危险	检查工作人员进入以上现场检查作业，应先充分了解并核准现场设备运行情况及风险点，明确安全检查通道，与带电设备保持足够安全距离，并采取有效防护措施，避免误碰误接触带电设备或走错带电间隔。检查高压带电设备时，不得强行打开闭锁装置
3	用电检查中未能发现安全隐患或未开具书面整改通知单	检查工作人员技能欠缺，用电安全检查中未能发现用电安全隐患	加强用电安全检查人员培训，提高检查工作人员技能素质
		检查中发现的安全隐患未充分告知客户，未开具书面检查结果通知书	加强用电安全检查工作质量考核
		未对隐患进行跟踪并督促客户进行整改	加强用电安全检查工作质量考核
4	检查过程中客户不配合检查	客户不允许检查工作人员进入	检查工作人员应首先主动向被检查客户出示工作证。对不配合检查的客户，必要时可以随带当地街道办等政府工作人员共同检查
		客户拒绝或推脱签字确认，存在检查结果无效的风险	充分与客户沟通，可采取录像或录音等方式记录，也可以采取函件、挂号信等送达方式，规避客户不配合情况
5	客户拒绝整改用电安全隐患	客户对用电安全检查时告知的用电安全隐患拒绝整改	对于危急隐患，客户不实施隐患整改并危及电网或公共用电安全的，向当地电力主管等相关政府部门落实报备工作要求，并发放"限期整改告知书"督促整改工作，拒不整改的发放"中止供电通知书"，并按规定审核、实施
6	资料未归档	检查流程未归档，检查不闭环	加强用电安全检查工作质量考核
		检查纸质档案资料遗失、未归档	加强用电安全检查工作质量考核

（7）客户设备设施状态。作业前应了解客户设备设施状态、生产情况等；了解客户设备带电情况，与带电设备保持足够安全距离；了解客户生产工艺、设备负荷用电情况。

（二）作业流程

客户用电安全检查标准化作业流程如图1-9所示。用电检查人员应严格按照作业流程开展用电检查工作，实施标准化作业，有效控制作业风险，保障作业安全。

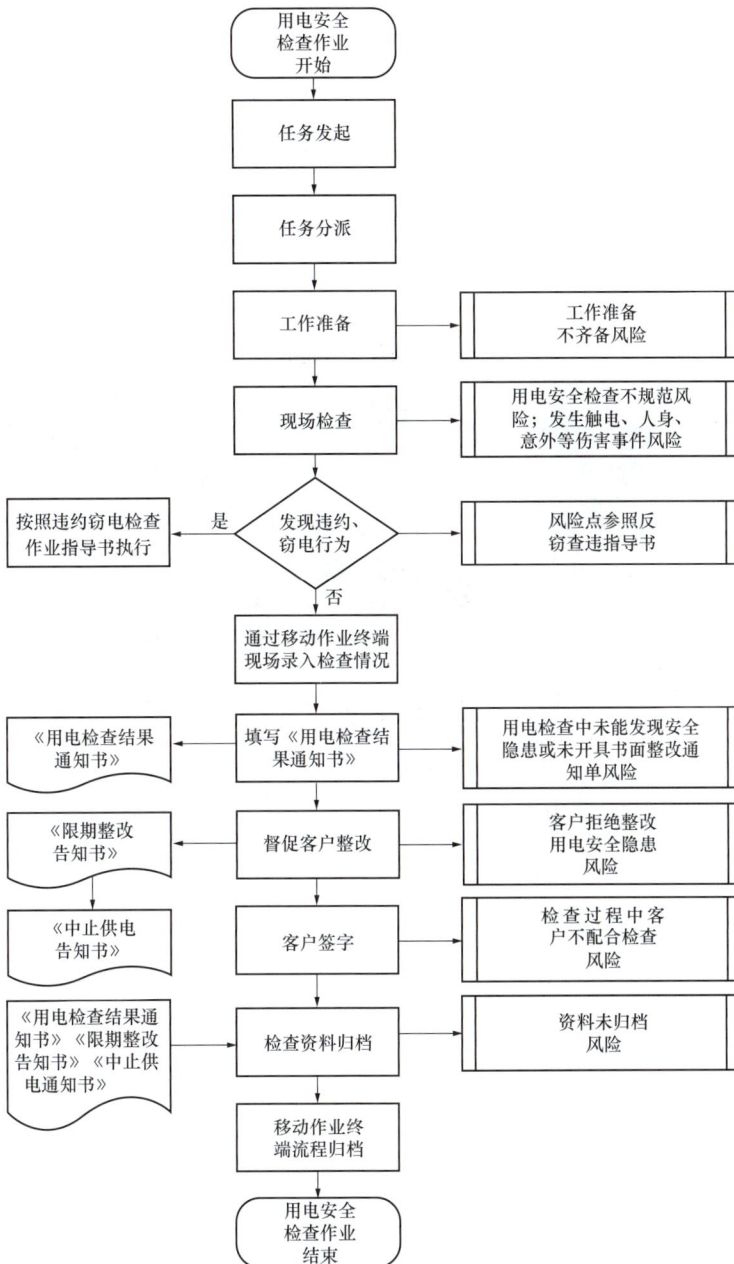

图 1-9　客户用电安全检查标准化作业流程图

（三）检查步骤与要求

1. 用电检查班长发起用电检查任务

由用电检查班长通过营销业务系统制定年、月度周期性检查计划及专项检查计划。

2. 用电检查班长任务分派

用电检查班长分派任务至具体用电检查员，根据实际情况需要可增加现场检查人数。

3. 用电检查员工作准备

用电检查员应通过移动作业终端下载当月巡检任务工单，认真、正确准备必要的资料及工器具，确保工器具使用正常，现场检查前提前查询了解客户基本信息及必要技术资料。根据移动作业终端检查流程的规定步骤，开展标准化检查作业。客户安全检查常用工器具见图 1-10。

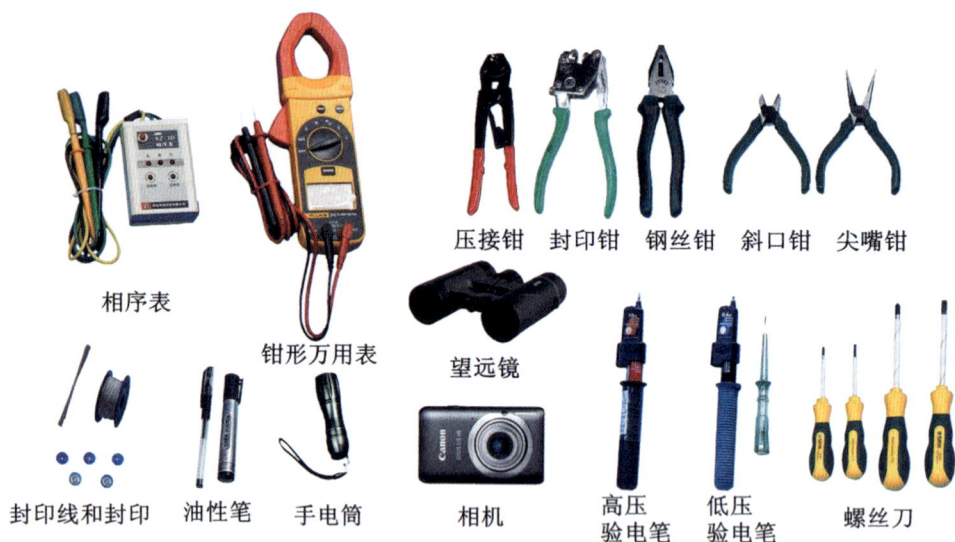

图 1-10 客户安全检查常用工器具

4. 用电检查员现场检查

现场检查是用电检查工作的核心内容，具体现场检查的内容和方法将在后续章节中详细讲述，此处不再展开。

5. 发现违约、窃电行为

用电检查员发现违约、窃电行为，参见违约窃电检查。

6. 录入检查情况

开展现场用电安全检查时，通过移动作业终端按照规定步骤逐项核查客户各类信息与现场是否相符。检查结束，必须通过移动作业终端对计量装置、暂停变压器封印情况进行现场拍照存档。对于检查发现的用电安全隐患，开具"用电检查结果通知书"后需通过移动作业终端拍照，最后完成上装流程。

7. 填写"用电检查结果通知书"

用电检查员填写"用电检查结果通知书",将客户存在的缺陷和问题以具体、清晰的"用电检查结果通知书"书面提出整改意见和措施,填写应标准、规范。

8. 督促客户整改

对于危急隐患,客户不实施隐患整改并危及电网或公共用电安全的,应落实"四到位"工作要求,书面报告当地政府电力、安全生产等相关主管部门,并发放"限期整改告知书"督促整改。拒不整改的发放"中止供电通知书",并按规定程序经审核后实施。

9. 客户签字

客户认可"用电检查结果通知书"中填写的内容,并由客户主管电气的领导或电气专业负责人签字,一式两份。

10. 检查资料归档

将客户签字的"用电检查结果通知书"及其他纸质档案及时存入客户档案资料中,相关视频、照片、录音等电子资料信息统一信息化存档。重要电力用户应按照一户一档的要求实施集中化、电子化管理。

11. 移动作业终端流程归档

用电检查员将移动作业终端巡检流程归档,营销业务系统巡检流程归档。

"用电检查结果通知书""限期整改告知书""中止供电通知书"保存在用电检查班或客户经理班,保存期限不少于 3 年。

(四)问题整改

对于用电检查过程中发现的问题,用电检查人员应主动跟踪客户用电安全情况,及时督促客户消除安全隐患。对于客户不实施安全隐患整改并危及电网或公共用电安全的,应立即报告当地政府电力主管部门、安全生产主管部门和相关部门,按照规定程序予以停电。用户对其设备的安全负责,供电企业不承担因被检查设备不安全引起的任何直接损坏或损害的赔偿责任。

第四节 用电安全隐患定义与分级

在用电安全检查服务过程中,对于检查发现的用电安全隐患需要进行分级定性管理,遵循"谁主管、谁负责"和"全覆盖、勤排查、早发现、快治理"的原则,做到全过程闭环管控。

一、安全隐患的定义

安全隐患是指在生产经营活动中,违反国家和电力行业安全生产法律法规、规程标准及安全生产规章制度,或因其他因素可能导致安全事故(事件)发生的物的不安全状态、人的不安全行为、作业环境不良和安全管理方面的缺失等。

二、安全隐患的分级

在用户供配电安全隐患排查工作中发现的设备隐患，可根据造成的后果分为危急隐患、严重隐患和一般隐患。

（1）危急隐患是指随时可能造成设备损坏、人身伤亡、大面积停电、火灾等事故的隐患，危急隐患应立即采取措施处理。

对于变压器、高压开关柜等主要或重要负荷设备存在随时可能造成设备损坏、人身伤亡、火灾等事故的缺陷，应立即按危急隐患处理。

（2）严重隐患是指对人身或设备有严重威胁、暂时尚能坚持运行但需尽快处理的隐患，严重隐患应尽快（1个月内）消除，并在处理前采取相应防范措施。

（3）一般隐患是指情况较轻、对安全运行影响较小、可列入年度或季度检修计划中加以消除的隐患，一般隐患应制定消除计划，并按计划处理。

情况较轻、对安全运行影响较小的隐患，可根据主网或用户检修计划时间按一般隐患处理。

第五节　用电检查风险分析与预控措施

在进行客户安全用电检查时，需要进行风险分析以识别潜在的安全风险和问题，这其中的风险主要包括"用电安全检查不规范""发生触电、人身、意外等伤害事件""用电检查中未能发现安全隐患或未开具书面整改通知单""检查过程中客户不配合检查""客户拒绝整改用电安全隐患""资料未归档"六大风险点。通过风险分析与加强预控措施，可实现客户安全用电检查可控、能控、在控。

一、用电安全检查不规范

1. 风险说明

用电安全检查不规范行为主要包括：

（1）未按规定和周期要求制定检查计划。

（2）未按要求提前准备检查所需的设备及资料。

（3）替代客户操作受电装置和电气设备，如图1-11所示。

2. 预控措施

（1）制定检查计划，落实用电安全检查的考核制度。

（2）在执行用电安全检查任务前，全面检查所带资料及设备，如图1-12所示，确保设备工作正常。

（3）加强工作人员培训，强调不得替代客户操作电气设备，遇到客户电工不会操作的可以指导电工操作。

图 1-11　用电检查人员替代客户操作受电装置

图 1-12　用电检查人员检查所带资料及设备

二、发生触电、人身、意外等伤害事件

1. 风险说明

可能发生触电、人身、意外等伤害事件的情形包括：

（1）特殊气候条件下，如雷雨、大雾、大风等天气，户外设备巡检存在危险。

（2）现场设备外壳保护接地不可靠，对检查工作人员安全造成隐患。

（3）户内 SF_6 设备检查，如图1-13所示，存在有害气体泄漏对检查工作人员造成伤害的隐患。

（4）检查通道内枯井、沟坎时，遭遇动物攻击等，可能给检查工作人员安全健康造成危害。

（5）现场设备带电、交叉跨越、同杆架设等可能给检查工作人员带来危险。

图1-13　用电检查人员对户内 SF_6 设备检查

2. 预控措施

（1）特殊气候条件下，如雷雨、大雾、大风等天气时，现场检查人员应避免户外设备巡视工作。

（2）检查人员应避免直接触碰设备外壳，如确需触碰，应在确保设备外壳可靠接地的条件下进行。

（3）检查人员进入 SF_6 装置室，应确认能报警的氧含量仪和 SF_6 气体泄漏报警仪无异常报警后，方可进入。入口处若无 SF_6 气体含量显示器，应先通风15min，并用检漏仪测量 SF_6 气体含量合格。检查工作人员进入以上现场检查作业，应充分了解现场情况，配备足够的照明用具及防护设备，确保安全。

（4）检查工作人员进入以上现场检查作业，应先充分了解并核准现场设备运行情况及风险点，明确安全检查通道，与带电设备保持足够安全距离，并采取有效防护措施，避免误碰误接触带电设备或走错带电间隔。

（5）检查高压带电设备时，不得强行打开闭锁装置。

三、用电检查中未能发现安全隐患或未开具书面整改通知单

1. 风险说明

导致用电检查中未能发现安全隐患或未开具书面整改通知单的因素有：

（1）检查工作人员技能欠缺，用电安全检查中未能发现用电安全隐患。

（2）检查中发现的安全隐患未充分告知客户，未开具书面检查结果通知书。

（3）未对隐患进行跟踪并督促客户进行整改。

2. 预控措施

（1）加强用电安全检查人员培训，提高检查工作人员技能素质。

（2）加强用电安全检查工作质量考核。

四、检查过程中客户不配合检查

1. 风险说明

客户不配合检查的主要情形有：

（1）客户不允许检查工作人员进入。

（2）客户拒绝或推脱签字确认，存在检查结果无效的风险。

2. 预控措施

（1）检查工作人员应首先主动向被检查客户出示工作证。对不配合检查的客户，必要时可以随带当地街道办等政府工作人员共同检查。

（2）充分与客户沟通，可采取录像或录音等方式记录，也可以采取函件、挂号信等送达方式，规避客户不配合情况。

五、客户拒绝整改用电安全隐患

1. 风险说明

客户对用电安全检查时告知的用电安全隐患拒绝整改。

2. 预控措施

对于危急隐患，客户不实施隐患整改并危及电网或公共用电安全的，向当地电力主管等相关政府部门落实报备工作要求，并发放"限期整改告知书"督促整改工作，拒不整改的发放"中止供电通知书"，并按规定审核、实施。

六、资料未归档

1. 风险说明

（1）检查流程未归档，检查不闭环。

（2）检查纸质档案资料遗失、未归档。

2. 预控措施

加强用电安全检查工作质量考核。

第二章

配电房运行环境隐患排查

配电房是电力系统中至关重要的组成部分，其运行环境的良好与否直接关系到电力设备的安全稳定运行及供电的可靠性。配电房运行环境主要包括环境卫生、安全工器具、构建筑物、防小动物措施、通风除湿设备、照明设施等。通过定期开展配电房运行环境检查与维护，可以及时发现潜在问题并进行处理，避免故障的发生，同时有助于提高电力系统的稳定性与可靠性。

第一节　环境卫生

配电房良好的环境卫生不仅为运维人员创造了舒适的工作环境，也可以避免电气设备绝缘部分积灰导致的绝缘性能下降，同时为运行人员开展巡视检查、倒闸操作、异常和事故处理工作创造必要的条件。

一、检查的流程、内容与标准

配电房环境卫生包括配电房周边环境卫生和配电房室内卫生。配电房环境卫生检查宜在用电安全隐患排查过程中同步进行，通常按照配电房周边、控制室、配电室的顺序开展检查工作。

（一）配电房周边运行环境检查的主要内容和标准

配电室周边运行环境检查的内容是检查配电室周边环境是否良好及是否存在杂物，如图 2-1 所示。

（1）检查配电房周边是否因环境改变而造成隐患。

▶ **检查依据**

《20kV 及以下变电所设计规范》（GB 50053—2013）：

2.0.1.5　不应设在有剧烈振动或高温的场所。

2.0.1.6　不宜设在多尘或有腐蚀性物质的场所，当无法远离时，不应设在污染源盛行风向的下风侧，或应采取有效的防护措施。

2.0.1.7　不应设在厕所、浴室、厨房或其他经常积水场所的正下方处，也不宜设在与上述场所相贴邻的地方，当贴邻时，相邻的隔墙应做无渗漏、无结露的防水处理。

2.0.1.8　当与有爆炸或火灾危险的建筑物毗连时，变电所的所址应符合现行国家标准《爆炸和火灾危险环境电力装置设计规范》（GB 50058）的有关规定。

2.0.1.9　不应设在地势低洼和可能积水的场所。

2.0.1.10　不宜设在对防电磁干扰有较高要求的设备机房的正上方、正下方或与其贴邻的场所，当需要设在上述场所时，应采取防电磁干扰的措施。

（2）检查室外设备是否存在临时构筑物或树木、杂草隐患。

▶ **检查依据**

《用户供配电设施运维及安全管理规范》（T/ZDL 024—2024）：检查户外设备的鸟巢隐患；检查户外变电站周边环境隐患，如临时建筑、大棚、广告、树木、杂草等；跟踪检查变电站内外环境隐患等防汛防台遗留问题。

（3）检查配电室窗台下方是否存在小动物通过杂物翻窗进入配电室的隐患。

▶ **检查依据**

《20kV及以下变电所设计规范》（GB 50053—2013）：

6.2.1　高压配电室窗户的底边距室外地面的高度不应小于1.8m。

图 2-1　配电室周边运行环境

（二）配电室内运行环境检查的主要内容和标准

配电室内运行环境检查的内容包括地面、墙面、天花板、设备、工具、材料、室内环境等是否满足要求。

（1）检查室内地面是否干净整洁，无杂物、积水、油污，是否存在道路不畅通等隐患。

▶ **检查依据**

《10kV 及以上电力用户变电站运行管理规范》（GB/T 32893—2016）：

6.9.2 变电站生产办公场所应保持卫生清洁。

（2）检查室内墙面和天花板是否存在污渍、积灰、蜘蛛网等隐患。

▶ **检查依据**

《20kV 及以下变电所设计规范》（GB 50053—2013）：

6.2.5 配电室、电容器室和各辅助房间的内墙表面应抹灰刷白，地面宜采用耐压、耐磨、防滑、易清洁的材料铺装。

（3）检查玻璃窗是否存在污渍、破损等隐患。

▶ **检查依据**

《用户供配电设施运维及安全管理规范》（T/ZDL 024—2024）5.3.5.1 规定：

a）检查变（配）电站进出设备室电缆孔洞封堵、户外设备热缩套、设备室门窗及通风口网罩等防小动物措施是否完好。

（4）检查通风设备是否良好，室内空气是否存在不流通，有异味等隐患。

▶ **检查依据**

《20kV 及以下变电所设计规范》（GB 50053—2013）：

6.3.4 室宜采用自然通风。设置在地下或地下室的变、配电室，宜装设除湿、通风换气设备。

（5）检查配电室内设备、工具和材料是否有存在无序摆放的隐患。

▶ **检查依据**

《用户供配电设施运维及安全管理规范》（T/ZDL 024—2024）：

> 5.7.2 用户变（配）电站内应有存放常用工具、常用仪表、备品备件、钥匙、安全工器具的专用器具且摆放整齐有序，每件物品都要有完整规范的标签、标志，安全用具应有编号。

（6）检查快速启动自备应急电源，柴油发电机房和 UPS 室内是否存在堆放杂物，地面有油污等隐患。

▶ **检查依据**

> 《10kV 及以上电力用户变电站运行管理规范》（GB/T 32893—2016）：
>
> 6.9.3 生产场地不准存放与运行无关的闲散器材和私人物品。

二、隐患及定性

配电房环境卫生隐患大多是一般隐患或严重隐患，配电房常见环境卫生隐患及隐患等级定性如表 2-1 所示。

表 2-1　　　　　　　　　配电房常见环境卫生隐患及隐患等级定性表

序号	常见环境卫生隐患	隐患等级
1	配电室外有倒剩菜、剩饭的垃圾桶	一般隐患
2	配电室窗外有杂物、树木	一般隐患
3	墙面和天花板有污渍、积灰、蜘蛛网	一般隐患
4	玻璃窗不透明，有污渍、破损	一般隐患
5	设备、工具和材料无序摆放	一般隐患
6	一般通风设备缺失或工作异常，室内空气不流通，有异味	一般隐患
7	配电设备、盘柜等有灰尘、杂物	一般隐患
8	地面不干净整洁，有杂物、积水、油污，造成巡视不便	一般隐患
9	六氟化硫通风设备缺失或工作异常，造成空气不流通	严重隐患
10	配电设备、盘柜等标识缺失或不清	严重隐患
11	地面不干净整洁，有杂物、积水、油污，影响设备操作或抢修	严重隐患
12	柴油发电机房和 UPS 室内堆放杂物，影响设备正常运行	危急隐患
13	电气设备绝缘积灰严重，可能形成闪络或放电	危急隐患

三、典型隐患示例

（一）配电房地面有杂物

1. 隐患描述

配电房通道上有杂物，如图 2-2 所示。

图 2-2　配电房地面有杂物隐患示例图

2. 隐患判断依据

根据《10kV 及以上电力用户变电站运行管理规范》（GB/T 32893—2016）6.9.3 规定：生产场地不准存放与运行无关的闲散器材和私人物品。

3. 隐患定性

巡视通道有杂物，如果影响正常巡视检查、倒闸操作、异常和事故处理，属于严重隐患。

4. 隐患整改标准

控制室和配电房地面应无杂物。

（二）发电机房堆放杂物

1. 隐患描述

柴油发电机房堆放杂物，如图 2-3 所示。

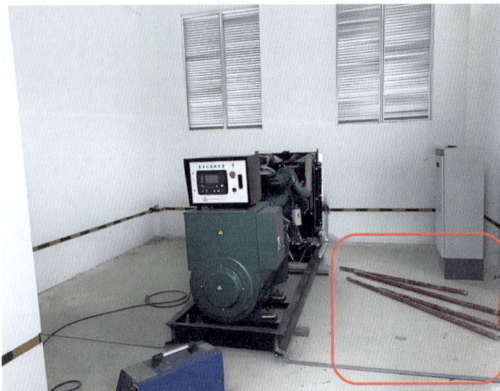

图 2-3　发电机房堆放杂物隐患示例图

2. 隐患判断依据

根据《10kV 及以上电力用户变电站运行管理规范》（GB/T 32893—2016）6.9.3 规定：生产场地不准存放与运行无关的闲散器材和私人物品。

3. 隐患定性

柴油发电机房堆放杂物，严重影响事故情况下柴油发电机的启动操作，在紧急情况下操作，容易引起操作人员摔倒导致人身伤亡事故，发电机运行期间易燃杂物可能会引起火灾，属于严重隐患。

4. 隐患整改标准

发电机房地面应保持干净整洁，无杂物。

第二节　安全工器具

配电房内对安全工器具的定期检查，可以确保其在电力设施运维过程中能够正常、安全地使用，减少因工具故障导致的电击、电弧等事故，保护电力工作人员的生命安全。合格的安全工器具还能减少对电力设备的损坏，维护设备的稳定运行，避免因工具问题导致的设备故障和损坏。

一、检查的流程、内容、标准

安全工器具的检查流程可按照安全工器具的配备、外观检查、预防性试验检查等依次展开；配电房内应配置足够的安全帽、接地线、验电笔、绝缘手套、绝缘靴等安全工器具和常用测量仪表；应按规定周期对安全工器具进行预防性试验，并试验合格，保护电力运维人员和设备安全。

（一）安全工器具配备检查的主要内容和标准

安全工器具配备检查的主要内容是检查配备的种类、数量是否充足，以及工器具的试验周期是否符合要求，如表 2-2、表 2-3 所示。

（1）检查安全工器具配置的种类是否存在缺失的隐患。

▶ **检查依据**

《10kV 及以上电力用户变电站运行管理规范》（GB/T 32893—2016）：

8.4 变电站应配备必要的工器具。

（2）检查安全工器具配置的数量是否存在不符合要求的隐患。

▶ **检查依据**

《用户供配电设施运维及安全管理规范》（T/ZDL 024—2024）：

> 5.2.3 用户变（配）电站应配备必要的安全工器具、合格的消防器具及其他工器具，各类工器具应按周期进行检查试验（详见附录C）。

（3）检查安全工器具的试验周期是否存在不符合要求的隐患。

▶ **检查依据**

《电力安全工作规程发电厂和变电站电气部分》（GB 26860—2011）附录E（规范性附录）表E.1给出了绝缘安全工器具试验项目、周期和要求。

《电力安全工器具预防性试验规程》（DL/T 1476—2023）：

4.1 按规定周期或新购置投入使用前、检修或关键零部件更换后、使用过程中对性能有疑问或发现缺陷、出现质量问题同批次的电力安全工器具应进行预防性试验。

《用户供配电设施运维及安全管理规范》（T/ZDL 024—2024）：

5.2.3 用户变（配）电站应配备必要的安全工器具、合格的消防器具及其他工器具，各类工器具应按周期进行检查试验（详见附录C）。

表 2-2　　　　　　　　　　　　　　安全工器具配置表

序号	名称	参考数量配置	试验周期	序号	名称	参考数量配置	试验周期
1	绝缘手套	高压：2双 低压：2双	6个月	10	防护眼镜	1副	—
2	绝缘靴	2双	6个月	11	测量仪表	按需配置	
3	绝缘操作杆	2副	12个月	12	防毒面具	2套	
4	验电器（笔）	高压：2只 低压：2只	12个月	13	防电弧服	按需配置	6个月
5	接地线	高压：2副 低压：2副	不超过5年	14	绝缘胶垫	1毯	12个月
6	安全带	按需配置	12个月	15	绝缘隔板	按需配置	12个月
7	塑料安全帽	4顶	30个月（抽检）	16	绝缘夹钳	按需配置	12个月
8	绝缘梯	人字梯：2架	12个月	17	核相器（电阻管）	1只	6个月
9	绝缘罩	按需配置	12个月	18	红布幔	10块	—

续表

序号	名称	参考数量配置	试验周期	序号	名称	参考数量配置	试验周期
19	遮栏网及临时遮拦杆	移动安全围栏：100m 磁吸式安全围栏：200m	—	21	SF气体检测仪	含有 SF_6 设备需配置	—
20	脚扣	按需配置	6个月	22	防护架	按需配置	—

表 2-3　　　　　　　　　　　　其他安全工器具配置表

序号	名称	参考数量配置	序号	名称	参考数量配置
1	望远镜	按需配置	3	常用组合工具	1 套
2	故障抢修应急灯	4个	4	工具柜	1个

（二）安全工器具管理情况检查的主要内容和标准

安全工器具管理情况检查的主要内容是检查工器具摆放是否合理，外观是否明显损坏，如出现裂纹、破损、磨损等，安全工器具上是否有检验标签，如图 2-4 所示。

图 2-4　配电房安全工器具摆放示例图

1. 安全工器具摆放

检查安全工器具是否放置在合理位置，是否摆放整齐、便于取用。

> **▶ 检查依据**
>
> 《用户供配电设施运维及安全管理规范》（T/ZDL 024—2024）：
>
> 5.7.2 用户变（配）电站内应有存放常用工具、常用仪表、备品备件、钥匙、安全工器具的专用器具且摆放整齐有序，每件物品都要有完整规范的标签、标志，安全用具应有编号、试验合格标签，注明试验日期（有效期）和试验周期，并定置定位。

2. 安全工器具外观

检查安全工器具的外观是否良好，是否有明显破损。

> **▶ 检查依据**
>
> 《带电作业用工具、装置和设备使用的一般要求》（DL/T 877—2004）：
>
> 5.3 使用之前的检查
>
> 为了确保工具电气和机械特性的完整，在每次使用工具之前，应进行仔细检查，这些检查应包括：
>
> a）工具在经贮存和运输之后应无损伤（如工具的绝缘表面应无孔洞、撞伤、伤和裂缝等）；
>
> b）工具应是洁净的；
>
> c）工具的可拆卸部件或各组件经装配后应是完整的：
>
> d）工具应能正确操作（如工具应转动灵活无卡阻、锁位功能正确等）。

3. 安全工器具检查记录

检查安全工器具检查记录是否齐全，是否包括检查日期、检查人员、工器具的使用状况等。

> **▶ 检查依据**
>
> 《电力安全工器具配置与存放技术要求》（DL/T 1475—2015）：
>
> 5.4.2 台账管理：管理及使用单位应建立电力安全工器具台账，并保存电力安全工器具的检查记录、试验报告、出厂说明等资料。台账中应对所配置的电力安全工器具进行分类登记，记录其名称、编号、规格型号、类别、厂家名称、出厂日期、购置日期、试验日期、试验周期、下次试验日期、报废等基本信息。

4. 常见安全工器具外观及性能

（1）安全帽检查。

1）外观检查：帽壳无破损、无变形、无裂纹，帽衬部件齐全，包括帽箍、顶衬、下颌带等，且连接牢固。

2）冲击吸收性能检查：按照相关标准进行冲击吸收性能测试，使用模拟人头模型，在规定的冲击能量下，帽壳传递到头模上的力应不超过规定值（一般不超过 4900N）。

3）耐穿刺性能检查：用规定的穿刺试验装置进行穿刺试验，钢锥不得接触头模表面。

（2）绝缘手套检查。

1）外观检查：表面应光滑，无发黏、裂纹、破口（漏气）、气泡、发脆等缺陷。

2）尺寸检查：按照产品规格要求，测量手套的长度、宽度等尺寸应符合标准规定。

3）绝缘性能测试：定期进行绝缘电阻测试，使用专用的绝缘电阻测试仪，测试值应不低于规定的绝缘电阻值。一般 1kV 及以上的绝缘手套，绝缘电阻应不低于 1000MΩ；1kV 以下的绝缘手套，绝缘电阻应不低于 500MΩ。

（3）绝缘靴检查。

1）外观检查：无破损、无裂缝、无老化现象，靴面标识清晰完整。

2）防滑性能检查：检查鞋底花纹磨损情况，花纹深度应不小于规定值，以确保良好的防滑性能。

3）绝缘性能测试：同样需定期进行绝缘电阻测试，测试方法与绝缘手套类似。1kV 及以上的绝缘靴，绝缘电阻不低于 1000MΩ；1kV 以下的绝缘靴，绝缘电阻不低于 500MΩ。

（4）安全带检查。

1）外观检查：安全带的织带、绳套、金属配件等表面应无磨损、烧焦、断裂、变形等明显缺陷，颜色鲜明，无褪色现象。

2）部件检查：安全挂钩应闭锁可靠，弹簧完好，无变形、断裂；调节扣、连接环等金属配件应无裂纹、磨损、变形，且活动自如；缝线应牢固，无脱线、断线情况。

3）性能检查：定期进行静负荷试验，在规定的静拉力下（一般为 2205N），保持一定时间（一般为 5min），安全带各部件应无断裂、脱开等异常情况；同时，检查安全带的冲击吸收性能，按照标准进行模拟坠落冲击试验，冲击力应在规定范围内（一般不超过 6000N），确保在实际使用中能有效保护作业人员安全。

（5）验电器（笔）检查。

1）外观检查：外壳无破损、变形，指示器清晰可辨，连接部位牢固。

2）自检功能检查：按下验电器的自检按钮，应能发出清晰的声光信号，以证明验电器的电路和指示功能正常。

3）绝缘性能测试：定期对验电器的绝缘杆进行绝缘电阻测试，绝缘电阻值应符合相应电压等级的要求。同时进行启动电压测试，验电器的启动电压应在额定电压的一定比例范围内（一般为 15%～40%）。

（6）接地线检查。

1）外观检查：软铜线应无断股、散股现象，表面无明显的烧伤、腐蚀痕迹。绝缘外皮应完整，无破损、龟裂、老化等问题。线夹的金属部分应无变形、锈蚀，表面光滑，无毛刺。

2）结构检查：线夹的活动关节应灵活，能够轻松开合，且闭锁装置可靠。接地线与线夹的连接应牢固，采用压接或焊接等可靠方式连接，不得有松动、虚接情况。

3）电阻测试：定期对接地线进行直流电阻测试，其电阻值应符合相关标准要求。不同规格的接地线有不同的电阻标准，如截面积为 $25mm^2$ 的接地线，其电阻值一般不应大于 $0.74m\Omega$。

（7）绝缘操作杆检查。

1）外观检查：杆身应光滑，无裂纹、弯曲变形，表面绝缘层完好无损。

2）连接部位检查：各节之间的连接应紧密牢固，无松动现象。

3）绝缘性能测试：进行绝缘电阻测试和耐压试验。绝缘电阻值应符合相应电压等级的要求，耐压试验应在规定的试验电压下，保持一定时间（一般为 1min），无闪络、击穿现象。

（8）绝缘胶垫检查。

1）外观检查：表面应平整、光滑，无气泡、杂质、破损、裂缝、老化变色等现象。

2）厚度检查：使用厚度测量仪在绝缘垫的不同位置进行测量，测量结果应符合产品标称厚度。一般 10kV 及以下电压等级使用的绝缘垫厚度不应小于 5mm；35kV 电压等级使用的绝缘垫厚度不应小于 8mm。

3）绝缘性能测试：定期进行工频耐压试验和绝缘电阻测试。在工频耐压试验中，按照规定的试验电压和时间进行测试，10kV 绝缘垫的试验电压一般为 15kV，持续时间为 1min，试验过程中不应出现击穿、闪络等现象。绝缘电阻测试使用绝缘电阻测试仪，测试值应符合相关标准要求，一般应达到 $10M\Omega$ 以上。

二、隐患及定性

安全工器具隐患多为一般隐患，安全工器具常见隐患及隐患等级定性表见表 2-4。

表 2-4 　　　　　　　　　　安全工器具常见隐患及隐患等级定性表

序号	常见隐患	隐患等级
1	安全工器具未合理放置	一般隐患
2	绝缘手套和绝缘靴的尺寸不合适，影响电力工作人员的灵活性和操作能力	一般隐患
3	安全工器具预防性试验合格，未贴标签或标签掉落	一般隐患
4	安全带接触不良	一般隐患
5	绝缘垫试验超周期	一般隐患
6	安全工器具试验超周期，外观检查正常	严重隐患

序号	常见隐患	隐患等级
7	安全工器具缺失	严重隐患
8	安全工器具破损，有明显裂纹、破损、磨损等	严重隐患
9	安全工器具未做预防性试验	严重隐患
10	绝缘垫绝缘层损坏	严重隐患
11	绝缘垫未能有效覆盖	严重隐患
12	绝缘垫电压等级与使用环境不符	严重隐患
13	安全带锁扣损坏	危急隐患

三、典型隐患示例

（一）安全工器具配置不足

1. 隐患描述

安全工器具配置不足，缺少安全帽、验电笔等安全工器具，如图 2-5 所示。

图 2-5　配电房缺少安全帽等安全工器具隐患示例图

2. 隐患判断依据

依据《10kV 及以上电力用户变电站运行管理规范》（GB/T 32893）8.4 的规定：变电站应配备必要的工器具。配电房内应配备必要的安全工器具，以保障日常电力运维工作有效运行，保护人员和设备的安全。

3. 隐患定性

安全工器具缺失可能导致操作人员在电力作业中发生触电、人身伤亡等情况，属于严重隐患。

4. 隐患整改标准

配电房内须按标准配备必要的安全工器具，如表 2-1 所示。

（二）安全工器具试验超周期

1. 隐患描述

配电房安全工器具（低压验电器试验超周期）到期年限为 2021 年 3 月，如图 2-6 所示。

图 2-6　配电房安全工器具（验电笔）试验超周期隐患示例图

2. 隐患判断依据

所有安全工器具的试验项目、周期和要求应遵循《电力安全工作规程发电厂和变电站电气部分》（GB 26860—2011）附录 E：绝缘安全工器具试验项目、周期和要求。

3. 隐患定性

安全工器具（验电笔）试验超周期会因无法验明设备是否带电，导致在使用过程中加大安全风险，易引发触电事故，属于严重隐患。

4. 隐患整改标准

须更换为检验周期内的安全工器具，或将超期的安全工器具送去有资质的检验中心重新检验，经检验合格后方可继续使用。

（三）安全工器具未合理放置

1. 隐患描述

配电房安全工器具（接地线摆放杂乱）未合理放置，如图 2-7 所示。

图 2-7　接地线摆放杂乱隐患示例图

2. 隐患判断依据

所有安全工器具的试验项目、周期和要求应遵循《用户供配电设施运维及安全管理规范》（T/ZDL 024—2024）5.7.2 的规定：用户变（配）电站内应存放常用工具、常用仪表、备品备件、钥匙、安全工器具的专用器具，且摆放整齐有序，每件物品都要有完整规范的标签、标志，安全用具应有编号、试验合格标签，注明试验日期（有效期）和试验周期，并定置定位。

3. 隐患定性

接地线未整齐有序摆放，拿取时较为不便，或因接地线未收回造成带接电线合闸，属于严重隐患。

4. 隐患整改标准

接地线应按编号定置摆放整齐。

（四）安全工器具出现损坏

1. 隐患描述

安全帽、安全手套出现了明显的破损、裂纹，未及时更换，如图 2-8 所示。

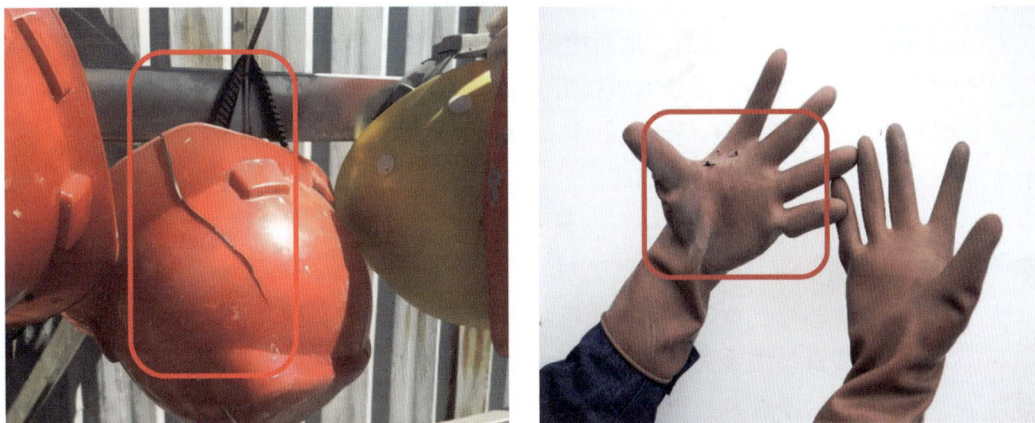

图 2-8　配电房安全工器具（安全帽、绝缘手套）出现损坏隐患示例图

2. 隐患判断依据

安全帽外观要求应符合《电力安全工器具预防性试验规程》（DL/T 1476—2023）6.1.1.1 的规定：永久标识和产品说明等标识应清晰完整；安全帽的帽壳、帽衬（帽箍、吸汗带、缓冲垫及衬带）、帽箍扣、下颏带等组件应完好无缺失。帽壳内外表面应平整光滑，无划痕、裂缝和孔洞，无灼伤、冲击痕迹。

绝缘手套外观要求应符合《电力安全工器具预防性试验规程》（DL/T 1476—2023）6.3.1.1 的规定：手套应质地柔软良好，内外表面均应平滑、完好无损，无划痕、裂缝、皱褶和孔洞。

3. 隐患定性

安全帽、绝缘手套破损，有明显裂纹、破损、磨损等造成绝缘性能破坏或安全防护功能失效，使用时会造成重大人身安全事故，属于危急隐患。

4. 隐患整改标准

用完好的、经检验合格的安全帽、绝缘手套替代已经破损的安全帽、绝缘手套，在整改之前禁止使用。

第三节 构建筑物

配电房内构建筑物的检查可保证电力安全，能及时发现并处理潜在的结构问题，避免发生倒塌等安全事故。通过检查，能提前发现可能引发火灾、漏电等事故的安全隐患，并采取相应的预防措施，确保配电房的安全运行。

一、检查的流程、内容、标准

构建筑物检查流程按照从上到下、从外到里的顺序进行，内容包括屋顶、墙面、地面、门窗、电缆沟等方面，主要检查其下陷、倾斜、质量、强度、大小尺寸等。

（一）构建筑物屋顶、墙面、地面检查的主要内容和标准

检查建筑外观和结构，是否有破损等问题，屋顶有无渗漏等现象，建筑是否稳定可靠，构建筑物墙面是否平整，有无变形、裂缝、破损等问题，构建筑物地面是否平整，有无变形、塌陷、裂缝、破损等问题。

▶ **检查依据**

《既有建筑维护与改造通用规范》（GB 55022—2021）：

3.2.1 建筑日常检查应包括下列主要内容：

1）屋面的渗漏和损坏状况；

2）女儿墙、出屋面烟囱、附属构筑物等的变形和损坏情况；

3）外墙饰面的开裂、渗涌、空鼓和脱落等损伤状况；

4）外墙门窗、幕墙等围护结构的密封性、破损状况，以及与主体结构连接的缺陷、变形、损伤情况；

5）遮阳篷、雨篷、空调架、晾衣架、窗台花架、避雷装置等建筑外立面附加设施的损坏状况，以及与主体结构连接的缺陷、变形、损伤情况；

6）室内装饰装修与主体结构连接的缺陷、变形、损伤情况。

（二）构建筑物的门窗检查的主要内容和标准

（1）检查构建筑物门的数量是否满足要求。

▶ **检查依据**

《20kV 及以下变电所设计规范》（GB 50053—2013）：

4.2.6 配电装置的长度大于 6m 时，其柜（屏）后通道应设 2 个出口，当低压配电装置两个出口间的距离超过 15m 时应增加出口。

《民用建筑电气设计标准》（GB 51348—2019）

4.10.11 长度大于 7m 的配电装置室，应设 2 个出口，并宜布置在配电室的两端；长度大于 60m 的配电装置室宜设 3 个出口，相邻安全出口的门间距离不应大于 40m。独立式变电所采用双层布置时，位于楼上的配电装置室应至少设一个通向室外的平台或通道的出口。

（2）检查构建筑物门的材质是否满足防火要求。

▶ **检查依据**

《民用建筑电气设计标准》（GB 51348—2019）：

4.10.3 民用建筑内的变电所对外开的门应为防火门，并应符合下列规定：

（1）变电所位于高层主体建筑或裙房内时，通向其他相邻房间的门应为甲级防火门，通向过道的门应为乙级防火门：

（2）变电所位于多层建筑物的二层或更高层时，通向其他相邻房间的门应为甲级防火门通向过道的门应为乙级防火门；

（3）变电所位于多层建筑物的首层时，通向相邻房间或过道的门应为乙级防火门；

（4）变电所位于地下层或下面有地下层时，通向相邻房间或过道的门应为甲级防火门；

（5）变电所通向汽车库的门应为甲级防火门；

（6）当变电所设置在建筑首层，且向室外开门的上层有窗或非实体墙时，变电所直接通向室外的门应为丙级防火门。

（3）检查配电装置室及变压器室门的尺寸是否满足要求。

▶ **检查依据**

　　《20kV 及以下变电所设计规范》（GB 50053—2013）：

　　4.10.5 配电装置室及变压器室门的宽度宜按最大不可拆卸部件宽度加 0.3m，高度宜按不可拆卸部件最大高度加 0.5m。

（4）检查构建筑物的窗材料是否符合消防要求。

▶ **检查依据**

　　《20kV 及以下变电所设计规范》（GB 50053—2013）：

　　6.1.4 变压器室的通风窗应采用非燃烧材料。

（5）检查构建筑物的窗高度是否满足要求。

▶ **检查依据**

　　《20kV 及以下变电所设计规范》（GB 50053—2013）：

　　6.2.1 地上变电所宜设自然采光窗。除变电所周围设有 1.8m 高的围墙或围栏外，高压配电室窗户的底边距室外地面的高度不应小于 1.8m，当高度小于 1.8m 时，窗户应采用不易破碎的透光材料或加装格栅；低压配电室可设能开启的采光窗。

（6）检查配电房内电气设备间距设置是否合理。

1）检查油浸变压器外廓与变压器室墙壁和门的最小净距是否符合要求。

▶ **检查依据**

　　《20kV 及以下变电所设计规范》（GB 50053—2013）：

　　4.2.4 油浸变压器外廓与变压器室墙壁和门的最小净距，应符合表 4.2.4 的规定。

表 4.2.4　　　油浸变压器外廓与变压器室墙壁和门的最小净距（mm）

变压器容量（kVA）	100～1000	1250 以上
变压器外廓与后壁、侧壁	600	800
变压器外廓与门	800	1000

注：不考虑室内油浸变压器的就地检修。

2）检查屋内配电装置距顶板的距离是否符合要求。

▶ **检查依据**

《民用建筑电气设计标准》（GB 51348—2019）：

4.6.3　屋内配电装置距顶板的距离不宜小于 1.0m，当有梁时，距梁底不宜小于 0.8m。

3）检查高压配电室内成排布置的高压配电装置的通道宽度是否符合要求。

▶ **检查依据**

《20kV 及以下变电所设计规范》（GB 50053—2013）：

4.2.7　高压配电室内成排布置的高压配电装置，其各种通道的最小宽度，应符合表 4.2.7 的规定。

表 4.2.7　　　　　　高压配电室内各种通道的最小宽度（mm）

开关柜布置方式	柜后维护通道	柜前操作通道	
		固定式开关柜	移开式开关柜
单排布置	800	1500	单手车长度 +1200
单排面对面布置	800	2000	双手车长度 +900
双排背对背布置	1000	1500	单手车长度 +1200

注：1. 固定式开关柜为靠墙布置时，柜后与墙净距应大于 50m，侧面与墙净距宜大于 200mm；
　　2. 通道宽度在建筑物的墙面有柱类局部凸出时，凸出部位的通道宽度可减少 200mm；
　　3. 当开关柜侧面需设置通道时，通道宽度不应小于 800mm；
　　4. 对全绝缘密封式成套配电装置，可根据厂家安装使用说明书减少通道宽度。

4）检查干式变压器的通道最小宽度是否符合要求。

▶ **检查依据**

《20kV 及以下变电所设计规范》（GB 50053—2013）：

4.2.8　低压配电室内成排布置的配电屏的通道最小宽度，应符合现行国家标准《低压配电设计规范》（GB 50054）的有关规定；当配电屏与干式变压器靠近布置时，干式变压器通道的最小宽度应为 800mm。

5）检查低压成排布置的配电屏，其屏前和屏后的通道最小宽度是否符合要求。

▶ **检查依据**

《低压配电设计规范》（GB 50054—1995）：

4.2.5 当防护等级不低于现行国家标准《外壳防护等级（IP代码）》（GB 4208）规定的IP2X级时，成排布置的配电屏通道最小宽度应符合表4.2.5的规定。

表4.2.5　　　　　　　　成排布置的配电屏通道最小宽度（m）

配电屏种类		单排布置			双排面对面布置			双排背对背布置			多排同向布置			屏侧通道
		屏前	屏后		屏前	屏后		屏前	屏后		屏间	前、后排屏距离		
			维护	操作		维护	操作		维护	操作		前排屏前	后排屏后	
固定式	不受限时	1.5	1.0	1.2	2.0	1.0	1.2	1.5	1.5	2.0	2.0	1.5	1.0	1.0
	受限制时	1.3	0.8	1.2	1.8	0.8	1.2	1.3	1.3	2.0	1.8	1.3	0.8	0.8
抽屉式	不受限制时	1.8	1.0	1.2	2.3	1.0	1.2	1.8	1.0	2.0	2.3	1.8	1.0	1.0
	受限制时	1.6	1.0	1.2	2.1	0.8	1.2	1.6	0.8	2.0	2.1	1.6	0.8	0.8

注：1. 受限制时是指受到建筑平面的限制、通道内有柱等局部突出物的限制；
　　2. 屏后操作通道是指需在屏后操作运行中的开关设备的通道；
　　3. 背靠背布置时屏前通道宽度可按本表中双排背对背布置的屏前尺寸确定；
　　4. 控制屏、控制柜、落地式动力配电箱前后的通道最小宽度可按本表确定；
　　5. 挂墙式配电箱的箱前操作通道宽度，不宜小于1m。

6）检查成套电容器柜单列布置时，柜前通道宽度是否符合要求，如图2-9所示。

图2-9　配电房低压设备柜前、柜后距离设置合理示例图

> **检查依据**
>
> 《20kV及以下变电所设计规范》（GB 50053—2013）：
>
> 5.3.3 成套电容器柜单列布置时，柜前通道宽度不应小于1.5m；当双列布置时，柜面之间的距离不应小于2.0m。

（7）检查消防设备及安全设备是否完好。

> **检查依据**
>
> 《用户供配电设施运维及安全管理规范》（T/ZDL 024—2024）：
>
> 5.2.3 用户变（配）电站应配备必要的安全工器具、合格的消防器具及其他工器具，各类工器具应按周期进行检查试验（详见附录C）。

（三）构建筑物电缆沟检查的主要内容和标准

（1）检查构建筑物电缆沟是否封闭完好。

> **检查依据**
>
> 《20kV及以下变电所设计规范》（GB 50053—2013）：
>
> 6.2.4 变压器室、配电室、电容器室等房间应设置防止雨、雪和蛇、鼠等小动物从采光窗、通风窗、门、电缆沟等处进入室内的设施。

（2）检查构建筑物电缆沟是否采取有效防水、排水措施。

> **检查依据**
>
> 《20kV及以下变电所设计规范》（GB 50053—2013）：
>
> 6.2.9 变电所、配电所位于室外地坪以下的电缆夹层、电缆沟和电缆室应采取防水、排水措施；位于室外地坪下的电缆进、出口和电缆保护管也应采取防水措施。
>
> 《电力工程电缆设计标准》（GB 50217—2018）：
>
> 5.5.4 电缆沟应满足防止外部进水、渗水的要求，且应符合下列规定：
>
> 1. 电缆沟底部低于地下水位、电缆沟与工业水管沟并行邻近时，宜加强电缆沟防水处理及电缆穿隔密封的防水构造措施；
>
> 2. 电缆沟与工业水管沟交叉时，电缆沟宜位于工业水管沟的上方；
>
> 3. 室内电缆沟盖板宜与地坪齐平，室外电缆沟的沟壁宜高出地坪100mm。
>
> 考虑排水时，可在电缆沟上分区段设置现浇钢筋混凝土渡水槽，也可采取电缆沟盖板低于地坪300mm，上面铺以细土或砂。

《电力工程电缆设计标准》（GB 50217—2018）：

5.5.5 电缆沟应实现排水畅通，且应符合下列规定：

1. 电缆沟的纵向排水坡度不应小于 0.5%；

2. 沿排水方向适当距离宜设置集水井及其泄水系统，必要时应实施机械排水。

（3）检查构建筑物电缆夹层的高度是否满足要求。

▶ **检查依据**

《电力工程电缆设计标准》（GB 50217—2018）：

5.7.1 电缆夹层的净高不宜小于 2m。民用建筑的电缆夹层净高可稍降低，但在电缆配置上供人员活动的短距离空间不得小于 1.4m。

（4）检查构建筑物电缆夹层安全出口是否满足要求。

▶ **检查依据**

《电力工程电缆设计标准》（GB 50217—2018）：

5.7.5 电缆夹层的安全出口不应少于 2 个，其中 1 个安全出口可通往疏散通道。

二、隐患及定性

配电房构建筑物隐患大多是严重隐患或危急隐患，其常见隐患及隐患等级定性表见表 2-5。

表 2-5　　　　　　　　　　构建筑物常见隐患及隐患等级定性表

序号	常见隐患	隐患等级
1	电缆沟深度、宽度不符合要求	一般隐患
2	配电房开门数量不满足要求	严重隐患
3	建筑基础出现沉降	严重隐患
4	高、低压设备柜前、柜后距离不足	严重隐患
5	屋内配电装置距顶板的距离不足	严重隐患
6	通风和除湿设备未按要求配置，或运行不正常	严重隐患
7	墙面出现裂缝，影响结构安全	危急隐患
8	照明灯具设置在配电柜正上方	危急隐患
9	安全应急照明、消防设备未按要求配置	危急隐患
10	电缆沟与其他管线（燃气、暖气等）距离不足，且无其他保护措施	危急隐患

三、典型隐患示例

（一）墙面出现裂缝、基础出现沉降

1. 隐患描述

配电房墙面出现裂缝，如图 2-10 所示。

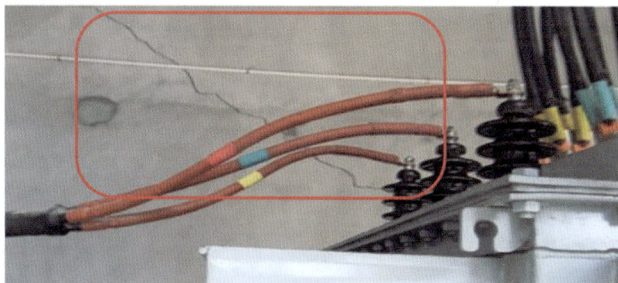

图 2-10　配电房墙面出现裂缝或基础出现沉降隐患示例图

2. 隐患判断依据

建筑外观和结构应无破损、裂缝、渗漏等问题，结构应稳定可靠，依据《20kV 及以下变电所设计规范》（GB 50053—2013）6.2.9 规定：变电所、配电所位于室外地坪以下的电缆夹层、电缆沟和电缆室应采取防水、排水措施；位于室外地坪下的电缆进、出口和电缆保护管也应采取防水措施。

3. 隐患定性

墙面出现裂缝、基础出现沉降，有倒塌、漏水触电的风险，属于危急隐患。

4. 隐患整改标准

对配电房构造承重进行检查，及时填补修复出现的裂缝。

（二）高、低压设备柜前、柜后距离不足

1. 隐患描述

高、低压设备柜前、柜后距离不足，如图 2-11 所示。

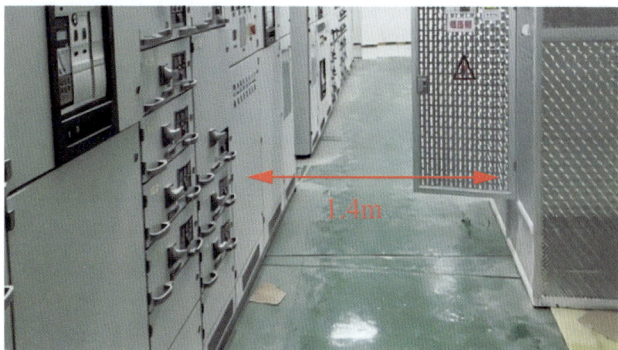

图 2-11　配电房高、低压设备柜前、柜后距离不足隐患示例图

2. 隐患判断依据

高、低压设备柜前、柜后距离设置符合《20kV 及以下变电所设计规范》（GB 50053—2013）5.3.3 的规定：成套电容器柜单列布置时，柜前通道宽度不应小于 1.5m；当双列布置时，柜面之间的距离不应小于 2.0m。

3. 隐患定性

高、低压设备柜前、柜后距离不足，导致距离过近，属于危急隐患。

4. 隐患整改标准

重新摆放高、低压设备柜，使距离符合标准。

（三）照明灯具设置在配电柜正上方

1. 隐患描述

照明灯具设置在配电柜正上方，如图 2-12 所示。

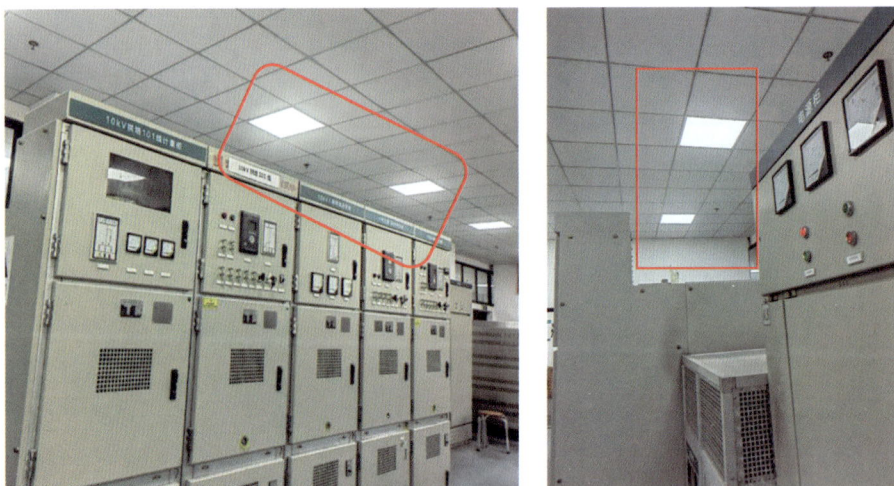

图 2-12　配电房照明灯具设置在配电柜正上方隐患示例图

2. 隐患判断依据

照明灯具位置设置合理，依据《20kV 及以下变电所设计规范》（GB 50053—2013）6.4.3 的规定：在变压器、配电装置和裸导体的正上方不应布置灯具。当在变压器室和配电室内裸导体上方布置灯具时，灯具与裸导体的水平净距不应小于 1.0m，灯具不得采用吊链和软线吊装。

3. 隐患定性

照明灯具设置在配电柜正上方，更换灯具时会踩到设备上引起坍塌，从而引发电气事故或人身触电事故，属于危急隐患。

4. 隐患整改标准

重新安装照明灯，使之位置布局合理。

第四节 防小动物措施

小动物进入配电房可能引发短路，导致设备损坏甚至火灾，定期检查防小动物措施，如挡鼠板、电缆沟盖板等，能有效防止此类事故发生，确保电网稳定运行，提升整体安全管理水平，降低安全风险。

一、检查的流程、内容、标准

防小动物措施检查按照物理防护、化学防护进行检查，主要包括门窗、电缆沟、孔洞等小动物可能出现的地方。按照检查周期进行日常检查，若发现配电房内有小动物活动的痕迹，必须采取有效措施进行捕杀，并查出漏洞，及时封堵。

（一）物理防护措施

（1）检查配电房的门、窗是否能关闭紧密。

▶ **检查依据**

《用户供配电设施运维及安全管理规范》（T/ZDL 024—2024）：

5.3.5 定期巡检重点内容：

a）检查变（配）电站进出设备室电缆孔洞封堵、户外设备热缩套、设备室门窗及通风口网罩等防小动物措施是否完好。

（2）检查配电房门是否有挡鼠板，高度是否满足要求。

配电房挡鼠板如图 2-13 所示。

图 2-13 配电房挡鼠板示例图

《20kV 及以下变电所设计规范》（GB 50053—2013）：

6.2.4 变压器室、配电室、电容器室等房间应设置防止雨、雪和蛇、鼠等小动物从采光窗、通风窗、门、电缆沟等处进入室内的设施。

建质〔2007〕243 号《变配电所建筑构造》【图集号 07J912-1】规定：挡鼠板高度为 500mm，宽度取决于配电房的门的尺寸，如下图所示。

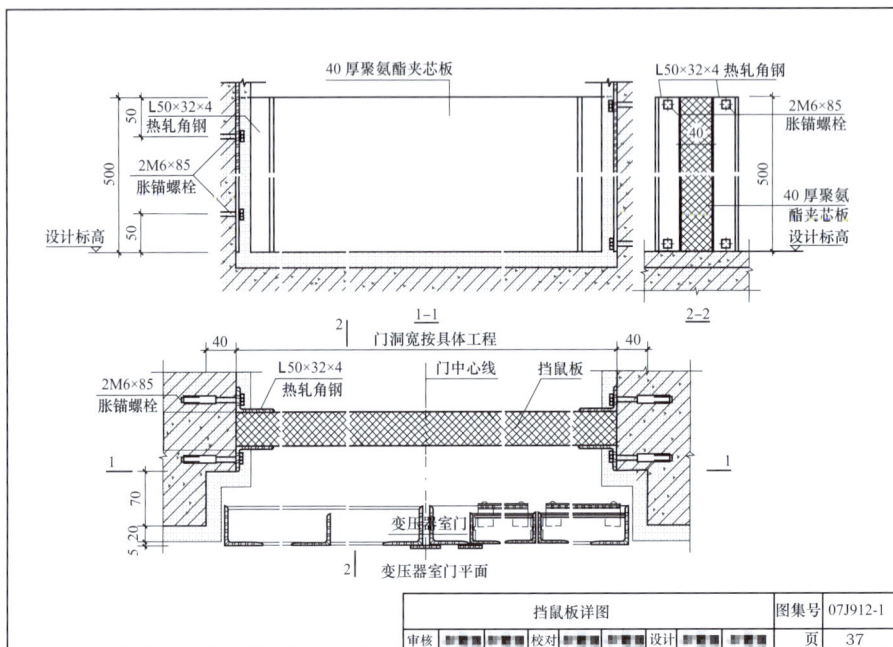

挡鼠板样图

（3）检查配电房各处孔洞封堵是否完善。

《20kV 及以下变电所设计规范》（GB 50053—2013）：

6.2.4 变压器室、配电室、电容器室等房间应设置防止雨、雪和蛇、鼠等小动物从采光窗、通风窗、门、电缆沟等处进入室内的设施。

《民用建筑电气设计标准》（GB 51348—2019）：

4.10.10 变压器室、配电装置室、电容器室等应设置防止雨、雪和小动物进入屋内的设施。

（二）环境管理

检查配电房周围及配电室内否有食物残渣、杂草、垃圾等可能吸引小动物的物品。配电房内环境如图 2-14 所示。

图 2-14　配电房内环境示例图

▶ **检查依据**

《用户供配电设施运维及安全管理规范》（T/ZDL 024—2024）：

5.3.5　定期巡检重点内容：

a）检查变（配）电站进出设备室电缆孔洞封堵、户外设备热缩套、设备室门窗及通风口网罩等防小动物措施是否完好；

g）检查户外变电站周边环境隐患，如临时建筑、大棚、广告、树木、杂草等；跟踪检查变电站内外环境隐患等防汛防台遗留问题。

5.7.1　用户变（配）电站室外环境整洁，站内工作场所设备、材料堆放整齐有序，控制室物品摆放有序，当值人员应规范着装。

二、隐患及定性

配电房防小动物措施隐患大多是一般隐患或严重隐患，配电房防小动物措施常见隐患及隐患等级定性表见表 2-6。

表 2-6　　　　　　　　配电房防小动物措施常见隐患及隐患等级定性表

序号	常见隐患	隐患等级
1	配电房内投放的鼠药、蛇药等过期	一般隐患
2	配电房周围有杂草、垃圾等可能吸引小动物的物品	一般隐患
3	配电房内有食物残渣等可能吸引小动物的物质	一般隐患

序号	常见隐患	隐患等级
4	配电房缺少挡鼠板或挡鼠板高度不足	严重隐患
5	配电房窗户未按要求设置防小动物进出隔离纱窗	严重隐患
6	电缆沟电缆孔洞未进行封堵或封堵不到位	严重隐患
7	配电房墙面存在未防护或封堵的孔洞和间隙	严重隐患

三、典型隐患示例

（一）配电房缺少挡鼠板

1. 隐患描述

配电房出入口缺少挡鼠板，如图 2-15 所示。

图 2-15　配电房缺少挡鼠板隐患示例图

2. 隐患判断依据

配电房应有挡鼠板，依据《20kV 及以下变电所设计规范》（GB 50053—2013）6.2.4 的规定：变压器室、配电室、电容器室等房间应设置防止雨、雪和蛇、鼠等小动物从采光窗、通风窗、门、电缆沟等处进入室内的设施。

3. 隐患定性

配电房缺少挡鼠板，导致小动物会在门开的时候跑进配电房，造成设备短路故障，属于严重隐患。

4. 隐患整改标准

增设挡鼠板。

（二）配电房窗户未按要求设置防小动物进出隔离纱窗

1. 隐患描述

配电房窗户未按要求设置进出隔离纱窗，小动物可以通过窗户进入，影响配电房内电气安全，如图 2-16 所示。

图 2-16　配电房窗户未按要求设置防小动物进出隔离纱窗隐患示例图

2. 隐患判断依据

配电房窗户应按要求设置防小动物进出隔离纱窗。依据《用户供配电设施运维及安全管理规范》（T/ZDL 024—2024）的 5.3.5 规定：定期巡检重点内容：a）检查变（配）电站进出设备室电缆孔洞封堵、户外设备热缩套、设备室门窗及通风口网罩等防小动物措施是否完好。

3. 隐患定性

配电房窗户未按要求设置防小动物进出隔离纱窗，小动物可能通过窗户飞入、爬进配电室，造成设备短路故障，属于严重隐患。

4. 隐患整改标准

按要求设置防小动物进出隔离纱窗。

（三）电缆沟电缆孔洞未进行封堵或封堵不到位

1. 隐患描述

电缆沟电缆孔洞未进行封堵，图 2-17 所示。

图 2-17　配电房柜内电缆孔洞未进行封堵或封堵不到位隐患示例图

2. 隐患判断依据

配电房柜内电缆孔洞需进行封堵，依据《20kV 及以下变电所设计规范》（GB 50053—2013）6.2.4 的规定：变压器室、配电室、电容器室等房间应设置防止雨、雪和蛇、鼠等小动物从采光窗、通风窗、门、电缆沟等处进入室内的设施。

3. 隐患定性

电缆沟电缆孔洞未进行封堵或封堵不到位，小动物可能由此进入配电室，造成设备短路故障，属于严重隐患。

4. 隐患整改标准

对电缆沟电缆孔洞进行封堵且封堵到位。

（四）配电房墙面存在未防护或封堵的孔洞或间隙

1. 隐患描述

配电房墙面孔洞或间隙没有进行封堵，小动物有可能由此进入配电室，如图 2-18 所示。

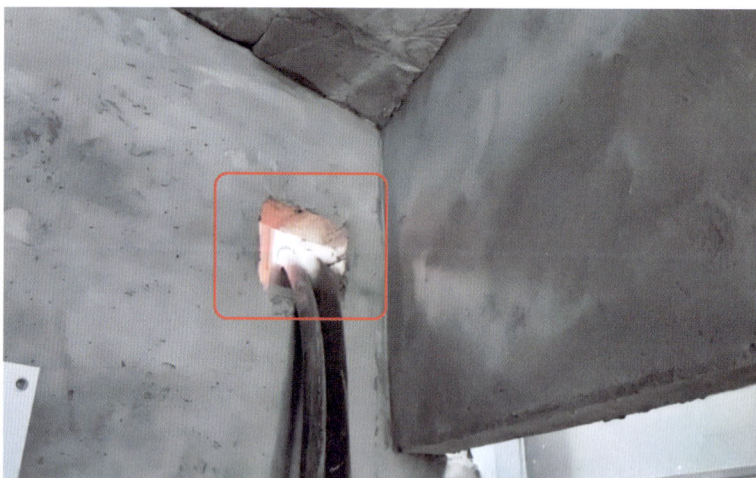

图 2-18　配电房墙面存在未防护或封堵的孔洞和间隙隐患示例图

2. 隐患判断依据

配电房墙面孔洞或间隙需进行封堵，依据《20kV 及以下变电所设计规范》（GB 50053—2013）6.2.4 的规定：变压器室、配电室、电容器室等房间应设置防止雨、雪和蛇、鼠等小动物从采光窗、通风窗、门、电缆沟等处进入室内的设施。

3. 隐患定性

配电房墙面存在未防护或封堵的孔洞和间隙，小动物可能由此进入配电室，造成设备短路故障，属于严重隐患。

4. 隐患整改标准

将配电房墙面存在的孔洞和间隙封堵。

第五节　配电房通风、除湿设备

配电房内通风、除湿设备的检查可以保障设备正常运行，降低室内温度，避免设备因高温高湿环境导致的故障，预防安全事故，延长设备寿命，降低设备老化速度，减少维修和更换成本。

一、检查的流程、内容、标准

配电房通风、除湿设备检查，根据其温湿度计示数、环境整洁程度、通风条件是否完备判断。配电房内通风、除湿设备检查对于确保配电房的正常运行、预防安全事故具有重要意义。

（一）通风设备检查

（1）检查通风设备工作状态是否良好，风口是否堵塞或损坏，部件有无松动或脱落。

▶ **检查依据**

《用户供配电设施运维及安全管理规范》（T/ZDL 024—2024）：

5.3.5　定期巡检重点内容：

a）检查变（配）电站进出设备室电缆孔洞封堵、户外设备热缩套、设备室门窗及通风口网罩等防小动物措施是否完好。

（2）检查配置 SF_6 设备装置的配电房是否配置气体监测装置。

▶ **检查依据**

《20kV 及以下变电所设计规范》（GB 50053—2013）：

6.3.3　装有六氟化硫气体绝缘的配电装置的房间，在发生事故时房间内易聚集六氟化硫气体的部位，应装设报警信号和排风装置。

（3）检查配置 SF_6 设备的配电房门口是否在显著位置粘贴警示牌。

▶ **检查依据**

《中华人民共和国安全生产法》（2021 年修订版）：

第三十五条：生产经营单位应当在有较大危险因素的生产经营场所和有关设施、设备上，设置明显的安全警示标志。

（4）检查地下室是否配置通风装置。

规范的配电房通风设备如图 2-19 所示。

> **检查依据**
>
> 《20kV 及以下变电所设计规范》（GB 50053—2013）：
>
> 2.0.4 在多层或高层建筑物的地下层设置非充油电气设备的配电所、变电站时，应根据工作环境要求加设机械通风、去湿设备或空气调节设备。

图 2-19　规范的配电房通风设备示例图

（二）除湿设备检查

（1）检查除湿设备工作状态是否良好，冷凝器有无结霜或堵塞，排水管道是否畅通等。

> **检查依据**
>
> 《用户供配电设施运维及安全管理规范》（T/ZDL 024—2024）：
>
> 5.3.5 定期巡检重点内容：
>
> b）检查户内除湿器、空调的运行情况，户外端子箱、机构箱、汇控箱、智能终端柜等密封及加热除湿装置的运行情况。

（2）检查配电房是否按要求配置温湿度计。

配电房配置温湿度计如图 2-20 所示。

检查依据

《20kV 及以下变电所设计规范》（GB 50053—2013）：

6.3.1 变压器室宜采用自然通风，夏季的排风温度不宜高于 45℃，且排风与进风的温度不宜大于 15℃，当自然通风不能满足要求时，应增设机械通风。

6.3.2 电容器室、蓄电池室、配套有电子类温度敏感器件的高、低压配电室和控制室，应设置环境空气温度指示装置。

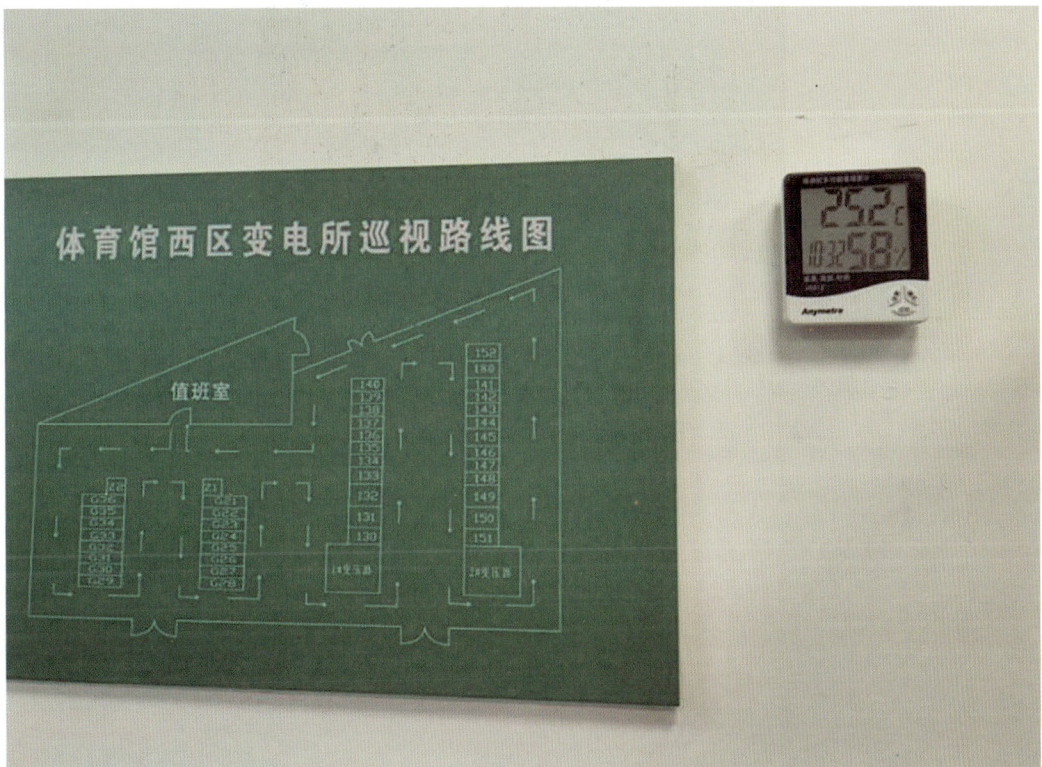

图 2-20　配电房配置温湿度计示例图

（3）检查地下室是否配置除湿装置。

配电房除湿设备如图 2-21 所示。

检查依据：

《20kV 及以下变电所设计规范》（GB 50053—2013）：

2.0.4 在多层或高层建筑物的地下层设置非充油电气设备的配电所、变电站时，应根据工作环境要求加设机械通风、去湿设备或空气调节设备。

图 2-21　配电房除湿设备示例图

二、隐患及定性

配电房通风、除湿设备隐患大多是严重隐患与危急隐患，配电房通风、除湿设备常见隐患及定性表见表 2-7。

表 2-7　　　　　　　　　　　配电房通风、除湿设备常见隐患及定性表

序号	常见隐患	隐患等级
1	除湿机积水箱积水溢出，未及时处理	一般隐患
2	通风装置控制开关不规范	一般隐患
3	配电房未按要求配置温湿度计	严重隐患
4	地下室未配置通风、除湿装置	严重隐患
5	除湿机不能正常运行，有报警信息	严重隐患
6	除湿机的电气控制系统运行不正常	严重隐患
7	通风管道畅通，风口有堵塞或损坏	严重隐患
8	配置 SF_6 设备装置的配电房未配置检测装置	危急隐患
9	配置 SF_6 设备的配电房门口未在显著位置粘贴警示牌	危急隐患

三、典型隐患示例

（一）地下室配电所除湿装置不能正常使用

1. 隐患描述

地下室配电所配置的除湿装置电源线损坏，除湿设备不能正常使用，如图 2-22 所示。

图 2-22　地下室配电所除湿装置不能正常使用隐患示例图

2. 隐患判断依据

地下室需配置通风、除湿装置，依据《20kV 及以下变电所设计规范》（GB 50053—2013）2.0.4 的规定：在多层或高层建筑物的地下层设置非充油电气设备的配电所、变电站时，应根据工作环境要求加设机械通风、去湿设备或空气调节设备。

3. 隐患定性

地下室未配置通风、除湿装置，或配置的设备不能正常使用，会导致室内气体流通不畅，场地湿度与温度不达标，对人员和设备造成损害，属于严重隐患。

4. 隐患整改标准

地下室配置正常可以投入使用的通风、除湿装置。

（二）配置 SF_6 设备装置的配电房无配置检测和排风装置

1. 隐患描述

高压配电柜或其他设备选用了 SF_6 设备，但装置所在配电房未安装 SF_6 气体检测报警和排风装置。

2. 隐患判断依据

配置 SF_6 设备装置的配电房需配置检测装置，依据《20kV 及以下变电所设计规范》（GB 50053—2013）6.3.3 的规定：装有六氟化硫气体绝缘的配电装置的房间，在发生事故时房间内易聚集六氟化硫气体的部位，应装设报警信号和排风装置。

3. 隐患定性

配置 SF_6 设备装置的配电房未配置检测装置，无法确定配电房内六氟化硫气体的含量浓度，如发生 SF_6 气体泄漏，会造成设备绝缘和灭弧性能下降，引发人员窒息中毒的安全风险，属于危急隐患。

4. 隐患整改标准

配置 SF_6 设备装置的配电房内配置检测装置。

（三）配置 SF_6 设备的配电房门口未在显著位置粘贴警示牌

1. 隐患描述

配电房配置了 SF_6 设备，但配电房门口未在显著位置粘贴警示牌，如图 2-23 所示。

图 2-23　配置 SF_6 设备的配电房门口未在显著位置粘贴警示牌隐患示例图

2. 隐患判断依据

配置 SF_6 设备的配电房门口须在显著位置粘贴警示牌。判断依据为《中华人民共和国安全生产法》（2021 年修订版）：第三十五条生产经营单位应当在有较大危险因素的生产经营场所和有关设施、设备上，设置明显的安全警示标志。

3. 隐患定性

配置 SF_6 设备的配电房门口未在显著位置粘贴警示牌，无法产生事先预警的效果，导致人员进入时并未做好相应防护，属于危急隐患。

4. 隐患整改标准

给配置 SF_6 设备的配电房门口在显著位置粘贴警示牌。

（四）配电房未配置温湿度计

1. 隐患描述

配电房未按要求配置温湿度计，如图 2-24 所示。

图 2-24　配电房未按要求配置温湿度计隐患示例图

2. 隐患判断依据

配电房需按要求配置温湿度计，判断依据为《20kV 及以下变电所设计规范》（GB 50053—2013）：

6.3.1 变压器室宜采用自然通风，夏季的排风温度不宜高于 45℃，且排风与进风的温度不宜大于 15℃，当自然通风不能满足要求时，应增设机械通风。6.3.2 电容器室、蓄电池室、配套有电子类温度敏感器件的高、低压配电室和控制室，应设置环境空气温度指示装置。

3. 隐患定性

配电房未按要求配置温湿度计，无法测量出运行环境实时准确的温度、湿度数值，属于严重隐患。

4. 隐患整改标准

在配电房内按要求配置合格的温湿度计。

第六节　配电房照明设施

良好的照明设施能够确保工作人员在配电房内进行巡检、维修等操作时，能够清晰地观察设备的运行状态，避免因光线不足导致的误操作或安全隐患，有助于提高工作人员的工作效率。通过定期检查照明设施，可以及时发现灯泡损坏、线路老化等潜在问题，从而预防因照明故障导致的设备损坏或安全事故。

一、检查的流程、内容、标准

配电房照明设施检查应按照主要照明设备、备用照明设备、应急照明、电气线路依次进行检查，检查内容包括照明装置数量、状态、照明光度与光源品质、电气线路与配电箱、紧急照明与安全出口指示灯、照明设备的接地情况。

（一）照明设备数量与状态检查

（1）检查照明设备数量是否充足，是否安装牢固。

▶ **检查依据**

《建筑照明设计标准》（GB/T 50034—2024）：

表 5.5.1 规定变压器室不低于100lx，配电装置室不低于200lx。

（2）检查照明设备安装位置是否合理。

规范的配电房照明设备如图 2-25 所示。

▶ **检查依据**

《20kV 及以下变电所设计规范》（GB 50053—2013）：

6.4.3 在变压器和配电装置内裸导体的正上方布置灯具时，要考虑不停电更换灯泡时的人身安全。当在变压器室和配电室内裸导体上方布置灯具时，灯具与裸导体的水平净距不应小于1.0m，灯具不得采用吊链和软线吊装。

图 2-25 规范的配电房照明设备示例图

（3）检查配电房内是否配置应急照明设备，以应对突发情况。

▶检查依据

《民用建筑电气设计标准》（GB 51348—2019）：

10.2.4　下列场所应设置应急照明：

1. 需确保正常工作或活动继续进行的场所，应设置备用照明；

2. 需确保处于潜在危险之中的人员安全的场所，应设置安全照明；

3. 需确保人员安全疏散的出口和通道，应设置疏散照明。

10.4.1　下列场所应设置备用照明：

1. 正常照明失效可能造成重大财产损失和严重社会影响的场所；

2. 正常照明失效妨碍灾害救援工作进行的场所；

3. 人员经常停留且无自然采光的场所；

4. 正常照明失效将导致无法工作和活动的场所；

5. 正常照明失效可能诱发非法行为的场所。

（二）照明光度与光源品质检查

（1）检查配电房内照明灯具提供的光源照度值是否满足要求。

▶检查依据

《建筑照明设计标准》（GB/T 50034—2024）：

表 5.5.1　规定变压器室不低于100lx，配电装置室不低于200lx。

（2）检查照明灯具光源品质是否符合要求。

照明灯具光源应不存在任何频闪、均匀度不良等现象，光源应稳定，不出现明显的色差，以保证操作人员视觉舒适。

（三）照明电气线路与配电箱检查

（1）检查照明设备的电气线路是否整齐有序，无乱接、裸露等现象。

（2）检查配电箱内的开关、插座等设备是否损坏或松动，确保电气连接的安全可靠，如图 2-26 所示。

（3）检查照明设备的供电电源是否安全可靠。

▶检查依据

《民用建筑电气设计标准》（GB 51348—2019）：

10.6.1　照明负荷等级和供电方案应根据照明负荷中断供电可能造成的影响及损失合理地确定。

10.6.3　当电压偏差或波动不能保证照明质量或光源寿命时，在技术经济合理的条件下，可采用有载自动调压电力变压器、调压器或专用变压器供电。

10.6.4 三相照明线路各相负荷的分配宜保持平衡，最大相负荷电流不宜超过三相负荷平均值的 115%，最小相负荷电流不宜小于三相负荷平均值的 85%。

10.6.5 重要的照明负荷，宜在负荷末级配电箱（柜）采用自动切换电源的方式供电，负荷较大时，可采用由两个专用回路各带 50% 的照明灯具的配电方式。

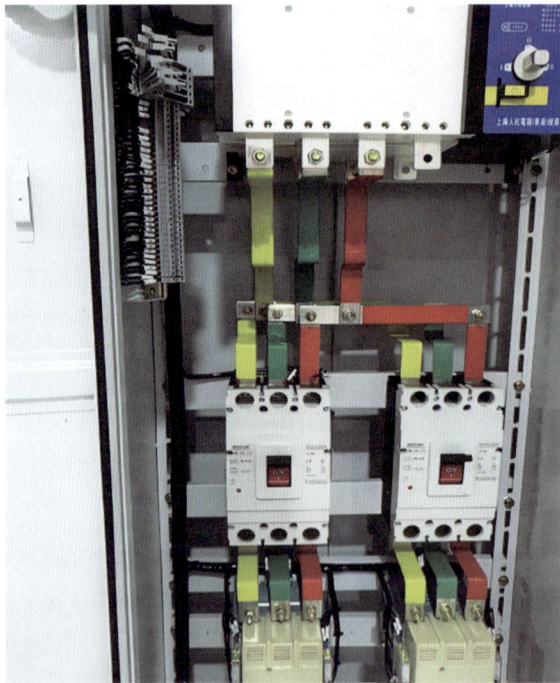

图 2-26 配电箱内的开关、插座等设备电气连接示例图

（四）应急照明与安全出口指示灯检查

检查应急照明设备和安全出口指示灯的工作状态是否正确，能否确保其在紧急情况下能够正常发光，为人员疏散提供指引，如图 2-27 所示。

▶ **检查依据**

《消防应急照明和疏散指示系统技术标准》（GB 51309—2018）：

3.2.5 配电室、消防控制室、消防水泵房、自备发电机房等发生火灾时仍需工作、值守的区域，应设置应急照明灯，最低照度不应低于 1.01x。

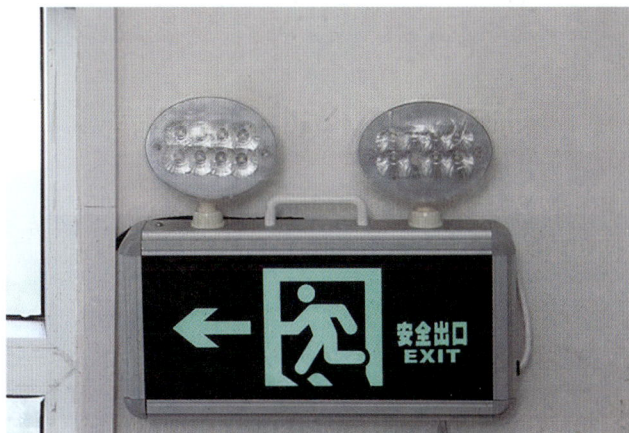

图 2-27　应急照明与安全出口指示灯

二、隐患及定性

配电房照明设施隐患大多是严重隐患或危急隐患，配电房照明设施常见隐患及定性表见表 2-8。

表 2-8　　　　　　　　　　　配电房照明设施常见隐患及定性表

序号	常见隐患	隐患等级
1	配电房内照明装置的数量不够，或照明光度未达到国家标准	一般隐患
2	照明装置的电气线路凌乱	一般隐患
3	照明设施有破损或缺失，未及时处理	严重隐患
4	照明设施安装不牢固，有松动或摇晃现象，有掉落风险	严重隐患
5	照明设施安装位置不便于工作或检查	严重隐患
6	配电房内无故障应急照明设备	严重隐患
7	照明装置的电气接线有乱接、裸露等现象	严重隐患

三、典型隐患示例

（一）配电房应急照明装置亮度不足

1. 隐患描述

用电检查人员巡视整个配电房，发现整个配电房内仅有一台应急照明设备，未配置正常照明装置，如图 2-28 所示。

2. 隐患判断依据

根据《建筑照明设计标准》（GB/T 50034—2024）表 5.5.1 规定变压器室不低于 100lx，配电装置室不低于 200lx。

3. 隐患定性

照明装置照度不足，给工作和检查带来不便，属于严重隐患。

4. 隐患整改标准

配电房应配置照度足够的照明装置。

图 2-28　配电房应急照明装置亮度不足隐患示例图

（二）应急照明故障损坏

1. 隐患描述

照明设备的固件损毁，导致应急照明设施掉落摇晃，如图 2-29 所示。

图 2-29　配电房应急照明故障损坏隐患示例图

2. 隐患判断依据

根据《消防应急照明和疏散指示系统技术标准》（GB51309—2018）3.2.5：配电室、消防控制室、消防水泵房、自备发电机房等发生火灾时仍需工作、值守的区域，应设置应急照明灯，最低照度不应低于 1.0lx。

3.隐患定性

照明设备安装不牢固，会导致工作过程中照明中断，掉落下来的照明设施可能会砸伤人员，属于严重隐患。

4.隐患整改标准

安装牢固照明设施。

（三）配电房无应急照明装置

1.隐患描述

配电房中无应急照明装置，无法应对照明中断突发情况，如图 2-30 所示。

图 2-30 配电房无应急照明装置隐患示例图

2.隐患判断依据

配电房内须配置应急照明设备，以应对突发情况。

《民用建筑电气设计标准》(GB 51348—2019)10.2.4 规定下列场所应设置应急照明：

（1）需确保正常工作或活动继续进行的场所，应设置备用照明；

（2）需确保处于潜在危险之中的人员安全的场所，应设置安全照明；

（3）需确保人员安全疏散的出口和通道，应设置疏散照明。

《民用建筑电气设计标准》(GB 51348—2019)10.4.1 规定下列场所应设置备用照明：

（1）正常照明失效可能造成重大财产损失和严重社会影响的场所；

（2）正常照明失效妨碍灾害救援工作进行的场所；

（3）人员经常停留且无自然采光的场所；

（4）正常照明失效将导致无法工作和活动的场所；

（5）正常照明失效可能诱发非法行为的场所。

3. 隐患定性

配电房无应急照明装置，若出现故障照明中断，则无法提供故障抢修时的照明条件，可能会导致人身和设备事故，属于危急隐患。

4. 隐患整改标准

在配电房内增设应急照明装置。

第三章

电缆隐患排查

电缆是传输和分配电能的重要载体，是电力输配电系统中不可缺少的一部分。定期开展电缆运行安全检查，可以提前发现电缆线路运行存在的安全隐患，进而采取措施及时解决，可有效减少电缆设备故障的影响范围和程度，保障供用电的安全可靠，降低对生产、生活的影响。

第一节　电缆敷设及其环境

合理的电缆敷设方式和有效的环境检查是保障电力电缆安全可靠运行的重要措施。如果电缆敷设与所在环境不匹配，在运行过程中往往容易出现故障或损坏现象，影响电缆的使用寿命及供电可靠性。

一、检查的流程、内容、标准

电缆敷设及其环境检查是确保电缆安全运行的重要环节。电缆敷设方式主要有直埋敷设、电缆沟敷设、排管敷设、电缆桥架敷设、明敷设、暗敷设等。环境检查包括对用户电缆线路的电缆桥架、电缆井、电缆沟的排水、防火、穿孔间隙封堵等情况开展检查。电缆敷设方式及其环境检查，一般按照从近及远、由内到外的顺序进行。

（一）电缆敷设一般检查的内容和标准

电缆敷设的一般检查主要从敷设处的环境、敷设条件、敷设情况等方面开展。

（1）检查电缆敷设处的环境温度是否合适。

▶ **检查依据**

《低压配电设计规范》（GB 50054—2011）：

3.2.5 绝缘导体或电缆敷设处的环境温度应按表 3.2.5 的规定确定。

表 3.2.5　　　　　　　　绝缘导体或电缆敷设处的环境温度

电缆敷设场所	有无机械通风	选取的环境温度
土中直埋	—	埋深处的最热月平均地温

续表

电缆敷设场所	有无机械通风	选取的环境温度
水下	—	最热月的日最高水温平均值
户外空气中、电缆沟	—	最热月的日最高温度平均值
有热源设备的厂房	有	通风设计温度
	无	最热月的日最高温度平均值另加 5℃
一般性厂房及 其他建筑物内	有	通风设计温度
	无	最热月的日最高温度平均值
户内电缆沟	无	最热月的日最高温度平均值另加 5℃ *
隧道、电气竖井		
隧道、电气竖井	有	通风设计温度

注：＊数量较多的电缆工作温度大于 70℃的电缆敷设于未装机械通风的隧道、电气竖井时，应计入对环境温升的影响，不能直接采取仅加 5℃。

（2）检查电缆敷设路径的散热条件是否满足相应要求。

▶ **检查依据**

《低压配电设计规范》（GB 50054—2011）：

3.2.6 当电缆沿敷设路径中各场所的散热条件不相同时，电缆的散热条件应按最不利的场所确定。

《电力电缆线路运行规程》（DL/T 1253—2013）：

7.2.4 巡视检查要求：

o）多条并联运行的电缆要检测电流分配和电缆表面温度，防止电缆过负荷。

p）对电缆线路靠近热力管或其他热源、电缆排列密集处，应进行土壤温度和电缆表面温度监视测量，防止电缆过热。

（3）检查电缆敷设情况是否满足相应的要求。

1）检查电缆敷设的防火封堵，是否符合相关规定。

▶ **检查依据：**

《低压配电设计规范》（GB 50054—2011）：

7.1.5 电缆敷设的防火封堵，应符合下列规定：

3 电缆防火封堵的材料，应按耐火等级要求，采用防火胶泥、耐火隔板、填料阻火包或防火帽。

《电力电缆线路运行规程》（DL／T 1253—2013）

7.2.4 巡视检查要求：

k）检查工井、隧道、电缆沟、竖井、电缆夹层、桥梁内电缆外护套与支架或金属构件处有无磨损或放电迹象，衬垫是否失落，电缆及接头位置是否固定正常，电缆及接头上的防火涂料或防火带是否完好；检查金属构件如支架、接地扁铁是否锈蚀。

l）检查电缆隧道、竖井、电缆夹层、电缆沟内孔洞是否封堵完好，通风、排水及照明设施是否完整，防火装置是否完好；监控系统是否运行正常。

2）检查电缆敷设是否排列整齐，是否有绞拧、护层断裂等缺陷。

▶ **检查依据**

《电子工业纯水系统安装与验收规范》（GB 51035—2014）：

5.2.11 电缆敷设不得有绞拧、护层断裂等缺陷。

《电气装置安装工程 电缆线路施工及验收标准》（GB 50168—2018）9.0.1 规定：

2 电缆排列应整齐，无机械损伤，标识牌应装设齐全、正确、清晰。

3）检查电缆敷设是否无碍安全运行，周围无可燃气体或可燃液体的管道穿越。

▶ **检查依据**

《电力工程电缆设计规范》（GB 50217—2018）：

5.1.9 在隧道、沟、浅槽、竖井、夹层等封闭式电缆通道中，不得布置热力管道，严禁有可燃气体或可燃液体的管道穿越。

4）检查电缆终端杆塔周围有无影响电缆安全运行的树木、爬藤、堆物及违章建筑等。

▶ **检查依据**

《电力电缆线路运行规程》（DL／T 1253—2013）：

7.2.4 巡视检查要求：

h）检查电缆终端杆塔周围有无影响电缆安全运行的树木、爬藤、堆物及违章建筑等。

（二）直埋敷设检查的内容和标准

（1）检查直埋电缆的路径状况是否符合相关要求，特别应查看路面是否正常，有无挖掘痕迹及路线标桩是否完整无缺等。

> **检查依据**
>
> 《电力工程电缆设计规范》（GB 50217—2018）:
>
> 5.3.1 直埋敷设电缆的路径选择，宜符合下列规定:
>
> 应避开含有酸、碱强腐蚀或杂散电流电化学腐蚀严重影响的地段;
>
> 无防护措施时，宜避开白蚁危害地带、热源影响和易遭外力损伤的区段。

（2）检查电缆敷设壕沟是否正常，是否沿电缆全长的上、下紧邻侧铺以厚度不小于100mm的软土或砂层。

> **检查依据**
>
> 《电力工程电缆设计规范》（GB 50217—2018）:
>
> 5.3.2 直埋敷设电缆方式应符合下列规定:
>
> 1 电缆应敷设于壕沟里，并应沿电缆全长的上、下紧邻侧铺以厚度不小于100mm的软土或砂层。

（3）检查沿电缆覆盖的保护板是否正常。

> **检查依据**
>
> 《电力工程电缆设计规范》（GB 50217—2018）:
>
> 5.3.2 直埋敷设电缆方式应符合下列规定:
>
> 2. 沿电缆全长应覆盖宽度不小于电缆两侧各50mm的保护板，保护板宜采用混凝土。

（4）检查电缆直埋的保护板上层是否有清晰、醒目的标志带。

> **检查依据**
>
> 《电力工程电缆设计规范》（GB 50217—2018）:
>
> 5.3.2 直埋敷设电缆方式应符合下列规定:
>
> 3 城镇电缆直埋敷设时，宜在保护板上层铺设醒目标志带。

（5）检查电缆路径的直线间隔处、转弯处和接头部位是否有明显的方位标志或标桩。

> **检查依据**
>
> 《电力工程电缆设计规范》（GB 50217—2018）:
>
> 5.3.2　直埋敷设电缆方式应符合下列规定：
>
> 4　位于城郊或空旷地带，沿电缆路径的直线间隔100m、转弯处和接头部位，应竖立明显的方位标志或标桩。

（6）检查穿波纹管敷设的电缆壕沟是否正常。

> **检查依据**
>
> 《电力工程电缆设计规范》（GB 50217—2018）:
>
> 5.3.2　直埋敷设电缆方式应符合下列规定：
>
> 5　当采用电缆穿波纹管敷设于壕沟时，应沿波纹管顶全长浇注厚度不小于100mm的素混凝土，宽度不应小于管外侧50mm，电缆可不含铠装。

（7）检查直埋电缆埋置深度是否符合相关规定，是否采取防止电缆受到损伤的措施。

> **检查依据**
>
> 《电力工程电缆设计规范》（GB 50217—2018）:
>
> 5.3.3　电缆直埋敷设于非冻土地区时，埋置深度应符合下列规定：
>
> 1　电缆外皮至地下构筑物基础，不得小于0.3m；
>
> 2　电缆外皮至地面深度，不得小于0.7m；当敷设于耕地下时，应适当加深，且不宜小于1m。
>
> 5.3.4　电缆直埋敷设于冻土地区时，应埋入冻土层以下，当受条件限制时，应采取防止电缆受到损伤的措施。

（8）检查直埋敷设的电缆，电缆与电缆、管道、道路、构筑物等之间的容许最小距离是否满足相应要求。

> **检查依据**
>
> 《电力工程电缆设计规范》（GB 50217—2018）:
>
> 5.3.5　直埋敷设的电缆不得平行敷设于地下管道的正上方或正下方。电缆与电缆、管道、道路、构筑物等之间允许最小距离应符合表5.3.5的规定。

表 5.3.5　　　电缆与电缆、管道、道路、构筑物等之间允许最小距离（m）

电缆直埋敷设时的配置情况		平行	交叉
控制电缆之间		—	0.5[①]
电力电缆之间或与控制电缆之间	10kV 及以下电力电缆	0.1	0.5[①]
	10kV 以上电力电缆	0.25[①]	0.5[①]
不同部门使用的电缆		0.5[②]	0.5[①]
电缆与地下管沟	热力管沟	2.0[③]	0.5[①]
	油管或易（可）燃气管道	1.0	0.5[①]
	其他管道	0.5	0.5[①]
电缆与铁路	非直流电气化铁路路轨	3.0	1.0
	直流电气化铁路路轨	10	1.0
电缆与建筑物基础		0.6[③]	—
电缆与道路边		1.0[③]	—
电缆与排水沟		1.0[③]	—
电缆与树木的主干		0.7	—
电缆与 1kV 及以下架空线电杆		1.0[③]	—
电缆与 1kV 以上架空线杆塔基础		4.0[③]	—

注：① 用隔板分隔或电缆穿管时不得小于 0.25m；
　　② 用隔板分隔或电缆穿管时不得小于 0.1m；
　　③ 特殊情况时，减少值不得大于 50%。

（9）检查直埋敷设的电缆在特定环境下，是否设置保护管。

▶ **检查依据**

《电力工程电缆设计规范》（GB 50217—2018）：

5.3.6　直埋敷设的电缆与铁路、道路交叉时，应穿保护管，保护范围应符合下列规定。

5.3.7　直埋敷设的电缆引入构筑物，在贯穿墙孔处应设置保护管，管口应实施阻水堵塞。

（三）电缆沟敷设检查的内容和标准

（1）检查电缆沟盖板是否齐全，电缆沟设置的防水、排水措施是否完好有效。

敷设好的电缆沟盖板如图 3-1 所示。

▶ 检查依据

《20kV 及以下变电所设计规范》（GB 50053—2013）：

6.2.9 变电所、配电所位于室外地坪以下的电缆夹层、电缆沟和电缆室应采取防水、排水措施；位于室外地坪下的电缆进、出口和电缆保护管也应采取防水措施。

《配电室安全管理规范》（DB11/T 527—2021）：

6.3.3 电缆沟盖板齐全，电缆夹层、电缆沟和电缆室设置的防水、排水措施完好有效。

《电气装置安装工程 电缆线路施工及验收标准》（GB 50168—2018）9.0.1 规定：

7 电缆沟内应无杂物、积水，盖板应齐全。

图 3-1 敷设好的电缆沟盖板示例图

（2）检查建筑内的电缆井、管道井防火封堵情况。

▶ 检查依据

《建筑设计防火规范》（GB 50016—2014）：

6.2.9 建筑内的电缆井、管道井应在每层楼板处采用不低于楼板耐火极限的不燃材料或防火封堵材料封堵。

（3）检查供给一级负荷用电的两回电源线路的电缆是否通过同一电缆沟。

> **检查依据**
>
> 《20kV及以下变电所设计规范》（GB 50053—2013）：
>
> 4.1.8 供给一级负荷用电的两回电源线路的电缆不宜通过同一电缆沟；当无法分开时，应采用阻燃电缆，且应分别敷设在电缆沟或电缆夹层的不同侧的桥（支）架上；当敷设在同一侧的桥（支）架上时，应采用防火隔板隔开。

（4）检查高低压电力电缆，强电、弱电控制电缆是否按顺序分层配置。

> **检查依据**
>
> 《电气装置安装工程电缆线路施工及验收标准》（GB 50168—2018）：
>
> 6.4.1 高低压电力电缆，强电、弱电控制电缆应按顺序分层配置，宜由上而下配置；但在含有35kV以上高压电缆引入盘柜时，可由下而上配置。

（5）检查屋内相同电压的电缆敷设距离是否满足相应要求。

> **检查依据**
>
> 《低压配电设计规范》（GB 50054—2011）：
>
> 7.6.9 屋内相同电压的电缆并列明敷时，除敷设在托盘、梯架和槽盒内外，电缆之间的净距不应小于35mm，且不应小于电缆外径。1kV及以下电力电缆及控制电缆与1kV以上电力电缆并列明敷时，其净距不应小于150mm。

（6）检查电缆在电缆隧道或电缆沟内敷设时，其通道宽度和支架层间垂直的最小净距是否符合相关规定。

> **检查依据**
>
> 《低压配电设计规范》（GB 50054—2011）：
>
> 7.6.23 电缆在电缆隧道或电缆沟内敷设时，其通道宽度和支架层间垂直的最小净距，应符合表7.6.23的规定。

表 7.6.23　　　　通道宽度和电缆支架层间垂直的最小净距 (m)

项目		通道宽度		支架层间垂直最小净距	
		两侧设支架	一侧设支架	电力线路	控制线路
电缆隧道		1.00	0.90	0.20	0.12
电缆沟	沟深≤0.60	0.30	0.30	0.15	0.12
	沟深>0.60	0.50	0.45	0.15	0.12

（7）电缆沟与工业水管沟并行、交叉时，检查电缆沟是否具有防止外部进水、渗水的措施。

检查依据

《电力工程电缆设计规范》（GB 50217—2018）：

5.5.4　电缆沟应满足防止外部进水、渗水的要求，且应符合下列规定：

1　电缆沟底部低于地下水位、电缆沟与工业水管沟并行邻近时，宜加强电缆沟防水处理以及电缆穿隔密封的防水构造措施；

2　电缆沟与工业水管沟交叉时，电缆沟宜位于工业水管沟的上方；

3　室内电缆沟盖板宜与地坪齐平，室外电缆沟的沟壁宜高出地坪100mm。考虑排水时，可在电缆沟上分区段设置现浇钢筋混凝土渡水槽，也可采取电缆沟盖板低于地坪300mm，上面铺以细土或砂。

（8）检查电缆沟沟壁、盖板及其材质构成，是否能够满足承受荷载和适合环境耐久的要求。

建筑内的电缆井如图 3-2 所示。

图 3-2　建筑内的电缆井示例图

　　《电力工程电缆设计规范》（GB 50217—2018）：

　　5.5.6 电缆沟沟壁、盖板及其材质构成应满足承受荷载和适合环境耐久的要求。厂、站内可开启的沟盖板，单块质量不宜超过50kg。

（9）检查电缆沟在进入建筑物处是否设防火墙。

　　《低压配电设计规范》（GB 50054—2011）：

　　6.28 电缆沟在进入建筑物处应设防火墙。电缆隧道进入建筑物处以及在进入变电所处，应设带门的防火墙。

（四）排管敷设检查的内容和标准

（1）检查同一通道的电缆数量较多时，是否采用排管。

　　直埋电缆应穿在管中，如图3-3所示。

　　《低压配电设计规范》（GB 50054—2011）：

　　5.4.3 同一通道的电缆数量较多时，宜采用排管。

图3-3　直埋电缆穿在管中示例图

（2）检查使用排管敷设电缆是否符合相关规定。

　　《低压配电设计规范》（GB 50054—2011）：

5.4.6 使用排管时，应符合下列规定：

1 管孔数宜按发展预留适当备用。

2 导体工作温度相差大的电缆，宜分别配置于适当间距的不同排管组。

3 管路顶部土壤覆盖厚度不宜小于 0.5m。

4 管路应置于经整平夯实土层且有足以保持连续平直的垫块上；纵向排水坡度不宜小于 0.2%。

5 管路纵向连接处的弯曲度，应符合牵引电缆时不致损伤的要求。

6 管孔端口应采取防止损伤电缆的处理措施。

（3）检查电缆在排管内敷设是否符合相关规定。

▶ **检查依据**

《民用建筑电气设计标准》（GB 51348—2019）：

8.7.4 在不宜采用直埋或电缆沟敷设的地段，可采用电缆排管布线。电缆排管可采用混凝土管、混凝土管块、玻璃钢电缆保护管及聚氯乙烯管等，电缆在排管内敷设应符合下列规定：

1 电缆根数不宜超过 12 根。

2 电缆宜采用塑料护套或橡皮护套电缆。

3 电缆排管管孔数量应根据实际需要确定，并应根据发展预留备用管孔。备用管孔不宜小于实际需要管孔数的 10%。

4 当地面上均布荷载超过 $100kN/m^2$ 时，应采取加固措施，防止排管受到机械损伤。

5 排管孔的内径不应小于电缆外径的 1.5 倍，且电力电缆的管孔内径不应小于 90mm，控制电缆的管孔内径不应小于 75mm。

（五）电缆桥架敷设检查的内容和标准

（1）检查电缆桥架的金属部分是否有效接地，并满足相应要求。

▶ **检查依据：**

《电气装置安装工程 接地装置施工及验收规范》（GB 50169—2016）：

3.0.4 电气装置的下列金属部分，均必须接地：电缆桥架、支架和井架。

4.3.8 沿电缆桥架敷设铜绞线、镀锌扁钢及利用沿桥架构成电气通路的金属构件，如安装托架用的金属构件作为接地网时，电缆桥架接地时应符合下列规定：

1 电缆桥架全长不大于 30m 时，与接地网相连不应少于 2 处。

2 全长大于 30m 时，应每隔 20m～30m 增加与接地网的连接点。

3 电缆桥架的起始端和终点端应与接地网可靠连接。

（2）检查电缆桥架水平敷设时，底边距地高度是否符合相关要求。

▶ **检查依据**

《民用建筑电气设计标准》（GB 51348—2019）：

8.5.3 电缆桥架水平敷设时，底边距地高度不宜低于 2.2m。除敷设在配电间或竖井内，垂直敷设的线路 1.8m 以下应加防护措施。

（3）检查电缆桥架垂直敷设时，其固定点间距是否大于 2m。

▶ **检查依据**

《民用建筑电气设计标准》（GB 51348—2019）：

8.5.4 电缆桥架水平敷设时，宜按荷载曲线选取最佳跨距进行支撑，跨距宜为 1.5m～3m。垂直敷设时，其固定点间距不宜大于 2m。

（4）检查电缆桥架多层敷设时，层间距离是否满足敷设和维护需要。

▶ **检查依据**

《民用建筑电气设计标准》（GB 51348—2019）：

8.5.5 电缆桥架多层敷设时，层间距离应满足敷设和维护需要，并符合下列规定：

1 电力电缆的电缆桥架间距不应小于 0.3m；

2 电信电缆与电力电缆的电缆桥架间距不宜小于 0.5m，当有屏蔽盖板时可减少到 0.3m；

3 控制电缆的电缆桥架间距不应小于 0.2m；

4 最上层的电缆桥架的上部距顶棚、楼板或梁等不宜小于 0.15m。

（5）检查当两组或两组以上电缆桥架在同一高度平行敷设时，各相邻电缆桥架间是否预留维护、检修距离。

▶ **检查依据**

《民用建筑电气设计标准》（GB 51348—2019）：

> 8.5.6　当两组或两组以上电缆桥架在同一高度平行敷设时，各相邻电缆桥架间应预留维护、检修距离，且不宜小于 0.2m。

（6）检查金属电缆桥架应与保护联结导体是否可靠连接，接地数量是否满足要求。

▶ 检查依据

> 《民用建筑电气设计标准》（GB 51348—2019）：
>
> 8.5.18　金属电缆桥架应与保护联结导体可靠连接，且全长不应少于 2 处接地。高分子合金电缆桥架、玻璃钢桥架可不接地。

（7）检查电缆桥架、控制柜（箱）是否清洁，有无安全隐患。

▶ 检查依据

> 《城镇污水处理厂运行、维护及安全技术规程》（CJJ 60—2011）：
>
> 2.3.11　电缆桥架、控制柜（箱）应定期检查并清洁，发现安全隐患，应及时处理。

（六）明敷设检查的内容和标准

（1）检查电缆在室内明敷设是否符合相应要求。

▶ 检查依据

> 《民用建筑电气设计标准》（GB 51348—2019）：
>
> 8.7.5　电缆在室内明敷设应符合下列规定：
>
> 1　应沿墙、沿顶板、沿柱及建筑构件敷设。

（2）检查无铠装的电缆水平敷设及垂直敷设时，是否符合相应要求。

▶ 检查依据

> 《民用建筑电气设计标准》（GB 51348—2019）：
>
> 8.7.5　电缆在室内明敷设应符合下列规定：
>
> 2　无铠装的电缆水平敷设至地面的距离不宜小于 2.2m；除电气专用房间外，垂直敷设时，1.8m 以下应有防止机械损伤的措施。

（3）检查相同电压的电缆并列敷设时，电缆的净距是否符合相应要求。

《民用建筑电气设计标准》（GB 51348—2019）：

8.7.5 电缆在室内明敷设应符合下列规定：

3 相同电压的电缆并列敷设时，电缆的净距不应小于 35mm，且不应小于电缆外径。

（4）检查 1kV 及以下电力电缆及控制电缆与 1kV 以上电力电缆是否分开敷设，当并列明设时其净距是否符合相应要求。

《民用建筑电气设计标准》（GB 51348—2019）：

8.7.5 电缆在室内明敷设应符合下列规定：

4 1kV 及以下电力电缆及控制电缆与 1kV 以上电力电缆宜分开敷设；当并列明设时，其净距不应小于 150mm。

（5）检查电缆与热力管道、非热力管道的净距是否满足相关要求。

《民用建筑电气设计标准》（GB 51348—2019）：

8.7.5 电缆在室内明敷设应符合下列规定：

6 电缆与热力管道的净距不宜小于 1m；当不能满足上述要求时，应采取隔热措施；

7 电缆与非热力管道的净距不宜小于 0.5m；当其净距小于 0.5m 时，应在与管道接近的电缆段上以及由接近段两端向外延伸不小于 0.5m 以内的电缆段上，采取防止电缆受机械损伤的措施。

（6）检查明敷电缆是否沿全长采用电缆支架、桥架、挂钩或吊绳等支持与固定。

《电力工程电缆设计规范》（GB 50217—2018）：

6.1.1 电缆明敷时，应沿全长采用电缆支架、桥架、挂钩或吊绳等支持与固定。最大跨距应符合下列规定：

1 应满足支架件的承载能力和无损电缆的外护层及其导体的要求；

2 应保持电缆配置整齐；

3 应适应工程条件下的布置要求。

（7）检查 10kV 及以下明敷电缆是否设置适当固定的部位，固定点的间距是否符合相应要求。

▶ **检查依据**

《电力工程电缆设计规范》（GB 50217—2018）：

6.1.3 35kV 及以下电缆明敷时，应设置适当固定的部位，并应符合下列规定：

1 水平敷设，应设置在电缆线路首、末端和转弯处以及接头的两侧，且宜在直线段每隔不少于 100m 处；

2 垂直敷设，应设置在上、下端和中间适当数量位置处；

3 斜坡敷设，应遵照本条第 1 款、第 2 款因地制宜设置；

4 当电缆间需保持一定间隙时，宜设置在每隔约 10m 处；

5 交流单芯电力电缆还应满足按短路电动力确定所需予以固定的间距。

《民用建筑电气设计标准》（GB 51348—2019）：

8.7.5 电缆在室内明敷设应符合下列规定：

9 电缆水平悬挂在钢索上时固定点的间距，电力电缆不应大于 0.75m，控制电缆不应大于 0.6m。

（8）检查电缆在室内穿导管保护穿越墙体、楼板敷设时，导管的管内径是否满足相应规范。

▶ **检查依据**

《民用建筑电气设计标准》（GB 51348—2019）：

8.7.5 电缆在室内明敷设应符合下列规定：

10 电缆在室内穿导管保护穿越墙体、楼板敷设时，导管的管内径不应小于电缆外径的 1.5 倍。

（9）检查电缆线路和低压架空线路敷设时，电缆线路是否采用埋地或架空敷设，是否能避免机械损伤和介质腐蚀。

▶ **检查依据**

《电力工程勘测安全规程》（DL/T 5334—2016）：

14.2.2 电缆线路和低压架空线路敷设时，电缆线路应采用埋地或架空敷设，应避免机械损伤和介质腐蚀，埋地电缆路径应设置方位标志，不得沿地面明设。

（10）检查室内有腐蚀性介质时，电缆是否采用塑料护套电缆。

▶ **检查依据**

《民用建筑电气设计标准》（GB 51348—2019）：

8.7.5 电缆在室内明敷设应符合下列规定：

8 当室内有腐蚀性介质时，电缆宜采用塑料护套电缆。

（11）检查露天敷设的有塑料或橡胶外护层的电缆是否能避免日光长时间的直晒。

▶ **检查依据**

《低压配电设计规范》（GB 50054—2011）：

7.6.2 露天敷设的有塑料或橡胶外护层的电缆，应避免日光长时间的直晒；当无法避免时，应加装遮阳罩或采用耐日照的电缆。

（七）保护管敷设检查的内容和标准

（1）检查电缆通过特定地段是否有穿管保护。

▶ **检查依据**

《低压配电设计规范》（GB 50054—2011）：

7.6.38 电缆通过下列地段应穿管保护，穿管内径不应小于电缆外径的1.5 倍：

1 电缆通过建筑物和构筑物的基础、散水坡、楼板和穿过墙体等处；

2 电缆通过铁路、道路处和可能受到机械损伤的地段；

3 电缆引出地面 2m 至地下 200mm 处的部分；

4 电缆可能受到机械损伤的地方。

（2）检查电缆保护管是否仍满足使用条件所需的机械强度和耐久性。

▶ **检查依据**

《电力工程电缆设计规范》（GB 50217—2018）：

5.4.1 电缆保护管内壁应光滑无毛刺，应满足机械强度和耐久性要求，且应符合下列规定：

1 采用穿管方式抑制对控制电缆的电气干扰时，应采用钢管；

2 交流单芯电缆以单根穿管时，不得采用未分隔磁路的钢管。

（3）检查暴露在空气中的电缆保护管是否符合相关要求。

▶ **检查依据**

《电力工程电缆设计规范》（GB 50217—2018）：

5.4.2　暴露在空气中的电缆保护管应符合下列规定：

1　防火或机械性要求高的场所宜采用钢管，并应采取涂漆、镀锌或包塑等适合环境耐久要求的防腐处理；

2　需要满足工程条件自熄性要求时，可采用阻燃型塑料管。部分埋入混凝土中等有耐冲击的使用场所，塑料管应具备相应承压能力，且宜采用可挠性的塑料管。

（4）检查保护管是否满足抗压和耐环境腐蚀性的要求。

▶ **检查依据**

《电力工程电缆设计规范》（GB 50217—2018）：

5.4.3　地中埋设的保护管应满足埋深下的抗压和耐环境腐蚀性的要求。管枕配置跨距宜按管路底部未均匀夯实时满足抗弯矩条件确定；在通过不均匀沉降的回填土地段或地震活动频发地区时，管路纵向连接应采用可挠式管接头。

（5）检查保护管管径与穿过电缆数量的选择是否符合相关规定。

▶ **检查依据**

《电力工程电缆设计规范》（GB 50217—2018）：

5.4.4　保护管管径与穿过电缆数量的选择，应符合下列规定：

1　每管宜只穿1根电缆。除发电厂、变电所等重要性场所外，对一台电动机所有回路或同一设备的低压电动机所有回路，可在每管合穿不多于3根电力电缆或多根控制电缆。

2　管的内径不宜小于电缆外径或多根电缆包络外径的1.5倍，排管的管孔内径不宜小于75mm。

（6）检查单根保护管使用是否符合相关规定。

▶ **检查依据**

《电力工程电缆设计规范》（GB 50217—2018）：

5.4.5　单根保护管使用时，宜符合下列规定：

1　每根电缆保护管的弯头不宜超过3个，直角弯不宜超过2个；

2　地下埋管距地面深度不宜小于0.5m，距排水沟底不宜小于0.3m；

3　并列管相互间宜留有不小于20mm的空隙。

（7）检查电缆的穿墙处保护管两端是否采用难燃材料封堵。

▶ **检查依据**

《低压配电设计规范》（GB 50054—2011）：

6.28 电缆的穿墙处保护管两端应采用难燃材料封堵。

（八）电缆支架检查的内容和标准

（1）检查由钢制材料制成的支承电缆构架是否被腐蚀，采取的防腐措施是否有效。钢制材料电缆支架如图 3-4 所示。

▶ **检查依据**

《低压配电设计规范》（GB 50054—2011）：

7.6.6 支承电缆的构架，采用钢制材料时，应采取热镀锌或其他防腐措施；在有较严重腐蚀的环境中，应采取相适应的防腐措施。

图 3-4　钢制材料电缆支架示例图

（2）检查电缆支架的长度是否符合相关要求。

▶ **检查依据**

《低压配电设计规范》（GB 50054—2011）：

7.6.26 电缆支架的长度，在电缆沟内不宜大于 350mm；在电缆隧道内不宜大于 500mm。

（3）电缆支架、梯架或托盘的层间距离应满足相关要求。

检查依据

《电力工程电缆设计规范》（GB 50217—2018）：

5.5.2　电缆支架、梯架或托盘的层间距离应满足能方便地敷设电缆及其固定、安置接头的要求，且在多根电缆同置于一层情况下，可更换或增设任一根电缆及其接头。电缆支架、梯架或托盘的层间距离的最小值可按表5.5.2确定。

表 5.5.2　　　　　　电缆支架、梯架或托盘的层间距离最小值（mm）

电缆电压等级和类型、敷设特征		支架或吊架	梯架或托盘
控制电缆明敷		120	200
电力电缆明敷	6kV 以下	150	250
	6kV～10kV 交联聚乙烯	200	300
	35kV 单芯	250	300
	35kV 3 芯	300	350
	220kV		
	330kV、500kV	350	400
电缆敷设于槽盒中		$h+80$	$h+100$

（4）检查水平敷设时电缆支架、梯架或托盘的最上层、最下层布置尺寸是否符合相关规定。

检查依据

《电力工程电缆设计规范》（GB 50217—2018）：

5.5.3　电缆支架、梯架或托盘的最上层、最下层布置尺寸应符合下列规定：

1. 最上层支架距盖板的净距允许最小值应满足电缆引接至上侧柜盘时的允许弯曲半径要求，且不宜小于本标准表5.5.2的规定；采用梯架或托盘时，不宜小于本标准表5.5.2的规定再加80mm～150mm。

2. 最下层支架、梯架或托盘距沟底垂直净距不宜小于100mm。

（5）检查当电缆支架与预埋件采用焊接固定或采用膨胀螺栓固定时，是否符合相应规范。

检查依据

《建筑电气工程施工质量验收规范》（GB 50303—2015）：

13.2.1 当电缆支架与预埋件焊接固定时，焊缝应饱满；当采用膨胀螺栓固定时，螺栓应适配、连接紧固、防松零件齐全，支架安装应牢固、无明显扭曲。

二、隐患及定性

电缆敷设方式及其环境隐患大多是一般隐患或严重隐患，电缆敷设方式及其环境常见隐患及隐患等级定性表见表 3-1。

表 3-1　　　　　　　电缆敷设方式及其环境常见隐患及隐患等级定性表

序号	电缆敷设方式及其环境常见隐患	隐患等级
1	电缆布置无固定支架	一般隐患
2	高低压电缆放置未分离	一般隐患
3	电缆敷设处环境温度异常	一般隐患
4	电缆敷设的防火封堵不规范	一般隐患
5	电缆保护管有破损	一般隐患
6	支承电缆的构架，出现锈蚀	一般隐患
7	电缆外护套明显破损、变形	一般隐患
8	电缆部分交叉处未设置防火隔板	一般隐患
9	电缆隧道竖井爬梯锈蚀、上下档损坏	一般隐患
10	接地引下线轻度锈蚀（小于截面直径或厚度 20%）	一般隐患
11	电缆井基础有轻微破损、下沉	一般隐患
12	电缆井井内积水浸泡电缆或有杂物	一般隐患
13	电缆隧道排水设施损坏、照明设备损坏、通风设施损坏、支架锈蚀（脱落）或变形	一般隐患
14	电缆管沟积清（污）水，基础有轻微破损、下沉	一般隐患
15	电缆排管堵塞不通或有破损或端口未封堵	一般隐患
16	电缆沟防水、排水措施不合格	严重隐患

序号	电缆敷设方式及其环境常见隐患	隐患等级
17	电缆桥架外壳无接地连接片	严重隐患
18	接地引下线中度锈蚀（大于截面直径或厚度20%，小于30%）	严重隐患
19	接地引下线连接松动、接地不良或截面不满足要求	严重隐患
20	电缆排管有较大破损，对电缆造成损伤	严重隐患
21	接地体埋深不足	严重隐患
22	电缆隧道塌陷、严重沉降、错位	严重隐患
23	电缆井（管沟）基础有较大破损、下沉，离本体、接头或者配套辅助设施还有一定距离	严重隐患
24	电缆井井盖不平整、有破损，缝隙过大	严重隐患
25	电缆井井内积水浸泡电缆或有杂物影响设备安全	严重隐患
26	电缆隧道竖井爬梯锈蚀严重	严重隐患
27	电缆本体埋深量不能满足设计要求且没有任何保护措施	严重隐患
28	电缆外护套严重破损、变形	严重隐患
29	电缆交叉处未设置防火隔板	严重隐患
30	电缆敷设出现绞拧、护层断裂等现象	严重隐患
31	接地引下线严重锈蚀（大于截面直径或厚度30%）	危急隐患
32	接地引下线出现断开、断裂	危急隐患
33	电缆井（管沟）基础有严重破损、下沉，造成井盖压在本体、接头或者配套辅助设施上	危急隐患
34	电缆井井盖缺失或井内有可燃气体	危急隐患

三、典型隐患示例

（一）电缆布置不规范

1. 隐患描述

电缆布置杂乱，没有固定支架，随意悬挂在空中，如图 3-5 所示。

图 3-5　电缆布置不规范隐患示例图

2. 隐患判断依据

根据《电气装置安装工程电缆线路施工及验收标准》（GB 50168—20186）6.1.17 的规定：电缆敷设时应排列整齐，不宜交叉，并应及时装设标识牌。

3. 隐患定性

没有固定支架的电缆可能会悬挂在空中或接触到其他设备，增加电缆受损、断裂或意外脱落的风险；电缆缺乏固定支架可能会因外力挤压、拉扯或摩擦而损坏绝缘层，导致电缆短路或断路。电缆无固定支架，属于一般隐患。

4. 隐患整改标准

使用固定支架支撑电缆，避免电缆悬挂在空中或接触到其他设备。固定支架应安装牢固、位置合适，保证电缆的安全性和稳定性。

（二）高低压电缆放置未分离

1. 隐患描述

高压电缆和低压电缆混合放置在一起，如图 3-6 所示。

2. 隐患判断依据

根据《电气装置安装工程电缆线路施工及验收标准》（GB 50168—2018）6.4.1 电缆排列应符合下列规定：高低压电力电缆，强电、弱电控制电缆应按顺序分层配置，宜由上而下配置。

3. 隐患定性

高压电缆和低压电缆未分离放置可能会导致电磁干扰，影响电缆传输信号质量，造成通信或数据传输故障；可能会导致电缆受挤压、摩擦或损坏，影响电缆的绝缘性能，导致电缆故障或断路，增加电击、火灾等安全风险；可能会使得在系统故障发生时难以准确识别问题所在，增加故障排查的难度和时间。高低压电缆放置未分离，属于一般隐患。

4. 隐患整改标准

高压电缆与低压电缆分开放置，保持一定距离，避免相互干扰或发生意外。

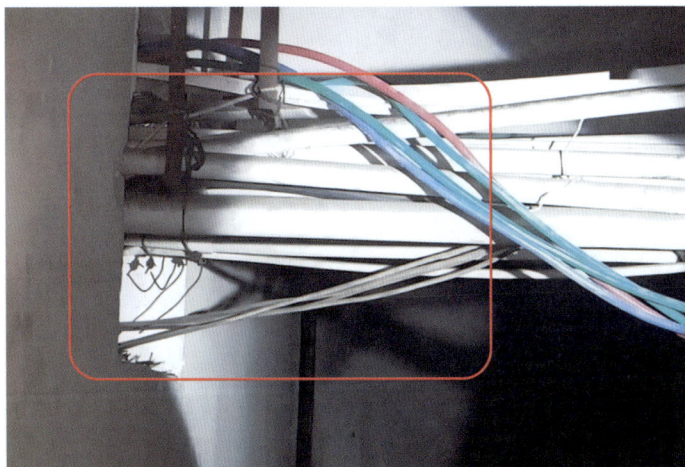

图 3-6　高低压电缆放置未分离隐患示例图

（三）电缆桥架连接点接地存在问题

1. 隐患描述

电缆桥架没有将外壳连接至地线，没有将外壳与大地建立良好接地连接，如图 3-7 所示。

图 3-7　电缆桥架外壳未接地隐患示例图

2. 隐患判断依据

根据《电气装置安装工程　接地装置施工及验收规范》（GB 50169—2016）3.0.4：电气装置的下列金属部分，均必须接地：电缆桥架、支架和井架。

3. 隐患定性

电缆桥架外壳无接地连片可能会造成外壳带电，增加触电风险，对维护人员和设备造成危险。电缆桥架外壳无接地连片，属于严重隐患。

4. 隐患整改标准

电缆桥架外壳进行接地处理，安装接地连片，将外壳连接至地线，确保外壳与大地之间的良好接地连接。接地连片应安装牢固、接触良好，确保外壳能够有效接地，减少电磁干扰和安全风险。

第二节　电缆接头

电缆接头是电力系统中的关键部位，定期开展电缆接头检查，可以及时发现潜在的故障或隐患，是保障电缆连接可靠与高效运行、降低事故发生风险的重要措施。

一、检查的流程、内容、标准

电缆接头的检查是确保电缆系统可靠性和安全性的重要环节，主要检查内容包括外观检查和屏蔽层接地检查。

（一）外观检查主要内容及标准

（1）检查电缆中间接头和终端头是否正常，是否有可靠的防水密封以防水分侵入。电缆终端头如图 3-8 所示。

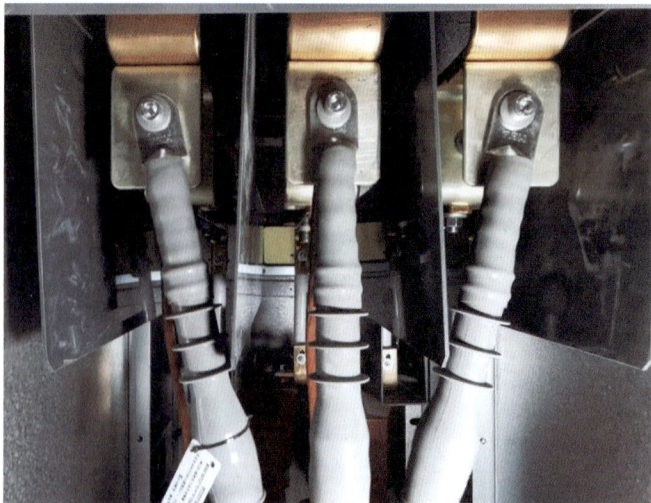

图 3-8　电缆终端头示例图

检查依据

《电气装置安装工程 电缆线路施工及验收标准》（GB 50168—2018）：

7.1.3 电缆绝缘状况应良好，无受潮；电缆内不得进水。

（2）检查电缆终端、电缆接头是否固定牢靠。

检查依据

《电气装置安装工程 电缆线路施工及验收标准》（GB 50168—2018）9.0.1 规定：

4 电缆终端、电缆接头及充油电缆的供油系统应固定牢靠。

（3）检查电缆接头是否涂阻火涂料。

检查依据

《深度冷冻法生产氧气及相关气体安全技术规程》（GB 16912—2008）：

4.6.22 电缆接头及电缆沟内的非阻燃电缆应涂阻火涂料。电缆沟不准与其他管沟相通，应保持通风良好。

（4）检查电缆导体最高允许温度是否满足相应要求。

检查依据

《电力电缆线路运行规程》（DL/T 1253—2013）：

表 A.1　　　　　　　　　　　电缆导体最高允许温度

电缆类型	电压 kV	最高运行温度℃	
		额定负荷时	短路时
聚氯乙烯		70	160
黏性浸渍纸绝缘	10	70	250
	35	60	175
不滴流纸绝缘	10	70	250
	35	65	175
自容式充油电缆	66～500	85	160
交联聚乙烯	1～500	90	250

注：铝芯电缆短路允许最高温度为 200℃。

（5）检查三芯电力电缆在电缆中间接头处，其电缆铠装、金属铠装、金属屏蔽层各自是否有良好的电气连接并相互绝缘。

> **▶ 检查依据**
>
> 《电气装置安装工程 电缆线路施工及验收标准》（GB 50168—2018）：
>
> 7.1.9 三芯电力电缆在电缆中间接头处，其电缆铠装、金属铠装、金属屏蔽层应各自有良好的电气连接并相互绝缘；在电缆终端头处，电缆铠装、金属屏蔽层应用接地线分别引出，并应接地良好。

（6）检查电缆终端与电气装置的连接是否符合其他国家标准的要求。

> **▶ 检查依据**
>
> 《电气装置安装工程 电缆线路施工及验收标准》（GB 50168—2018）：
>
> 7.1.11 电缆终端与电气装置的连接，应符合国家标准《电气装置安装工程 母线装置施工及验收标准》GB 50149 的有关规定及产品技术文件要求。

（7）检查控制电缆是否有中间接头。

> **▶ 检查依据**
>
> 《电气装置安装工程 电缆线路施工及验收标准》（GB 50168—2018）：
>
> 7.1.12 控制电缆不应有中间接头。

（8）检查架空敷设的电缆、水下电缆是否设置电缆接头。

> **▶ 检查依据**
>
> 《电气装置安装工程 电缆线路施工及验收标准》（GB 50168—2018）：
>
> 6.6.1 水下电缆不应有接头。
>
> 《电气装置安装工程 电缆线路施工及验收标准》（GB 50168—2018）：
>
> 6.7.6 架空敷设的电缆不宜设置电缆接头。

（9）检查电缆终端表面有无放电、污秽现象；终端密封是否完好；终端绝缘管材有无开裂；电缆终端处的避雷器套管是否完好，表面有无放电痕迹。

> **▶ 检查依据**
>
> 《电力电缆线路运行规程》（DL／T 1253—2013）：
>
> 7.2.4 巡视检查要求：

c）检查电缆终端表面有无放电、污秽现象；终端密封是否完好；终端绝缘管材有无开裂；套管及支撑绝缘子有无损伤。

i）对电缆终端处的避雷器，应检查套管是否完好，表面有无放电痕迹，检查泄漏电流监测仪数值是否正常，并按规定记录放电计数器动作次数。

（10）检查电气连接点固定件有无松动、锈蚀，引出线连接点有无发热现象；终端应力锥部位是否发热。

▶ 检查依据

《电力电缆线路运行规程》（DL/T 1253—2013）：

7.2.4　巡视检查要求：

d）电气连接点固定件有无松动、锈蚀，引出线连接点有无发热现象；终端应力锥部位是否发热。

（11）对有补油装置的交联电缆终端，检查油位是否在规定的范围之间。

▶ 检查依据

《电力电缆线路运行规程》（DL/T 1253—2013）：

7.2.4　巡视检查要求：

e）对有补油装置的交联电缆终端，应检查油位是否在规定的范围之间；检查 GIS 筒内有无放电声响，必要时测量局部放电。

（二）屏蔽层接地检查主要内容及标准

（1）检查电缆屏蔽层是否可靠接地。

▶ 检查依据

《电气装置安装工程 接地装置施工及验收规范》（GB 50169—2016）：

4.10.3　电缆接地线应采用铜绞线或镀锡铜编织线与电缆屏蔽层连接，其截面积不应小于表 4.10.3 的规定。铜绞线或镀锡铜编织线应加包绝缘层。110kV 及以上电压等级的电缆接地线截面积应符合设计规定。

表 4.10.3　　　　　电缆终端接地线截面积（mm²）

电缆截面积 S	接地线截面积
$S \leq 16$	接地线截面积与芯线截面积相同
$16 < S \leq 120$	16
$S \geq 150$	25

《电力电缆线路运行规程》（DL／T 1253—2013）：

7.2.4 巡视检查要求

f）检查接地线是否良好，连接处是否紧固可靠，有无发热或放电现象；必要时测量连接处温度和单芯电缆金属护层接地线电流，有较大突变时应停电进行接地系统检查，查找接地电流突变原因。

（2）检查电缆屏蔽层和金属管两端是否可靠接地并在入口处接入接地装置。

▶ **检查依据**

《电气装置安装工程 接地装置施工及验收规范》（GB 50169—2016）：

4.8.7 屏蔽电源电缆、屏蔽通信电缆和金属管道入室前水平直埋长度应大于 10m，埋深应大于 0.6m，电缆屏蔽层和金属管两端接地并在入口处接入接地装置。

（3）检查电缆屏蔽层在非爆炸危险环境是否进行一点接地。

▶ **检查依据**

《电气装置安装工程 爆炸和火灾危险环境电气装置施工及验收规范》（GB 50257—2014）：

5.4.2 电缆屏蔽层，应在非爆炸危险环境进行一点接地。

二、隐患及定性

电缆接头隐患大多是一般隐患或严重隐患，电缆接头常见隐患及隐患等级定性表见表 3-2。

表 3-2　　　　　　　　　电缆接头常见隐患及隐患等级定性表

序号	电缆接头常见隐患	隐患等级
1	电缆接头无标牌	一般隐患
2	电缆接头标牌不清晰或内容不完整	一般隐患
3	电缆终端头略有破损或污秽较为严重，但表面无明显放电痕迹	一般隐患
4	电缆接头防火阻燃措施不完善	一般隐患
5	电缆中间接头被污水浸泡、杂物堆压，水深不超过 1m	一般隐患
6	电缆底座接头锌层（银层）损失，内部开始腐蚀	一般隐患

序号	电缆接头常见隐患	隐患等级
7	电缆屏蔽层未可靠接地	严重隐患
8	电缆接头无固定支架	严重隐患
9	电缆接头相间温差异常	严重隐患
10	电缆接头有裂纹（撕裂）或破损或有明显放电痕迹	严重隐患
11	电缆接头无防火阻燃及防小动物措施	严重隐患
12	电缆中间接头底座接头腐蚀进展很快，表面出现腐蚀物沉积，受力部位截面明显变小	严重隐患
13	电缆中间接头被污水浸泡、杂物堆压，水深超过 1m	严重隐患
14	电缆接头连接处出现异常温度	严重隐患
15	电缆接头存在发热变色迹象	严重隐患
16	电缆接头严重破损或表面有严重放电痕迹	危急隐患
17	电缆接头防水密封不可靠，水分侵入	危急隐患
18	电缆接头破损严重	危急隐患

三、典型环境卫生隐患示例

（一）电缆头存在发热变色迹象

1. 隐患描述

电缆头存在发热变色，影响了电缆接头的绝缘特性，如图 3-9 所示。

图 3-9　电缆头存在发热变色迹象隐患示例图

2. 隐患判断依据

根据《电力电缆线路运行规程》（DL/T 1253—2013）附录 A：电缆导体最高允许温度应满足表 A.1 电缆导体最高允许温度的要求。

3. 隐患定性

发热变色迹象通常表明电缆头存在过载或接触不良等问题，继续运行可能导致电缆过载，增加火灾风险。电缆头存在发热变色迹象，属于严重隐患。

4. 隐患整改标准

由专业电气工程师或技术人员检查电缆头的发热原因，查找可能的故障点或问题。及时进行维修或更换受损的电缆头，确保电缆系统的安全和正常运行。

（二）电缆头连接处出现异常温度

1. 隐患描述

电缆头连接处可能存在电气接触不良，连接处出现温度偏高，如图 3-10 所示。

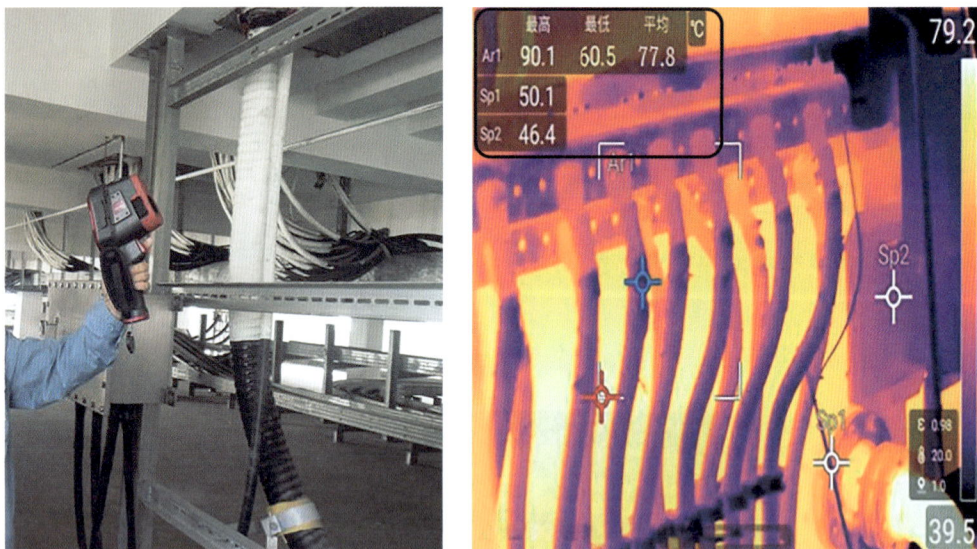

图 3-10　电缆头连接处出现异常温度隐患示例图

2. 隐患判断依据

根据《电力电缆线路运行规程》（DL/T 1253—2013）附录 A：电缆导体最高允许温度应满足表 A.1 电缆导体最高允许温度的要求。

3. 隐患定性

异常温度表明电缆头连接处可能存在电气接触不良、过载或其他故障，可能会导致设备受热变形或损坏，继续运行可能导致电缆故障。电缆头连接处出现异常温度，属于严重隐患。

4. 隐患整改标准

停止使用受影响的电缆，查找出可能的故障点或问题，并完成治理。

第三节　电缆标识标牌

电缆标识标牌能够清晰地指示电缆的类型、用途和电压等级，帮助工作人员在进行维护和检修时避免误操作。通过对电缆标识标牌的检查，可以确保其内容清晰、准确和完整，提高维护和检修的效率。

一、检查的流程、内容、标准

电缆标识标牌的检查是确保电缆系统正确、安全运行的重要环节。检查内容包括：标识清晰度、信息准确性、位置正确性、标识完整性、反光性或夜视性等。电缆标识标牌如图 3-11 所示。

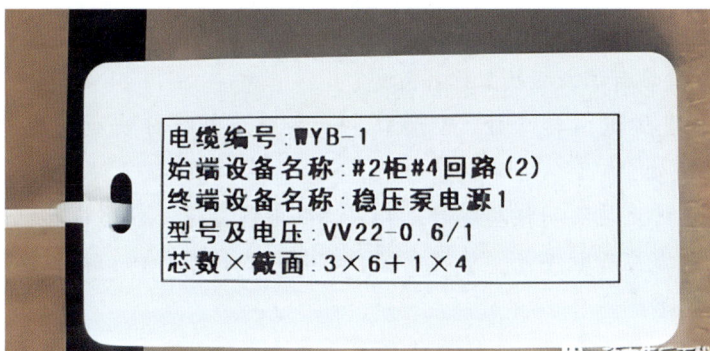

电缆编号：WYB-1
始端设备名称：#2柜#4回路（2）
终端设备名称：稳压泵电源1
型号及电压：VV22-0.6/1
芯数×截面：3×6+1×4

图 3-11　电缆标识标牌示例图

（1）检查电缆的首端、末端和分支处是否设标志牌。

▶ **检查依据**

《配电室安全管理规范》（DB11T 527—2021）：

6.2.7 电缆的首端、末端和分支处应设标志牌。

（2）检查电缆敷设时是否排列整齐并装设标识牌。

▶ **检查依据**

《电气装置安装工程电缆线路施工及验收标准》（GB 50168—2018）：

6.1.17 电缆敷设时应排列整齐，不宜交叉，并应及时装设标识牌。

（3）检查电缆铭牌是否完好，相色标志是否齐全、清晰。

> **检查依据**
>
> 《电力电缆线路运行规程》（DL／T 1253—2013）：
>
> 7.2.4 巡视检查要求：
>
> g）检查电缆铭牌是否完好，相色标志是否齐全、清晰。

（4）检查电缆标识牌装设是否符合相关规定。

> **检查依据**
>
> 《电气装置安装工程 电缆线路施工及验收标准》（GB50168—2018）：
>
> 6.1.18 标识牌装设应符合下列规定：
>
> 1 生产厂房及变电站内应在电缆终端头、电缆接头处装设电缆标识牌；
>
> 2 电网电缆线路应在下列部位装设电缆标识牌：
>
> 1）电缆终端及电缆接头处；
>
> 2）电缆管两端人孔及工作井处；
>
> 3）电缆隧道内转弯处、T形口、十字口、电缆分支处、直线段每隔50m～100m处；
>
> 3 标识牌上应注明线路编号，且宜写明电缆型号、规格、起讫地点；并联使用的电缆应有顺序号，单芯电缆应有相序或极性标识；标识牌的字迹应清晰不易脱落；
>
> 4 标识牌规格宜统一，标识牌应防腐，挂装应牢固。

（5）检查电缆通道路径的标志或标桩是否与实际路径相符。

> **检查依据**
>
> 《电气装置安装工程 电缆线路施工及验收标准》（GB 50168—2018）：
>
> 9.0.1 工程验收时应进行下列检查：电缆通道路径的标志或标桩，应与实际路径相符，并应清晰、牢固。

（6）检查电缆终端上的相位（极性）标识是否与系统的相位（极性）一致。

> **检查依据**
>
> 《电气装置安装工程 电缆线路施工及验收标准》（GB 50168—2018）：
>
> 7.2.15 电缆终端上应有明显的相位（极性）标识，且应与系统的相位（极性）一致。

二、隐患及定性

电缆标识标牌隐患大多是一般隐患或严重隐患，电缆标识标牌常见隐患及隐患等级定性表见表 3-3。

表 3-3　　　　　　　　　　电缆标识标牌常见隐患及隐患等级定性表

序号	电缆标识标牌常见隐患	隐患等级
1	电缆无设备标识标牌	一般隐患
2	电缆桥架外壳无走向标识	一般隐患
3	电缆标识标牌不清晰或内容不完整	一般隐患
4	电缆设备标识、警示标识装设不规范，安装位置偏移	一般隐患
5	电缆设备标识、警示标识错误	严重隐患

三、典型隐患示例

（一）电缆无标识标牌

1. 隐患描述

电缆的首端、末端没有配备清晰可见的标识标牌，如图 3-12 所示。

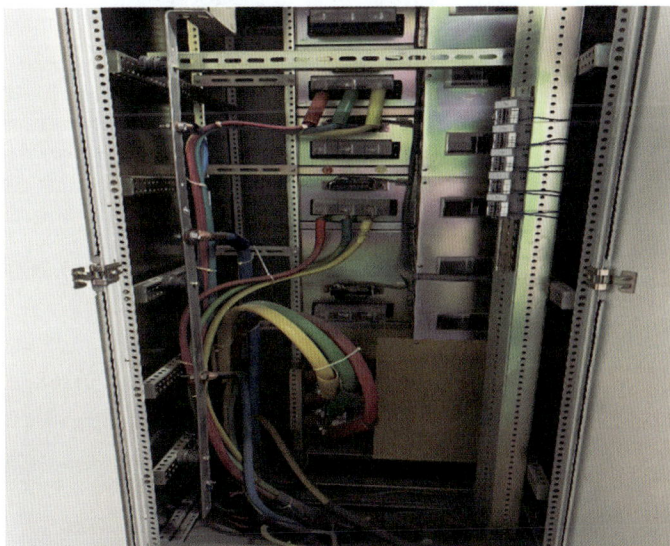

图 3-12　电缆无标识标牌隐患示例图

2. 隐患判断依据

根据《配电室安全管理规范》（DB11T 527—2021）6.2.7：电缆的首端、末端和分支处应设标志牌。

3. 隐患定性

缺乏标识标牌，会增加电缆识别困难，特别是在故障发生时，会大大增加故障排查的时间和难度。电缆无标识标牌，属于一般隐患。

4. 隐患整改标准

应确保所有电缆设备都配备清晰可见的标识标牌，标明电缆的类型、规格、用途、电压等重要信息。定期检查和维护标识标牌，确保其清晰可读。

（二）电缆头标牌标识不规范

1. 隐患描述

现场电缆头标识标牌内容被油漆覆盖，与实际不符，如图 3-13 所示。

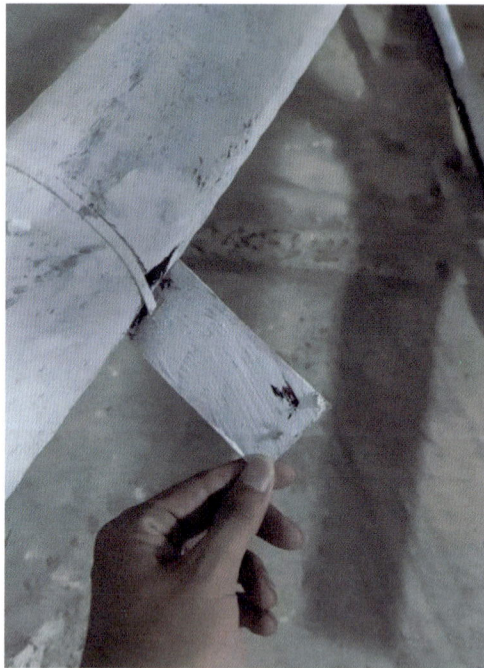

图 3-13　现场电缆头标识标牌不规范（被油漆覆盖）隐患示例图

2. 隐患判断依据

依据《电气装置安装工程 电缆线路施工及验收标准》（GB 50168—2018）6.1.18 标识牌装设应符合下列规定：标识牌上应注明线路编号，且宜写明电缆型号、规格、起讫地点；并联使用的电缆应有顺序号，单芯电缆应有相序或极性标识；标识牌的字迹应清晰不易脱落。

3. 隐患定性

不规范或错误的标识内容可能导致运维人员误解或误操作，使得电缆的连接、维护或故障排查出现错误，增加电气安全风险。电缆头标识标牌不规范，属于严重隐患。

4. 隐患整改标准

确保电缆头标识标牌内容正确、清晰、规范。标识标牌应包含准确的电缆信息，如电缆类型、规格、用途、电压等，以便于准确识别和操作。定期检查和维护标识标牌，确保标识内容清晰可读、准确无误。

（三）电缆桥架外壳无走向标识

1. 隐患描述

电缆桥架外壳没有配备清晰可见的走向标识，如图 3-14 所示，会延长故障处理时间。

图 3-14 电缆桥架外壳无走向标识隐患示例图

2. 隐患判断依据

依据《电气装置安装工程 电缆线路施工及验收标准》（GB 50168—2018）9.0.1 工程验收时应进行下列检查：电缆通道路径的标志或标桩，应与实际路径相符，并应清晰、牢固。

3. 隐患定性

缺乏走向标识，会导致难以准确识别电缆走向，增加故障排查的时间和难度，延长故障处理时间。电缆头标识标牌内容错误不规范，属于一般隐患。

4. 隐患整改标准

电缆桥架外壳配备清晰可见的走向标识，标明电缆的走向和布置方式。走向标识应准确、规范，便于安装、维护和故障排查。

第四章

变压器隐患排查

变压器是电力系统中不可或缺的重要设备，用户侧变压器为配电变压器（或称降压变压器），负责将高电压转变为低电压，以供各类用电设备使用。定期开展变压器安全检查，可以及时发现潜在问题或隐患并进行处理，避免或者减少故障的发生，确保电气设备的正常运行和延长设备的使用寿命，同时有助于提高电力系统的稳定性与可靠性。

第一节　变压器运行环境

变压器运行环境检查是指对变压器周边环境进行系统性检查。良好的变压器运行环境，不仅可以减少由于积灰导致绝缘性能下降、小动物进入导致短路等情况发生，确保变压器在安全、可靠的环境条件下运行，也为运维人员开展巡视检查、异常和事故处置等工作创造舒适的工作环境和必要的工作条件。

一、检查的流程、内容、标准

变压器运行环境检查，主要包括门、窗、墙等设施检查，通风、防雷、照明、消防、防小动物等设施检查，以及围栏及警示牌检查等。通常按照从外到里、从上到下的顺序开展检查工作。

（一）变压器室门、窗、墙等设施检查的内容和标准

（1）检查变压器室的门、窗应是否完好，房屋是否漏水。

> **检查依据**
>
> 《电力变压器运行规程》（DL/T 572—2021）：
>
> 6.1.4 变压器日常巡视检查一般包括以下内容：
>
> n）变压器室的门、窗、照明应完好，房屋不漏水，温度正常。

（2）检查变压器室之间、变压器室与配电室之间是否设置防火隔墙。

《建筑设计防火规范》（GB 50016—2014）：

5.4.12 变压器室之间、变压器室与配电室之间，应设置耐火极限不低于
2.00h 的防火隔墙。

（3）检查变压器室的通风窗的材料是否符合规范。

《20kV 及以下变电所设计规范》（GB 50053—2013）：

6.1.4 变压器室的通风窗应采用非燃烧材料。

（4）检查变压器室的耐火等级是否低于二级。

《20kV 及以下变电所设计规范》（GB 50053—2013）：

6.1.1 变压器室、配电室和电容器室的耐火等级不应低于二级。

（5）检查变压器室的门是否向外开启。

《20kV 及以下变电所设计规范》（GB 50053—2013）：

6.2.2 变压器室、配电室、电容器室的门应向外开启。相邻配电室之间
有门时，应为采用不燃材料制作的双向弹簧门。

（6）检查变压器门口是否有警示标牌。

《电力变压器运行规程》（DL/T 572—2021）：

4.2.7 变压器室的门应采用阻燃或不燃材料，开门方向应朝向外侧。门
上应标明变压器的名称和运行编号，门外应挂"止步，高压危险"标志牌，
并应上锁。

（7）检查变压器外廓（防护外壳）与变压器室墙壁和门的净距，是否满足相关要求。

▶ 检查依据

《民用建筑电气设计标准》（GB 51348—2019）：

4.5.9 变压器外廓（防护外壳）与变压器室墙壁和门的净距不应小于表4.5.9的规定。

表4.5.9　变压器外廓（防护外壳）与变压器室墙壁和门的最小净距（m）

项目 ＼ 变压器容量（kVA）	100～1000	1250～2500	3150(20kV)
油浸变压器外廓与后壁、侧壁净距	0.6	0.8	1.0
油浸变压器外廓与门净距	0.8	1.0	1.1
干式变压器带有IP2X及以上防护等级金属外壳与后壁、侧壁净距	0.6	0.8	1.0
干式变压器带有IP2X及以上防护等级金属外壳与门净距	0.8	1.0	1.2

（二）变压器室环境卫生、通风、防雷、照明、消防、防小动物等设施检查的内容和标准

（1）检查变压器室周边环境是否有杂物等环境隐患。

▶ 检查依据

《用户供配电设施运维及安全管理规范》（T/ZDL 024—2024）：

5.3.5 定期巡检重点内容：

g）检查户外变电站周边环境隐患，如临时建筑、大棚、广告、树木、杂草等；跟踪检查变电站内外环境隐患等防汛防台遗留问题。

（2）检查变压器室通风设施是否完好。

▶ 检查依据

《20kV及以下变电所设计规范》（GB 50053—2013）：

6.3.1 变压器室宜采用自然通风，夏季的排风温度不宜高于45℃，且排风与进风的温差不宜大于15℃。当自然通风不能满足要求时，应增设机械通风。

《电力变压器运行规程》（DL/T 572—2021）：

4.2.5 室（洞）内安装的变压器应有足够的通风条件，避免变压器温度过高。

6.1.5 应对变压器做定期检查（检查周期由现场规程规定），并增加以下检查内容：

j）室（洞）内变压器通风设备应完好。

（3）检查变压器室是否装设防雷设施。

《建筑物防雷设计规范》（GB 50057—2010）：

4.3.8 Yyn0 型或 Dynl1 型接线的配电变压器设在本建筑物内或附设于外墙处时，应在变压器高压侧装设避雷器。

（4）检查在变压器的正上方是否布置灯具。

《20kV 及以下变电所设计规范》（GB 50053—2013）：

6.4.3 在变压器、配电装置和裸导体的正上方不应布置灯具。当在变压器室和配电室内裸导体上方布置灯具时，灯具与裸导体的水平净距不应小于 1.0m，灯具不得采用吊链和软线吊装。

（5）检查消防设施是否齐全完好。

变压器内的消防设施如图 4-1 所示。

图 4-1　变压器内的消防设施

《电力变压器运行规程》（DL/T 572—2021）：

6.1.5 应对变压器做定期检查（检查周期由现场规程规定），并增加以下检查内容：

　i）消防设施应齐全完好。

（6）检查变压器室是否设置防止小动物进入室内的措施。

▶ **检查依据**

《20kV 及以下变电所设计规范》（GB 50053—2013）：

6.2.4 变压器室、配电室、电容器室等房间应设置防止雨、雪和蛇、鼠等小动物从采光窗、通风窗、门、电缆沟等处进入室内的措施。

（三）变压器室围栏及警示牌检查的内容和标准

（1）检查变压器周围是否设置护栏。

▶ **检查依据**

《低压配电设计规范》（GB 50054—2011）：

5.1.2 变压器周围应设置护栏。

（2）检查变压器与围栏或围墙周围是否留有不小于 1m 的巡视或检修通道。

▶ **检查依据**

《建设工程施工现场供用电安全规范》（GB 50194—2014）：

5.0.4 变压器或箱式变电站外廓与围栏或围墙周围应留有不小于 1m 的巡视或检修通道。

（3）检查在室外变压器围栏入口处及在变压器爬梯处是否安装必要的安全标志牌。变压器室运行环境如图 4-2 所示。

▶ **检查依据**

《电力变压器运行规程》（DL/T 572—2021）：

4.2.13 在室外变压器围栏入口处，应安装"止步，高压危险"，在变压器爬梯处安装"禁止攀登"等安全标志牌。

《耐火材料生产安全规程》（AQ 2023—2008）：

8.1.2.1 变压器室的门应加锁，在室外悬挂"高压危险"的标志牌，室外变压器四周应设有不低于 1.7m 的围墙或栏栅。

图 4-2　变压器室运行环境示例图

二、隐患及定性

变压器运行环境隐患大多是一般隐患或严重隐患，变压器运行环境常见隐患及隐患等级定性表见表 4-1。

表 4-1　　　　　　　　　　　变压器运行环境常见隐患及隐患等级定性表

序号	变压器运行环境常见隐患	隐患等级
1	变压器围栏木悬挂警示标牌	一般隐患
2	变压器室内部存在无关物品	一般隐患
3	变压器室门上无配变名称编号	一般隐患
4	变压器室门口无警示标牌	一般隐患
5	变压器周围通道安全距离不满足要求	严重隐患
6	变压器室防小动物措施不规范	严重隐患
7	变压器室内通风不畅，排风温度过高，超过 50℃	严重隐患
8	变压器接地装置不规范	严重隐患

三、典型隐患示例

（一）变压器室内通风不畅，排风温度过高

1. 隐患描述

变压器室冬季排风温度达到 53℃，如图 4-3 所示。

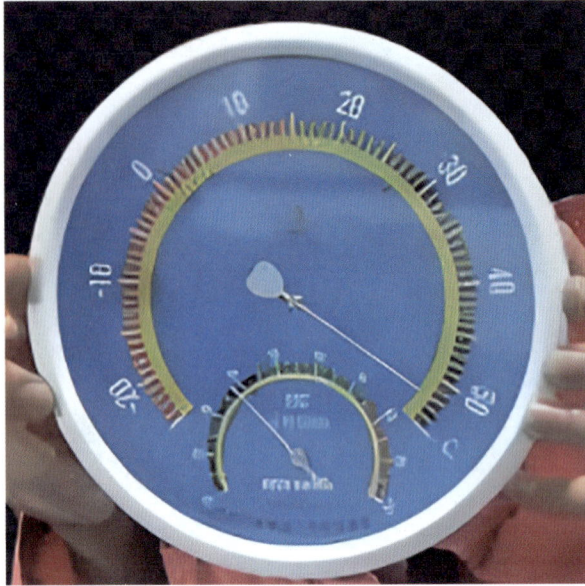

图 4-3　变压器室排风温度过高隐患示例图

2. 隐患判断依据

依据《20kV 及以下变电所设计规范》（GB 50053—2013）6.3.1：变压器室宜采用自然通风，夏季的排风温度不宜高于 45℃，且排风与进风的温差不宜大于 15℃。当自然通风不能满足要求时，应增设机械通风。

3. 隐患定性

变压器室内高温或低温环境可能影响变压器的正常运行，导致设备性能下降、能源浪费，增加运行成本。变压器室内温度异常，属于严重隐患。

4. 隐患整改标准

查明温度异常的原因，及时采取措施调整温度，确保设备处于适宜的工作温度范围内。

（二）变压器室防小动物措施不规范

1. 隐患描述

由于变压器室防小动物措施不规范，导致一条蛇进入变压器室，如图 4-4 所示，并引起变压器发生短路故障。

2. 隐患判断依据

依据《20kV 及以下变电所设计规范》（GB 50053—2013）6.2.4：变压器室、配电室、电容器室等房间应设置防止雨、雪和蛇、鼠等小动物从采光窗、通风窗、门、电缆沟等处进入室内的措施。

3. 隐患定性

防止小动物进入的措施布置不到位，可能会造成老鼠咬坏电缆，蛇、猫等造成电气设备的短路。变压器室防小动物措施不规范，属于严重隐患。

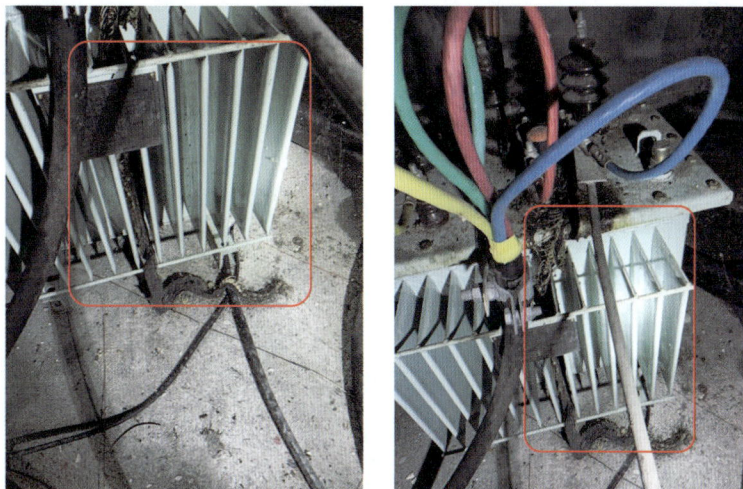

图 4-4 变压器室防小动物措施不规范隐患示例图

4. 隐患整改标准

变压器室内的防小动物措施规范、有效，以保障设备安全运行和动物的生命安全。

（三）变压器围栏未悬挂警示标牌

1. 隐患描述

室外变压器围栏未悬挂安装"止步，高压危险"警示标牌，如图 4-5 所示。

图 4-5 变压器围栏未悬挂警示标牌隐患示例图

2. 隐患判断依据

依据《电力变压器运行规程》（DL/T 572—2021）4.2.13：在室外变压器围栏入口处，应安装"止步，高压危险"，在变压器爬梯处安装"禁止攀登"等安全标志牌。

3. 隐患定性

缺乏警示标牌会增加人们无意中靠近变压器的风险，可能导致电击伤害或其他安全事故。变压器围栏未悬挂警示标牌，属于一般隐患。

4. 隐患整改标准

在变压器围栏周围显著位置悬挂警示标牌，明确警示人们注意危险、禁止进入或提醒安全注意事项，以保障人们的安全和设备的正常运行。

（四）变压器周围通道安全距离不满足要求

1. 隐患描述

该变压器周围通道安全距离不满足要求，实际距离只有 0.6 m，达不到安全距离 1.5 m 的要求，如图 4-6 所示。

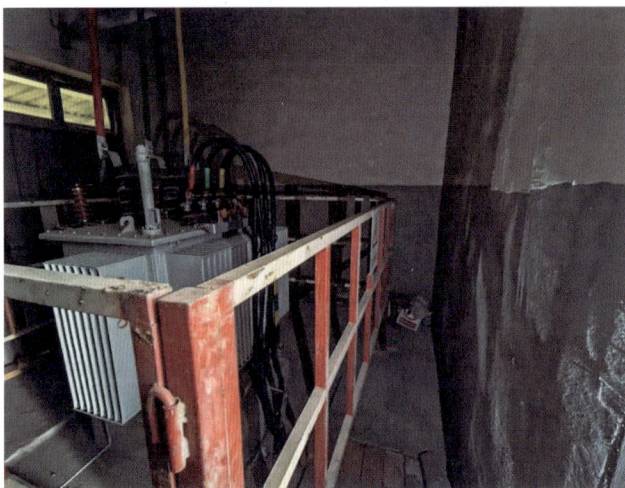

图 4-6 变压器周围通道安全距离不满足要求隐患示例图

2. 隐患判断依据

依据《民用建筑电气设计标准》（GB 51348—2019）4.5.9：变压器外廓（防护外壳）与变压器室墙壁和门的净距不应小于表 4.5.9 的规定。

3. 隐患定性

不足的安全距离，可能导致人员在变压器周围操作时受到电击等安全风险；也可能导致变压器周围通道的通风不畅，使设备过热，降低设备的效率和寿命。变压器周围通道安全距离不满足要求，属于严重隐患。

4. 隐患整改标准

变压器周围通道的安全距离符合规定要求，保证操作人员和设备的安全。

（五）变压器室门口无警示标牌

1. 隐患描述

变压器室门口缺乏命名、警示标牌，未悬挂"止步，高压危险"标志牌，如图 4-7 所示。

106

图 4-7　变压器室门口无警示标牌隐患示例图

2. 隐患判断依据

依据《电力变压器运行规程》（DL/T 572—2021）4.2.7：变压器室的门应采用阻燃或不燃材料，开门方向应朝向外侧。门上应标明变压器的名称和运行编号，门外应挂"止步，高压危险"标志牌，并应上锁。

3. 隐患定性

变压器室门口缺乏警示标牌，可能导致人们对变压器室的危险性缺乏认识，降低进入该区域的警惕性。变压器室门口无警示标牌，属于一般隐患。

4. 隐患整改标准

在变压器室门口显著位置悬挂警示标牌，提醒人们注意危险、禁止进入或提醒安全注意事项，以确保人员的安全和设备的正常运行。

第二节　油浸式变压器

油浸式变压器是一种多油电器设备，易因油温过高而着火或产生电弧使油剧烈汽化，使变压器外壳爆裂酿成火灾事故。定期开展油浸式变压器检查可以及时发现油浸式变压器的泄漏、过热或其他安全隐患，避免因设备故障引发的安全事故，保护人员和设备的安全。

一、检查的流程、内容、标准

油浸式变压器是一种多油电器设备，其检查一般包括布置检查和本体检查两部分。

油浸式变压器布置检查，主要是针对油浸式变压器的特点对布置环境开展的检查，通常按照从上到下、从内到外的顺序开展检查工作。油浸式变压器本体检查，包括变压器外壳、油色与油温、瓦斯保护等检查，通常按照从上到下、从外到内，先变压器整体、再外壳、然后内部、最后保护的顺序开展检查工作。油浸式变压器示例如图 4-8 所示。

图 4-8　油浸式变压器示例图

（一）油浸式变压器布置检查的内容和标准

（1）检查总油量超过 100kg 的户内油浸变压器，是否设置单独的变压器室。

> **检查依据**
>
> 《火力发电厂与变电站设计防火标准》（GB 50229—2019）：
>
> 6.7.6 总油量超过 100kg 的户内油浸变压器，应设置单独的变压器室。

（2）检查油浸变压器的变电站设置是否满足相应要求。

> **检查依据**
>
> 《20kV 及以下变电所设计规范》（GB 50053—2013）：
>
> 2.0.3 在多层建筑物或高层建筑物的裙房中，不宜设置油浸变压器的变电所，当受条件限制必须设置时，应将油浸变压器的变电所设置在建筑物首层靠外墙的部位，且不得设置在人员密集场所的正上方、正下方、贴邻处及疏散出口的两旁。高层主体建筑内不应设置油浸变压器的变电所。

（3）检查油浸变压器室的耐火等级是否低于二级。

(4)检查油浸变压器室是否用耐火材料建筑,门是否采用阻燃材料,且是否向外开。

(5)检查油浸变压器下面是否设置能储存变压器全部油量的事故储油设施。

(6)检查使用油浸式变压器的场所是否按有关设计规程规定设置消防设施。

（7）检查油浸式变压器在运行情况下，是否能安全地查看储油柜和套管油位、顶层油温、气体继电器。

▶ **检查依据**

《电力变压器运行规程》（DL/T 572—2021）：

4.2.4 油浸式变压器在运行情况下，应能安全地查看储油柜和套管油位、顶层油温、气体继电器，以及能安全取气样等，必要时应装设固定梯子。

（8）检查变压器的长期负载率是否大于 80%。

▶ **检查依据**

国家电网公司市场营销部《用户供配电设施建设及运维规范》：

3.1.6 在满足用户用电安全和用户近、远期电力需求及最佳综合经济效益的前提下，变压器容量应根据计算负荷选择，变压器的长期负载率不宜大于 80%。

（9）检查在多尘或有腐蚀性气体严重影响变压器安全运行的场所，是否选用全封闭型或防腐型的变压器，或是否采取防尘或防腐措施。

▶ **检查依据**

国家电网公司市场营销部《用户供配电设施建设及运维规范》：

3.2.3 变压器宜选用 Dyn11 接线组别的三相变压器；在多尘或有腐蚀性气体严重影响变压器安全运行的场所，应选用全封闭型或防腐型的变压器，也可采取防尘或防腐措施。

（10）检查重大活动场所的电力变压器是否满足相关要求。

▶ **检查依据**

《重大活动场所电气配置及运行技术要求》（Q/GDW 12260—2022）：

5.2.10 重大活动场所的电力变压器除应符合 GB 50060 的要求外，还应满足如下要求：

a）应配置接线组别为 Dyn11 的干式变压器，变压器选型及其能效等级应满足节能要求；

b）采用预装式变电站应分别具有高低压配电室，采用环网设计，变压器单台容量不宜大于 800kVA，低压母线预留移动电源设备快速接入装置；

c）变压器低压侧电压为 0.4kV 时，容量不应大于 1250kVA；当用电设备容量较大、负荷集中且运行合理时可选用较大容量的变压器，但单台容量不宜大于 2000kVA；

d）重要活动期间，单台变压器负荷率不应大于50%；

e）变（配）电所变压器应成双布置，低压侧应设联络开关，进线开关与联络开关之间应采用电气/机械联锁，防止变压器并列运行；

f）当其中任何一台变压器退出运行时，其余变压器的容量应满足特别保障负荷、重要保障负荷的用电，并应满足电力用户主要用电负荷。

（二）油浸式变压器本体检查的内容和标准

（1）检查变压器外观是否正常，各部位是否存在渗油、漏油及其他异常情况。

▶ **检查依据**

《电力变压器运行规程》（DL/T 572—2021）：

6.1.5 应对变压器做定期检查（检查周期由现场规程规定），并增加以下检查内容：

c）外壳及箱沿应无异常发热。

1）检查变压器及散热装置无任何渗漏油。

（2）检查变压器运行声音是否连续正常。

▶ **检查依据**

《电力变压器运行规程》（DL/T 572—2021）：

6.1.4 变压器日常巡视检查一般包括以下内容：

c）变压器声响均匀、正常。

（3）检查变压器的载流附件和外部回路元件是否能满足超额定电流运行的要求。

▶ **检查依据**

《电力变压器运行规程》（DL/T 572—2021）：

5.3 变压器的载流附件和外部回路元件应能满足超额定电流运行的要求，当任一附件和回路元件不能满足要求时，应按负载能力最小的附件和元件限制负载。变压器的结构件不能满足超额定电流运行的要求时，应根据具体情况确定是否限制负载和限制的程度。

（4）检查引线接头、电缆、母排连接是否无发热迹象，套管接线端子连接处的温度是否满足相应要求。

《油浸式电力变压器技术参数和要求》（GB/T 6451—2023）：

4.2.5.3 套管接线端子连接处，在环境空气中对空气的温升不应大于55K，在油中对油的温升不应大于15K。

《电力变压器运行规程》（DL/T 572—2021）：

6.1.4 变压器日常巡视检查一般包括以下内容：

g）引线接头、电缆、母线应无发热迹象。

6.1.5 应对变压器做定期检查（检查周期由现场规程规定），并增加以下检查内容：

n）变压器红外测温是否正常。

（5）检查变压器绝缘套管外部是否无破损裂纹、无严重积污、无放电痕迹及其他异常现象。

检查依据

《电力变压器运行规程》（DL/T 572—2021）：

6.1.4 变压器日常巡视检查一般包括以下内容：

b）套管油位应正常，套管外部无破损裂纹、无油污、无放电痕迹及其他异常现象；套管渗漏油时，应及时处理，防止内部受潮损坏。

6.1.5 应对变压器做定期检查（检查周期由现场规程规定），并增加以下检查内容：

m）电容式套管末屏是否出现异常声响或其他接地不良现象。

（6）检查变压器是否有铭牌，各种标志是否齐全、明显。

检查依据

《电力变压器 第1部分：总则》（GB 1094.1—2013）8：变压器应设有铭牌，铭牌材料应不受气候影响，并且固定在明显可见位置。

《电力变压器运行规程》（DL/T 572—2021）：

4.2.2 变压器应有铭牌，并标明运行编号和相位标志。

6.1.5 应对变压器做定期检查（检查周期由现场规程规定），并增加以下检查内容：

f）各种标志应齐全、明显。

（7）检查变压器接地是否满足相应要求。

检查依据

《油浸式电力变压器技术参数和要求》（GB/T 6451—2023）：

4.2.5.8　变压器铁芯应单点接地，金属结构件均应通过油箱可靠接地。接地处应有明显的接地符号或接地字样。

《电气装置安装工程接地装置施工及验收规范》（GB 50169—2016）：

3.0.4　电气装置的下列金属部分，均必须接地。

3.0.4　明敷接地线，在导体的全长度或区间段及每个连接部分附近的表面，应涂以 15mm～100mm 宽度相等的绿色和黄色相间的条纹标识。

4.11.3　接地线与变压器中性点的连接应牢固，且防松垫圈等零件应齐全。

《电力变压器运行规程》（DL/T 572—2021）6.1.5：应对变压器做定期检查（检查周期由现场规程规定），并增加以下检查内容：

a）各部位的接地应完好；并定期测量铁芯和夹件的接地电流。

（8）检查变压器的测温装置是否正常，变压器的油面最高温升是否满足相应要求。

检查依据

《电力变压器运行规程》（DL/T 572—2021）：

6.1.5　应对变压器做定期检查（检查周期由现场规程规定），并增加以下检查内容：

h）各种温度计应在检定周期内，超温信号应正确可靠。

n）变压器红外测温是否正常。

《爆炸和火灾危险环境电气装置施工及验收规范》（GB 50257—2014）：

4.5.3　油浸型"O"型电气设备的油面最高温升，不应超过表 4.5.3 的规定。

表 4.5.3　　油浸型"O"型电气设备油面最高温升

温度组别	油面最高温升（℃）	温度组别	油面最高温升（℃）
T1、T2、T3、T4、T5	60	T6	40

《电力变压器运行规程》（DL/T 572—2021）：

5.1.3　油浸式变压器顶层油温一般不应超过表1的规定（制造厂有规定的按制造厂规定）。当冷却介质温度较低时，顶层油温也相应降低。自然循环冷却变压器的顶层油温一般不宜经常超过85℃。

6.1.4　变压器日常巡视检查一般包括以下内容：

a）油浸式变压器的油温和温度计应正常，储油柜的油位应与温度相对应，各部位无渗油、漏油；气体绝缘变压器气体温度及气体压力应正常。

表1	油浸式变压器顶层油温在额定电压下的一般限值	
冷却方式	冷却介质最高温度（℃）	最高顶层油温（℃）
自然循环自冷、风冷	40	95
强迫循环风冷	40	85
强迫循环水冷	30	70

（9）检查各冷却器运转是否正常。

▶ **检查依据**

《电力变压器运行规程》（DL/T 572—2021）：

6.1.4 变压器日常巡视检查一般包括以下内容：

d）各冷却器手感温度应相近，风扇、油泵、气泵、水泵运转正常，油流继电器、气流指示器工作正常，特别注意变压器冷却器潜油泵负压区是否出现的渗漏油。

e）水冷却器的油压应大于水压（制造厂另有规定者除外）。

6.1.5 应对变压器做定期检查（检查周期由现场规程规定），并增加以下检查内容：

d）水冷却器从旋塞放水检查应无油迹。

（10）检查吸湿器是否完好，吸附剂是否干燥。

▶ **检查依据**

《电力变压器运行规程》（DL/T 572—2021）6.1.4 规定：

f）变压器日常巡视检查一般包括以下内容：吸湿器应完好，吸附剂应干燥。

（11）检查油浸式变压器是否按要求配置重、轻瓦斯保护装置。

▶ **检查依据**

《继电保护和安全自动装置技术规程》（GB/T 14285—2023）：

5.3.2.1 0.4MVA 及以上容量的户内油浸式变压器和 0.8MVA 及以上容量的油浸式变压器，均应配置瓦斯保护。

《电力变压器运行规程》（DL/T 572—2021）：

6.1.5 应对变压器做定期检查（检查周期由现场规程规定），并增加以下检查内容：

g）各种保护装置应齐全、良好。

国家电网市场营销部《用户供配电设施建设及运维规范》：

3.3.10　检查变压器时，需重点关注：油浸式变压器应按要求配置重、轻瓦斯保护装置。

（12）检查压力释放器是否完好。

▶ **检查依据**

《电力变压器运行规程》（DL/T 572—2021）：

6.1.4　变压器日常巡视检查一般包括以下内容：

h）压力释放器、安全气道及防爆膜应完好无损。

（13）检查有载分接开关的位置及指示是否正常。

▶ **检查依据**

《电力变压器运行规程》（DL/T 572—2021）：

6.1.4　变压器日常巡视检查一般包括以下内容：

i）有载分接开关的分接位置及电源指示应正常。

j）有载分接开关的在线滤油装置工作位置及电源指示应正常。

6.1.5　应对变压器做定期检查（检查周期由现场规程规定），并增加以下检查内容：

e）有载调压装置的动作情况应正常。

（14）检查气体继电器内是否无气体。

▶ **检查依据**

《电力变压器运行规程》（DL/T 572—2021）：

6.1.4　变压器日常巡视检查一般包括以下内容：

k）气体继电器内应无气体（一般情况）。

二、隐患及定性

油浸式变压器隐患大多是严重隐患或危急隐患，常见隐患及隐患等级定性表见表 4-2。

表 4-2 油浸式变压器常见隐患及隐患等级定性表

序号	油浸式变压器常见隐患	隐患等级
1	变压器无命名或无铭牌	一般隐患
2	变压器高、低压套管略有破损或污秽较严重	一般隐患
3	变压器油位计中油位低于正常油位的下限或油位指示不清晰	一般隐患
4	变压器绝缘油颜色较深	一般隐患
5	变压器油箱本体轻微渗油或明显锈斑	一般隐患
6	变压器接地装置不规范	一般隐患
7	变压器接地引下线轻度锈蚀或无明显接地，接地体中度锈蚀（大于截面直径或厚度 10%，小于 20%）	一般隐患
8	变压器呼吸器硅胶潮解变色部分超过总量的 2/3 或硅胶自上而下变色	严重隐患
9	变压器存油池设置不符合规范要求	严重隐患
10	变压器无瓦斯继电器试验检测报告	严重隐患
11	变压器高、低压套管外壳有裂纹（撕裂）或污秽严重，有明显放电现象	严重隐患
12	变压器电缆头存在发热变色温度异常	严重隐患
13	变压器设备标识、警示标识错误	严重隐患
14	变压器上端设备连接点温度异常	严重隐患
15	变压器油位过低或油位计破损	严重隐患
16	变压器接地引下线中度锈蚀、连接松动、截面不满足要求	严重隐患
17	油色变化明显，油内出现炭质	严重隐患
18	变压器波纹连接管变形	严重隐患
19	变压器温度计指示不准确或看不清楚、温度计破损	严重隐患
20	变压器气体继电器中有气体	严重隐患
21	变压器油箱本体严重渗油、严重锈蚀	严重隐患
22	配电变压器上层油温超过 95℃ 或温升超过 55K	严重隐患

序号	油浸式变压器常见隐患	隐患等级
23	变压器设备标识、警示标识安装位置偏移或缺少标识	严重隐患
24	变压器接地体较严重锈蚀（大于截面直径或厚度20%，小于30%）或埋深不足	严重隐患
25	变压器分接开关机构卡涩，无法操作	严重隐患
26	变压器呼吸器硅胶筒玻璃破损或硅胶潮解全部变色	严重隐患
27	变压器运行音响很大，内部有爆裂声	危急隐患
28	变压器上层油温异常，不断上升，或上层油温超过允许值10℃	危急隐患
29	变压器油位计中油位不可见	危急隐患
30	变压器高、低压套管严重破损或有严重放电痕迹	危急隐患
31	变压器接头线夹与设备连接平面出现缝隙，螺丝明显脱出，引线随时可能脱出	危急隐患
32	变压器接头线夹破损断裂严重，有脱落的可能，对引线无法形成紧固作用	危急隐患
33	变压器压力释放阀的防爆膜破损	危急隐患
34	变压器接地引下线严重锈蚀或出现断开、断裂	危急隐患
35	变压器油箱本体漏油（滴油）	危急隐患
36	变压器接地体严重锈蚀（大于截面直径或厚度30%）	危急隐患
37	变压器上端存在放电闪络迹象	危急隐患
38	变压器波纹连接管破损	危急隐患

三、典型环境卫生隐患示例

（一）变压器电缆头存在发热变色温度异常

1. 隐患描述

变压器电缆头存在发热变色温度异常，如图4-9所示。

2. 隐患判断依据

依据《电力变压器运行规程》（DL/T 572—2021）6.1.4：变压器日常巡视检查一般

包括以下内容：引线接头、电缆、母线应无发热迹象。

3. 隐患定性

发热、变色和温度异常表明电缆头可能存在电气接触不良、过载或其他故障，可能会导致电缆头及连接部分受热变形或损坏，功率传输受阻，影响电气设备的正常进行。变压器电缆头存在发热变色温度异常，属于严重隐患。

4. 隐患整改标准

停止使用受影响的电缆或设备，查明原因、消除故障后方可继续运行。

图 4-9　变压器电缆头存在发热变色温度异常迹象隐患示例图

（二）变压器运行声音异常

1. 隐患描述

变压器发出沉重的"嗡嗡"声，运行声音异常。

2. 隐患判断依据

依据《电力变压器运行规程》（DL/T 572—2021）6.1.4：变压器日常巡视检查一般包括以下内容：变压器声响均匀、正常。

3. 隐患定性

变压器声音比平时增大，声音均匀，可能有以下原因：电网发生过电压，电网发生单相接地或产生谐振过电压时，都会使变压器的声音增大；变压器过负荷时，将会使变压器发出沉重的"嗡嗡"声。

变压器有杂音，可能是由于变压器上的某些零部件松动而引起的振动。

变压器有放电声，是不接地的部件静电放电或线圈匝间放电，或由于分接开关接触不良放电。

变压器有爆裂声，说明变压器内部或表面绝缘击穿。

变压器有水沸腾声，为变压器绕组发生短路或分接开关接触不良引起的严重过热。

变压器运行声音异常，属于严重隐患。

4. 隐患整改标准

分析原因，做好记录，加强监视，尽快使变压器恢复正常运行。如是由于过负荷引起，则按照过负荷处理原则进行。

（三）变压器接地装置标识不规范

1. 隐患描述

变压器接地装置中条纹标识不规范，如图4-10所示。

图 4-10　变压器接地装置标识不规范隐患示例图

2. 隐患判断依据

依据《电气装置安装工程接地装置施工及验收规范》（GB 50169—2016）3.0.4：明敷接地线，在导体的全长度或区间段及每个连接部分附近的表面，应涂以 15mm～100mm 宽度相等的绿色和黄色相间的条纹标识。

3. 隐患定性

标识不规范的接地装置，容易导致运维检修人员无法快速、有效判断。变压器接地装置不规范，属于一般隐患。

4. 隐患整改标准

对接地装置的标识进行更正，确保符合规范要求。

（四）变压器无铭牌

1. 隐患描述

运行中的变压器铭牌丢失，如图4-11所示。

图 4-11　变压器铭牌丢失隐患示例图

2. 隐患判断依据

依据《电力变压器运行规程》（DL/T 572—2021）4.2.2：变压器应有铭牌，并标明运行编号和相位标志。

依据《电力变压器　第1部分：总则》（GB 1094.1—2013）8：变压器应设有铭牌，铭牌材料应不受气候影响，并且固定在明显可见位置。铭牌上的标志应是去不掉的，其项目如下：

a）变压器种类（如：变压器、自耦变压器、串联变压器）；

b）本部分代号；

c）制造单位名称、变压器装配所在地（国家、城镇）；

d）出厂序号；

e）制造年月；

f）产品型号；

g）相数；

h）额定容量（kVA 或 MVA，对于多绕组变压器，应给出每个绕组的额定容量，如果一个绕组的额定容量并不是其他绕组额定容量的总和时，则应给出负载组合）；

i）额定频率（Hz）；

j）各绕组额定电压（V 或 kV）及分接范围；

k）各绕组额定电流（A 或 kA）；

l）联结组标号；

m）以百分数表示的短路阻抗实测值，对于多绕组变压器，应给出不同的双绕组组合下的短路阻抗以及各自的参考容量，对于带分接绕组的变压器，见 6.5 及 8.3 的 b）项；

n）冷却方式（若变压器有多种组合的冷却方式时，则各自的容量值可用额定容量的百分数表示，如：ONAN/ONAF 70%/100%）；

o）总质量；

p）绝缘液体的质量、种类。

如果在设计中，已特别指明绕组有几种不同的联结，因而变压器有不止一组额定值时，则其补充的额定值应在铭牌上给出，或每一组额定值分别用各自的铭牌单独给出。

3. 隐患定性

铭牌上通常包含变压器的基本参数，变压器铭牌丢失，操作人员可能无法获取这些重要信息，影响设备的正确使用和维护。变压器无铭牌，属于一般隐患。

4. 隐患整改标准

及时联系变压器厂家增补铭牌，确保每个变压器都有清晰的铭牌，以提高设备管理的效率和安全性。

（五）变压器油位过低

1. 隐患描述

变压器油位为红色，提示油位过低，如图 4-12 所示。

2. 隐患判断依据

依据《电力变压器运行规程》（DL/T 572—2021）6.1：变压器有以下情况之一者应立即停运，假设有运用中的备用变压器，应尽可能先将其投入运行：严重漏油或喷油，使油面下降到低于油位计的指示限度。

3. 隐患定性

变压器的油主要用于冷却和绝缘，如果变压器缺少油，会导致变压器内部温度升高、绝缘性能下降、变压器内部零部件摩擦增加。变压器少油，属于严重隐患。

4. 隐患整改标准

补入的油必须与原变压器同一牌号，并经各项技术参数试验合格及混合试验合格。补油必须从油枕注油口补入，补油应适量，注意油标管的油位。补油过程中注意及时排放气

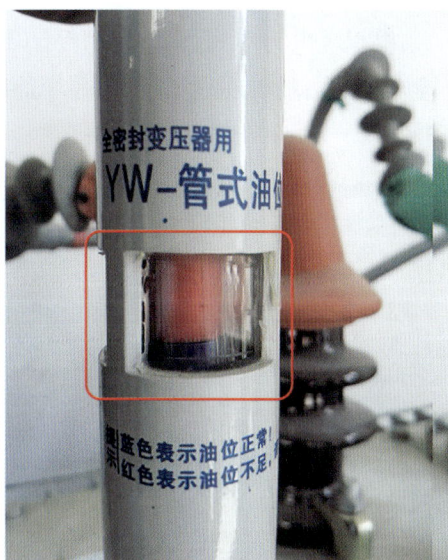

图 4-12 油浸式变压器油位不足隐患示例图

体。运行中的变压器应将气体继电器的重瓦斯掉闸压板置于试验位置，运行 24h 后方可将重瓦斯保护恢复掉闸位置。

（六）变压器渗漏油

1. 隐患描述

变压器渗漏油，如图 4-13 所示，需要维修并适量补油。

图 4-13　油浸式变压器渗漏油隐患示例图

2. 隐患判断依据

根据《电力变压器运行规程》（DL/T 572—2021）6.1.5：应对变压器做定期检查（检查周期由现场规程规定），并增加以下检查内容：1）检查变压器及散热装置无任何渗漏油。

3. 隐患定性

渗漏油会导致绝缘性能下降、对土壤和水源造成污染，引起变压器缺油。变压器渗漏油（未滴油），属于严重隐患。

4. 隐患整改标准

找出渗漏原因，修复漏油点，及时清理渗漏的油污，减少环境污染。如由于渗漏油导致变压器缺油，则适量补油，确保变压器正常运行。

（七）变压器呼吸器硅胶变色

1. 隐患描述

变压器硅胶受潮变色，需对变压器进行检修，并更换硅胶，如图 4-14 所示。

2. 隐患判断依据

依据《电力变压器运行规程》（DL/T 572—2021）6.1.4：变压器日常巡视检查一般包括以下内容：吸湿器应完好，吸附剂应干燥。

3. 隐患定性

硅胶受潮会变色，属于严重隐患。

4. 隐患整改标准

对硅胶变色过快的原因进行分析，结合分析情况对变压器进行故障检修，同时更换硅胶。

图 4-14　油浸式变压器硅胶变色隐患示例图

（八）变压器上层油温异常

1. 隐患描述

自然循环冷却变压器上层油温达到了 92℃，油温偏高，需要检查冷却装置是否良好，如图 4-15 所示。

图 4-15　油浸式变压器上层油温异常隐患示例图

2. 隐患判断依据

依据《电气装置安装工程爆炸和火灾危险环境电气装置施工及验收规范》（GB 50257—2014）4.5.3：油浸型 "O" 型电气设备的油面最高温升，不应超过表 4.5.3 的规定。

表 4.5.3 　　　　　　　　　　油浸型 "O" 型电气设备油面最高温升

温度组别	油面最高温升（℃）	温度组别	油面最高温升（℃）
T1、T2、T3、T4、T5	60	T6	40

根据《电力变压器运行规程》（DL/T 572—2021）5.1.3：油浸式变压器顶层油温一般不应超过表 1 的规定（制造厂有规定的按制造厂规定）。当冷却介质温度较低时，顶层油温也相应降低。自然循环冷却变压器的顶层油温一般不宜经常超过 85 ℃。

3. 隐患定性

在安全规程中，变压器运行中的允许温度是按上部油温来检查和规定的。在正常情况下，油温超过 85℃，会导致绝缘油过度氧化。变压器上层油温异常，属于严重隐患。

4. 隐患整改标准

要检测变压器上层油温，通过对上层油温的监测来控制绕组的温度，以免其绝缘水平下降、老化。在正常负荷和正常冷却条件下，变压器油温较平时高出 10℃以上或变压器负荷不变，油温不断上升，如检查结果证明冷却装置良好、测温仪无问题，则认为变压器已发生内部故障（如铁芯起火及绕组匝间短路等）。此时，应立即将变压器停止运行，以防止变压器事故扩大。

（九）变压器油色异常（出现碳质）

1. 隐患描述

变压器油色变深，油内有炭质，需要取油样，进行化验分析，如图 4-16 所示。

图 4-16　油浸式变压器油色异常隐患示例图

2. 隐患判断依据

依据《变压器油维护管理导则》（GB/T 14542—2017）6.2 规定，运行中变压器油超限值原因及对策：对于运行中变压器油检验项目超出质量标准的原因分析及应采取的措施见表 6，同时遇有下述情况应引起注意：

a）当试验结果超出运行中变压器油的质量标准时，应与以前的试验结果进行比较，如情况许可时，在进行任何措施之前，应重新取样分析以确认试验结果无误；

b）如果油质快速劣化，则应缩短检测周期进行跟踪试验，必要时检测油中抗氧化剂含量，结合油温、负荷及色谱分析结果采取相应措施。

表 6　　　　　　　　　运行中变压器油超限值原因及对策

序号	项目	超限值		可能原因	采取对策
1	外观	不透明，有可见杂质或油泥沉淀物		油中含有水分或纤维、碳黑及其他固形物	脱气脱水过滤或再生处理
2	色度 / 号	>2.0		可能过度劣化或污染	再生处理或换油
3	水分 / （mg/L）	330 kV～1000 kV	>15	a）密封不严、潮气侵入；b）运行温度过高，导致固体绝缘老化或油质劣化	a）检查密封胶囊有无破损，呼吸器吸附剂是否失效，潜油泵管路系统是否漏气；b）降低运行温度；c）采用真空过滤处理
		220 kV	>25		
		≤ 110 kV	>35		
4	酸值（以KOH 计）/ （mg/g）	>0.10		a）超负荷运行；b）抗氧剂消耗；c）补错了油；d）油被污染	再生处理，补加抗氧剂

3. 隐患定性

油色异常可能表明变压器油质过度劣化或污染，失去正常的清澈透明状态，油质老化会导致绝缘性能下降。变压器油色异常（出现碳质），属于严重隐患。

4. 隐患整改标准

正常时变压器油应是亮黄色、透明的。运行中发现油位计中油的颜色发生变化时，应联系取油样，进行化验分析。若运行中变压器油色骤然恶化，油内出现炭质并有其他不正常现象时，应立即停电进行检查处理。

第三节　干式变压器

干式变压器是一种使用固体绝缘材料和空气作为冷却介质的变压器。与油浸式变压器不同，干式变压器不使用液体绝缘油，主要通过自然空气对流或强制风冷来散热。其绝缘材料通常为环氧树脂或聚酯等固体绝缘材料。定期开展干式变压器检查可以及时发现潜在的安全隐患，如绝缘故障、过热等问题，确保设备的安全运行，保护人员和设备的安全。

一、检查的流程、内容、标准

干式变压器是指铁芯和绕组不浸渍在绝缘油中的变压器。干式变压器检查，包括外壳、温度控制器、风机等辅助器件检查和变压器本体检查。在用电安全隐患排查中开展，通常按照先外后内的顺序开展检查工作。干式变压器运行场景如图 4-17 所示。

图 4-17 干式变压器运行场景示例图

（一）干式变压器布置检查的内容和标准

（1）检查干式变压器与配电屏间的通道是否满足相关要求。

▶ **检查依据**

《20kV 及以下变电所设计规范》4.2.8（GB 50053—2013）：当配电屏与干式变压器靠近布置时，干式变压器通道的最小宽度应为 800mm。

（2）检查干式变压器与配电柜布置在同一房间时，干式变压器是否设置防护围栏或防护等级是否满足要求。

▶ **检查依据**

《水利水电工程劳动安全与工业卫生设计规范》（GB 50706—2011）：

4.2.4 干式变压器与配电柜布置在同一房间时，干式变压器应设置防护围栏或防护等级不低于 IP2X 的防护外罩。

（3）检查变压器外廓与围墙的净距是否满足相关要求。

▶ **检查依据**

国家电网市场营销部《用户供配电设施建设及运维规范》：

3.3.10 检查变压器时，需重点关注：变压器外廓与围墙的净距应满足《民用建筑电气设计标准》（GB 51348）的要求；变压器"五防"闭锁功能应满足安全要求，门控装置应能正确动作。

《民用建筑电气设计标准》4.5.9（GB 51348—2019）：变压器外廓（防护外壳）与变压器室墙壁和门的净距不应小于表4.5.9的规定。

表 4.5.9　变压器外廓（防护外壳）与变压器室墙壁和门的最小净距（m）

项目	变压器容量（kVA）		
	100～1000	1250～2500	3150（20kV）
油浸变压器外廓与后壁、侧壁净距	0.6	0.8	1.0
油浸变压器外廓与门净距	0.8	1.0	1.1
干式变压器带有 IP2X 及以上防护等级金属外壳与后壁、侧壁净距	0.6	0.8	1.0
干式变压器带有 IP2X 及以上防护等级金属外壳与门净距	0.8	1.0	1.2

（4）检查变压器的长期负载率是否大于80%。

▶ **检查依据**

国家电网市场营销部《用户供配电设施建设及运维规范》：

3.1.6 在满足用户用电安全和用户近、远期电力需求及最佳综合经济效益的前提下，变压器容量应根据计算负荷选择，变压器的长期负载率不宜大于80%。

（5）检查在多尘或有腐蚀性气体严重影响变压器安全运行的场所，是否选用全封闭型或防腐型的变压器或是否采取防尘或防腐措施。

▶ **检查依据**

国家电网市场营销部《用户供配电设施建设及运维规范》：

3.2.3 变压器宜选用 Dyn11 接线组别的三相变压器；在多尘或有腐蚀性气体严重影响变压器安全运行的场所，应选用全封闭型或防腐型的变压器，也可采取防尘或防腐措施。

（6）检查重大活动场所的电力变压器是否满足相关要求。

检查依据

《重大活动场所电气配置及运行技术要求》（Q/GDW 12260—2022）重大活动场所的电力变压器除应符合 GB 50060 的要求外，还应满足如下要求：

a）应配置接线组别为 Dyn11 的干式变压器，变压器选型及其能效等级应满足节能要求；

b）采用预装式变电站应分别具有高低压配电室，采用环网设计，变压器单台容量不宜大于 800kVA，低压母线预留移动电源设备快速接入装置；

c）变压器低压侧电压为 0.4kV 时，容量不应大于 1250kVA，当用电设备容量较大、负荷集中且运行合理时可选用较大容量的变压器，但单台容量不宜大于 2000kVA；

d）重要活动期间，单台变压器负荷率不应大于 50%；

e）变（配）电所变压器应成双布置，低压侧应设联络开关，进线开关与联络开关之间应采用电气/机械联锁，防止变压器并列运行；

f）当其中任何一台变压器退出运行时，其余变压器的容量应满足特别保障负荷、重要保障负荷的用电，并应满足电力用户主要用电负荷。

（二）干式变压器本体检查的内容和标准

（1）检查变压器外观是否正常，外部表面有无积污。

检查依据

《电力变压器运行规程》（DL/T 572—2021）：

6.1.4 变压器日常巡视检查一般包括以下内容：

m）干式变压器的外部表面应无积污。

6.1.5 应对变压器做定期检查（检查周期由现场规程规定），并增加以下检查内容：

c）外壳及箱沿应无异常发热。

（2）检查变压器运行声音是否连续正常。

检查依据

《电力变压器运行规程》（DL/T 572—2021）：

6.1.4 变压器日常巡视检查一般包括以下内容：

c）变压器声响均匀、正常。

（3）检查变压器的载流附件和外部回路元件是否能满足超额定电流运行的要求。

▶ **检查依据**

《电力变压器运行规程》（DL/T 572—2021）：

5.3 变压器的载流附件和外部回路元件应能满足超额定电流运行的要求，当任一附件和回路元件不能满足要求时，应按负载能力最小的附件和元件限制负载。变压器的结构件不能满足超额定电流运行的要求时，应根据具体情况确定是否限制负载和限制的程度。

（4）检查引线接头、电缆、母排连接是否有发热迹象，套管接线端子连接处的温度是否满足相应要求。

▶ **检查依据**

《电力变压器运行规程》（DL/T 572—2021）：

6.1.4 变压器日常巡视检查一般包括以下内容：

g）引线接头、电缆、母线应无发热迹象。

6.1.5 应对变压器做定期检查（检查周期由现场规程规定），并增加以下检查内容：

n）变压器红外测温是否正常。

（5）检查变压器是否有铭牌，各种标志是否齐全、明显。

▶ **检查依据**

《电力变压器运行规程》（DL/T 572—2021）：

4.2.2 变压器应有铭牌，并标明运行编号和相位标志。

6.1.5 应对变压器做定期检查（检查周期由现场规程规定），并增加以下检查内容：

f）各种标志应齐全、明显。

（6）检查变压器接地是否满足相应要求。

▶ **检查依据**

《电气装置安装工程接地装置施工及验收规范》（GB 50169—2016）：

3.0.4 电气装置的下列金属部分，均必须接地。明敷接地线，在导体的全长度或区间段及每个连接部分附近的表面，应涂以 15mm～100mm 宽度相等的绿色和黄色相间的条纹标识。

4.11.3 接地线与变压器中性点的连接应牢固，且防松垫圈等零件应齐全。

《电力变压器运行规程》（DL/T 572—2021）：

6.1.5 应对变压器做定期检查（检查周期由现场规程规定），并增加以下检查内容：

a）各部位的接地应完好；并定期测量铁芯和夹件的接地电流。

（7）检查变压器内部的湿度、凝露和污秽程度，是否满足相应的要求。

▶ **检查依据**

《电力变压器 第 11 部分：干式变压器》（GB/T 1094.11—2022）：

12.2.1 根据湿度、凝露和污秽的程度，对没有特别外部保护措施的变压器，规定了五种不同的环境类别。

（8）检查变压器的测温装置是否正常。

▶ **检查依据**

《电力变压器运行规程》（DL/T 572—2021）：

6.1.5 应对变压器做定期检查（检查周期由现场规程规定），并增加以下检查内容：

h）各种温度计应在检定周期内，超温信号应正确可靠。

n）变压器红外测温是否正常。

（9）检查各冷却器运转是否正常。

▶ **检查依据**

《电力变压器运行规程》（DL/T 572—2021）：

6.1.4 变压器日常巡视检查一般包括以下内容：

d）各冷却器手感温度应相近，风扇、油泵、气泵、水泵运转正常。

（10）检查变压器"五防"闭锁功能是否满足安全要求，门控装置是否能正确动作。变压器运行情况检查如图 4-18 所示。

图 4-18　变压器运行情况检查示例图

　　《用户供配电设施建设及运维规范》（国家电网市场营销部〔2023〕）：

　　3.3.10　变压器"五防"闭锁功能应满足安全要求，门控装置应能正确动作。

（11）检查干式变压器是否按规程要求设置温度保护。

　　国家电网市场营销部《用户供配电设施建设及运维规范》：

　　3.3.10　检查变压器时，需重点关注：干式变压器应按规程要求设置温度保护。

（12）检查有载分接开关的位置及指示是否正常。

　　《电力变压器运行规程》（DL/T 572—2021）：

　　6.1.4　变压器日常巡视检查一般包括以下内容：

　　i）有载分接开关的分接位置及电源指示应正常。

　　j）有载分接开关的在线滤油装置工作位置及电源指示应正常。

　　6.1.5　应对变压器做定期检查（检查周期由现场规程规定），并增加以下检查内容：

　　e）有载调压装置的动作情况应正常。

二、隐患及定性

干式变压器隐患大多是严重隐患或危急隐患，常见隐患及隐患等级定性表见表 4-3。

表 4-3　　　　　　　　干式变压器常见隐患及隐患等级定性表

序号	干式变压器常见隐患	隐患等级
1	变压器内部环境积尘过大	一般隐患
2	变压器零排无相色带、电缆无标识标牌	一般隐患
3	变压器无命名	一般隐患
4	变压器高、低压套管略有破损或污秽较严重	一般隐患
5	变压器接地引下线轻度锈蚀或无明显接地	一般隐患
6	变压器接地体中度锈蚀（大于截面直径或厚度 10%，小于 20%）	一般隐患
7	变压器电缆头存在发热变色温度异常	严重隐患
8	变压器标识标牌内容错误不规范	严重隐患
9	变压器上端设备连接点温度异常	严重隐患
10	变压器风机故障	严重隐患
11	变压器温度控制器故障或异常	严重隐患
12	变压器三相温差超过 10℃	严重隐患
13	变压器干变温度控制器异常	严重隐患
14	变压器高、低压套管外壳有裂纹（撕裂）或污秽严重，有明显放电现象	严重隐患
15	变压器电缆头存在发热变色温度异常	严重隐患
16	变压器设备标识、警示标识错误	严重隐患
17	变压器接地引下线中度锈蚀、连接松动、截面不满足要求	严重隐患
18	变压器设备标识、警示标识安装位置偏移或缺少标识	严重隐患
19	变压器接地体较严重锈蚀（大于截面直径或厚度 20%，小于 30%）或埋深不足	严重隐患
20	变压器分接开关机构卡涩，无法操作	严重隐患
21	变压器电磁锁开启异常	严重隐患
22	变压器接头线夹与设备连接平面出现缝隙，螺钉明显脱出，引线随时可能脱出	危急隐患
23	变压器接头线夹破损断裂严重，有脱落的可能，对引线无法形成紧固作用	危急隐患
24	变压器接地引下线严重锈蚀或出现断开、断裂	危急隐患
25	变压器"五防"装置故障或因人为解除而失效	危急隐患
26	运行变压器温度异常报警	危急隐患
27	变压器上端存在放电闪络迹象	严重隐患
28	变压器高、低压套管严重破损或有严重放电痕迹	危急隐患

三、典型隐患示例

（一）变压器温度控制器故障或异常

1. 隐患描述

变压器温度控制器故障，未能正常运行，如图 4-19 所示。

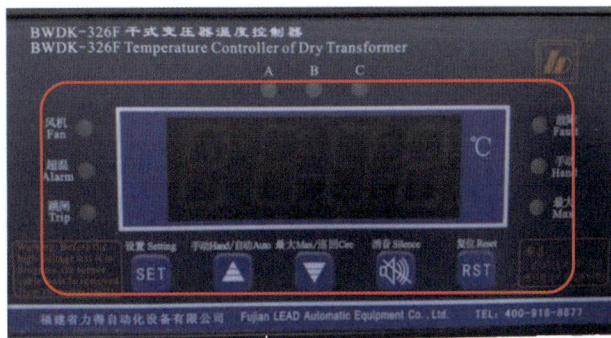

图 4-19 干式变压器温度控制器故障或异常隐患示例图

2. 隐患判断依据

依据国家电网市场营销部《用户供配电设施建设及运维规范》3.3.10：检查变压器时，需重点关注：干式变压器应按规程要求设置温度保护。

3. 隐患定性

温度控制器异常可能导致无法了解变压器运行温度，在变压器温度较高时不能自动开启风机，使设备性能下降。变压器温度控制器故障或异常，属于严重隐患。

4. 隐患整改标准

检查变压器温度控制器工作电源是否正常，如工作电源正常，应停止使用设备，并及时修复或更换控制器，确保设备处于正常工作温度范围内。

（二）变压器内部环境积尘过大

1. 隐患描述

变压器内部环境积尘过大，灰尘会覆盖在变压器表面，如图 4-20 所示。

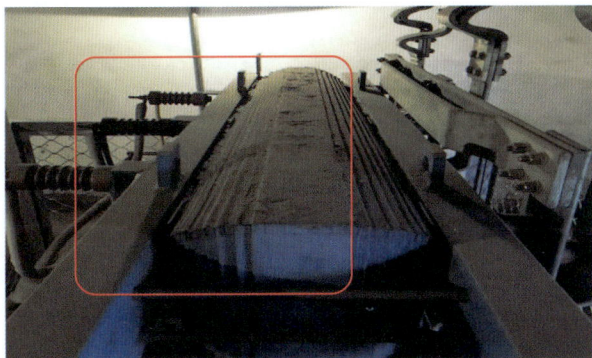

图 4-20 干式变压器内部环境积尘过大隐患示例图

2. 隐患判断依据

依据《电力变压器 第 11 部分：干式变压器》（GB/T 1094.11—2022）12.2.1：根据湿度、凝露和污秽的程度，对没有特别外部保护措施的变压器，规定了五种不同的环境类别。

3. 隐患定性

变压器内部环境积尘过大，灰尘会覆盖在变压器表面，影响其散热效果；灰尘中的颗粒物可能降低其绝缘性能，引起放电。变压器内部环境积尘过大但没有明显放电痕迹，属于一般隐患。

4. 隐患整改标准

定期对变压器及其周围环境进行清理，加强变压器室的空气流通，确保设备表面无灰尘积累。装设环境监测设备，实时监控变压器室内的温度、湿度和灰尘浓度。

（三）变压器电磁锁开启异常

1. 隐患描述

正常运行的变压器，电磁锁开启异常，"五防"装置动作异常，如图 4-21 所示。

图 4-21 变压器电磁锁异常开启隐患示例图

2. 隐患判断依据

依据国家电网市场营销部〔2023〕《用户供配电设施建设及运维规范》3.3.10：变压器"五防"闭锁功能应满足安全要求，门控装置应能正确动作。

3. 隐患定性

电磁锁在变压器带电情况下能打开，可能导致误入带电间隔，引起触电的风险。如果在变压器不带电情况下不能打开电磁锁，会给操作或检修变压器作业带来麻烦。变压器电磁锁开启异常，属于严重隐患。

4. 隐患整改标准

定期开展检查与试验，确保变压器"五防"闭锁功能应满足安全要求，门控装置应能正确动作。

（四）变压器上端存在放电迹象

1. 隐患描述

在变压器上端存在电气放电现象，如图 4-22 所示。

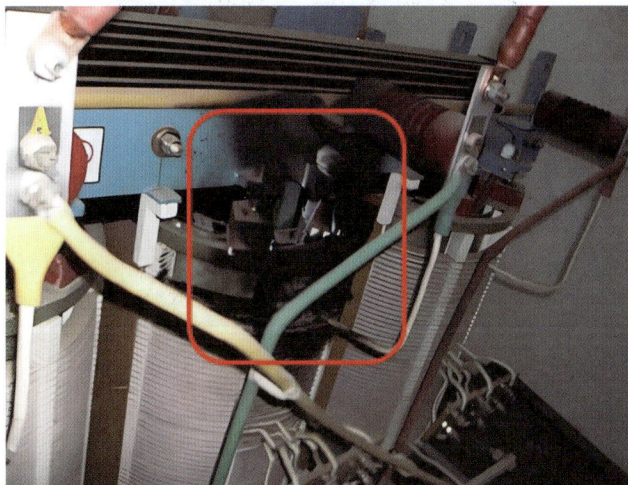

图 4-22　变压器上端存在放电闪络迹象隐患示例图

2. 隐患判断依据

根据《电力变压器运行规程》（DL/T 572—2021）6.1.4：变压器日常巡视检查一般包括以下内容：无破损裂纹、无油污、无放电痕迹及其他异常现象。

3. 隐患定性

放电迹象可能导致绝缘性能下降、设备老化及损坏，可能引发局部高温，增加火灾发生的风险。变压器上端存在放电闪络迹象，属于严重隐患。

4. 隐患整改标准

停机检修，由专业电气工程师或技术人员检查放电的原因，查找可能的故障点或问题。根据检查结果，对放电问题进行维修处理，修复故障点，确保设备正常运行。

（五）变压器电缆无标识标牌

1 隐患描述

变压器电缆无标识标牌，如图 4-23 所示。

2. 隐患判断依据

依据《电力变压器运行规程》（DL/T 572—2021）6.1.5：应对变压器做定期检查（检查周期由现场规程规定），并增加以下检查内容：各种标志应齐全、明显。

依据《配电室安全管理规范》（DB11/T 527—2021）6.2.7：电缆的首端、末端和分支处应设标志牌。

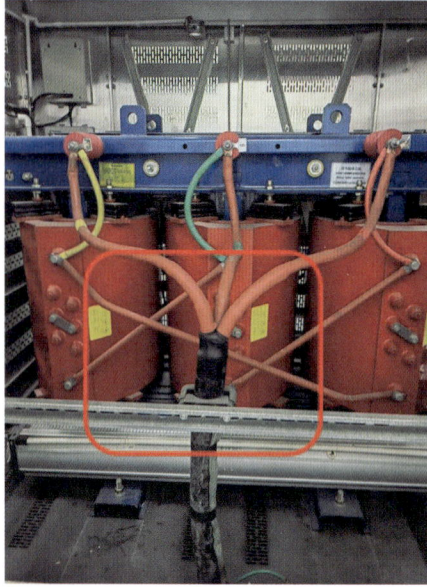

图 4-23　变压器电缆无标识标牌隐患示例图

3. 隐患定性

缺乏标识标牌会增加操作人员在识别电缆时出现错误的可能性，难以准确识别电缆的类型、功率和连接方式，导致错误连接或操作。变压器电缆无标识标牌，属于一般隐患。

4. 隐患整改标准

对变压器电缆进行标识标牌，明确标注电缆的类型、功率、用途等信息，以提高设备操作和维护的准确性及安全性。

第五章

高压开关柜隐患排查

高压柜作为电力系统中重要的组成部分，承担着保障电力系统正常运行的重要职责。而高压设备的故障往往会带来严重的后果，如停电、触电事故、电气火灾等。定期巡检高压设备，能够及时发现潜在的故障隐患，做好预防工作，及时进行修复或更换，避免由于设备长期处于故障状态而导致设备寿命缩短的情况，避免设备出现故障带来的不必要损失，维护系统的运行稳定性。

第一节　高压开关柜柜体

高压开关柜柜体配置、位置、屏显正常不仅为运行人员提供安全可靠的设备操作环境，避免了设备违章引起的人身事故，还确保了设备正常稳定运行，减少了因设备故障导致的经济损失。高压开关柜（右三）如图5-1所示。

图 5-1　高压开关柜（右三）

一、检查的流程、内容、标准

高压开关柜的柜体检查包括开关柜外部运行环境检查和开关柜内部运行环境检查。开关柜的隐患排查按照先开关柜外观、后内部设备的顺序开展检查工作。

（一）开关柜外观运行环境检查的主要内容和标准

（1）检查开关柜前后柜名标识有无缺失或错漏，与模拟图板是否对应一致。高压开关柜柜名标识如图 5-2 所示。

> **检查依据**
>
> 《配电网运维规程》（Q/GDW 1519—2014）5.5.5（1）规定：各类标识应齐全，设置应规范。
>
> 《电力安全工作规程 发电厂和变电站用电部分》（GB 26860—2011）：
>
> 7.3.5.2 用电设备应具有明显短路的标志，包括命名、编号、设备相色等。

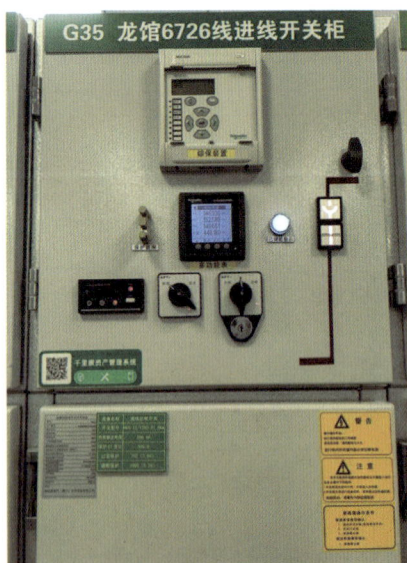

图 5-2　高压开关柜柜名标识示例图

（2）检查开关柜前后距离是否小于规定的最近距离。

> **检查依据**
>
> 《20kV 及以下变电所设计规范》（GB 50053—2013）：
>
> 4.2.7 高压配电室内成排布置的高压配电装置，其各种通道的最小宽度应符合表 4.2.7 的规定。

表 4.2.7	高压配电室内各种通道的最小宽度（mm）		
开关柜布置方式	柜后维护通道	柜前操作通道	
		固定式开关柜	移开式开关柜
单排布置	800	1500	单手车长度 +1200
双排面对面布置	800	2000	双手车长度 +900
双排背对背布置	1000	1500	单手车长度 +1200

（3）检查开关柜本体是否焊接牢固可靠，过门线是否连接完好。

▶ **检查依据**

《建筑电气工程施工质量验收规范》（GB 50303—2015）：

5.1.1　柜、台、箱的金属框架及基础型钢应与保护导体可靠连接；对于装有电器的可开启门，门和金属框架的接地端子间应选用截面积不小于 4mm² 的黄绿色绝缘铜芯软导线连接，并应有标识。

（4）检查开关柜柜面指示仪表、切换设备是否正常，分、合闸状态位置指示是否正常。

▶ **检查依据**

《配电网运维规程》（Q/GDW 1519—2014）：

5.5.5（f）开关柜仪器仪表指示、机械和电气指示应良好。

6.6（a）开关柜、配电柜巡视的主要内容：各种仪表、保护装置、信号装置是否正常。

（5）检查开关柜柜内照明灯具是否正常可用。

▶ **检查依据**

《高压开关设备和控制设备标准的共用技术要求》（GB/T 11022—2011）：

5.4.5.5.11　在某些外壳中，例如包含人力操作方式（手柄、按钮等）的外壳，应考虑照明。

（6）检查开关柜内部防小动物封堵是否到位。

《建筑电气工程施工质量验收规范》（GB 50303—2015）：

5.2.3 柜、台、箱的进出口应做防火封堵，并应封堵严密。

《20kV 及以下变电所设计规范》（GB 50053—2013）：

6.2.4 变压器室配电室、电容器室等房间应设置防止雨、雪和蛇、鼠等小动物从采光窗、通风窗、门会咬断电线电缆沟等处进入室内的设施。

（二）开关柜内部设备运行环境检查的主要内容和标准

（1）检查开关柜"五防"装置是否正常，遇到意图进行误操作行为时能否可靠动作；带电显示仪是否正常显示。

《高压电力用户用电安全》（GB/T 31989—2015）：

6.2.1 开关设备应安全可靠，具备"五防"功能。

《电力安全工作规程 发电厂和变电站用电部分》（GB 26860—2011）：

7.3.5.3 高压电力设备应具有防止误操作闭锁功能，必要时加挂机械锁。

（2）检查开关柜电缆头外观有无发热迹象，温升是否正常。

《建筑电气工程施工质量验收规范》（GB 50303—2015）：

17.1.4 电缆端子与设备或器具连接应符合本规范第 10.1.3 条和第 10.2.2 条的规定。

（3）检查开关柜设备有无凝露，加热器、除湿装置运行是否良好。

《配电网运维规程》（Q/GDW 1519—2014）6.6（d）规定开关柜、配电柜巡视的主要内容：设备有无凝露，加热器、除湿装置是否处于良好状态。

（4）检查母线排绝缘包裹是否良好，有无积灰、损伤、放电等损坏绝缘性能的情况。

> **检查依据**
>
> 《配电网运维规程》（Q/GDW 1519—2014）6.6（d）规定开关柜、配电柜巡视的主要内容：母线排有无变色变形现象，绝缘件有无裂纹、损伤、放电痕迹。

二、隐患及定性

高压开关柜柜体常见隐患及隐患等级定性表见表5-1。

表5-1　　　　　　　　高压开关柜柜体常见隐患及隐患等级定性表

序号	常见隐患	隐患等级
1	开关柜柜面指示仪表显示错误	一般隐患
2	开关柜本体未多点焊接	一般隐患
3	开关柜柜后检查灯具异常	一般隐患
4	开关柜断路器配置容量不足	严重隐患
5	开关柜内部防小动物封堵不到位	严重隐患
6	开关柜前后安全距离不满足要求	严重隐患
7	开关柜柜面指示仪表不显示，无法判断设备状态	严重隐患
8	切换设备异常	严重隐患
9	开关柜"五防"装置失效	危急隐患
10	开关柜电缆头存在发热变色温度异常	危急隐患
11	开关柜操动机构异常	危急隐患
12	联络开关闭锁装置失效或逻辑关系设置不合理	危急隐患
13	开关柜前后命名不一致，与模拟图板不对应，易造成误入间隔	危急隐患
14	开关柜前后命名缺失，无法进行正常操作	危急隐患

三、典型隐患示例

（一）开关柜断路器配置容量不足

1. 隐患描述

用户设备容量为12000kVA，使用高压断路器型号为VS1-12/630-25，选用630A的开关配置过低，与容量不匹配，如图5-3所示。

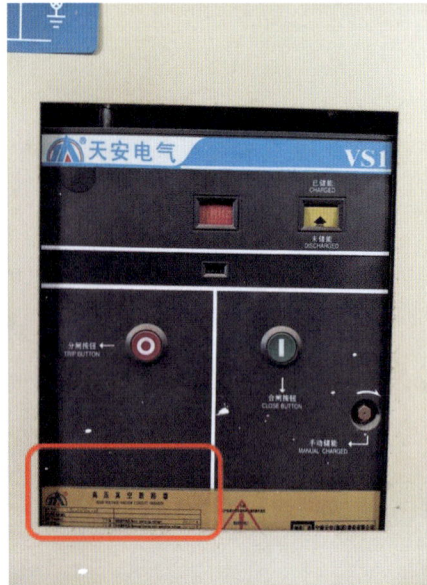

图 5-3　开关柜配置容量异常隐患示例图

2. 隐患判断依据

依据《高压电力用户用电安全》（GB/T 31989—2015）6.2.1（a）规定：开关设备的配置应满足绝缘性能、通流能力、开断关合性能的要求。

依据《20kV 及以下变电所设计规范》（GB 50053—2013）3.1.1 规定：配电装置的布置和导体、电器、架构的选择，应符合正常运行、检修及过电流和过电压等故障情况的要求。

3. 隐患定性

开关柜断路器配置容量不足，会导致开关误动作增加，无法正常启动用电设备，属于严重隐患。

4. 隐患整改标准

开关柜断路器配置容量应满足绝缘性能、通流能力、开断关合性能的要求。

（二）开关柜前后命名不一致

1. 隐患描述

开关柜前后命名不一致。柜前编号 AH5 命名 #2 变压器柜，柜后编号 AH4 且命名为空。如图 5-4 所示。

2. 隐患判断依据

依据《配电网运维规程》（Q/GDW 1519—2014）5.5.5（1）规定：各类标识应齐全，设置应规范。

《电力安全工作规程　发电厂和变电站用电部分》（GB 26860—2011）第 7.3.5.2 条规定：用电设备应具有明显短路的标志，包括命名、编号、设备相色等。

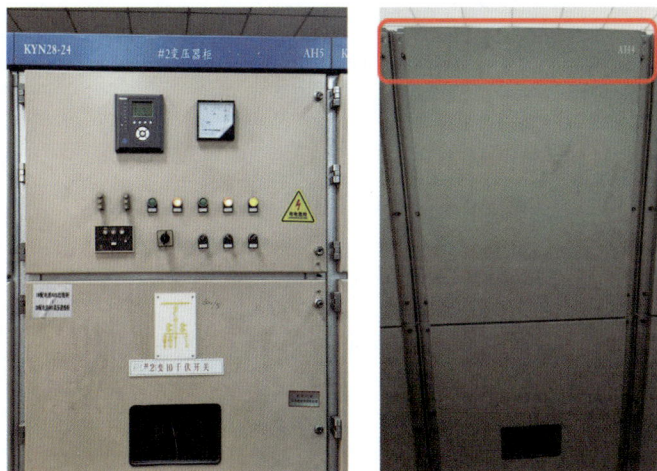

图 5-4　开关柜前后命名不一致隐患示例图

3. 隐患定性

开关柜前后命名缺失或不规范，可能导致操作人员无法正确找到作业间隔，造成误操作或误入带电间隔，属于危急隐患。

4. 隐患整改标准

开关柜前后命名完整规范，且对应一致。

（三）开关柜柜面指示仪表、切换设备异常

1. 隐患描述

母线压变柜仪表数据显示异常，如图 5-5 所示，BC 相低电压。

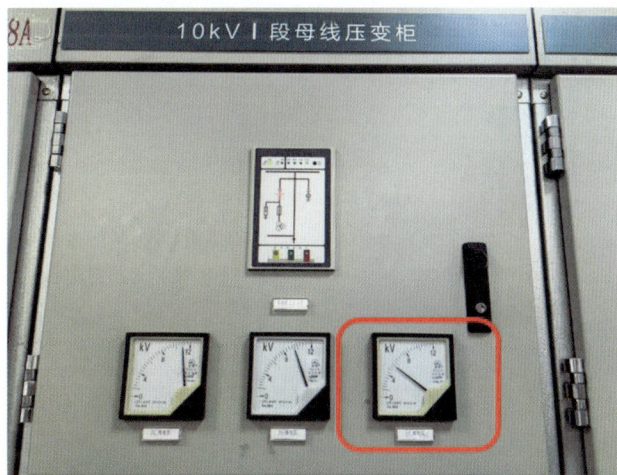

图 5-5　开关柜柜面指示仪表、切换设备异常隐患示例图

2. 隐患判断依据

依据《配电网运维规程》（Q/GDW 1519—2014）5.5.5（f）规定：开关柜仪器仪表指示、机械和电气指示应良好。

3. 隐患定性

开关柜柜面指示仪表异常，无法正确反映实际设备的运行数据，造成操作人员对设备状态的误判，影响安全运维检修，属于严重隐患。

4. 隐患整改标准

开关柜柜面指示仪表正常。

（四）开关柜"五防"装置动作异常

1. 隐患描述

根据开关柜状态显示仪显示，运行状态带接地合闸，而"五防"装置未动作，如图5-6所示。

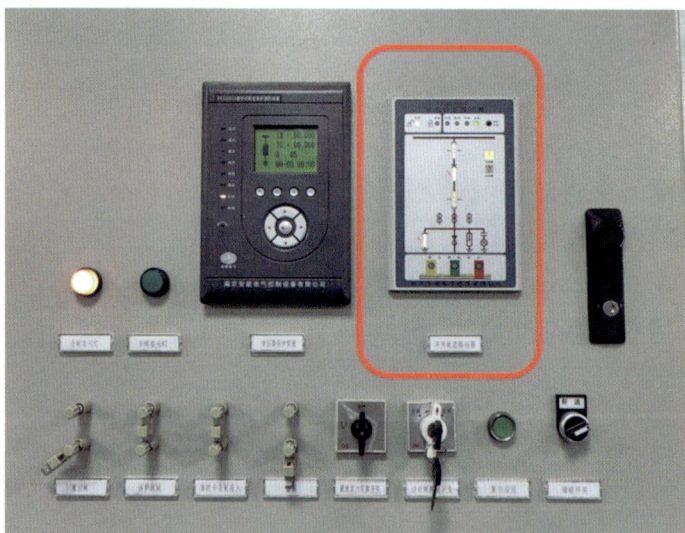

图5-6 开关柜"五防"装置显示异常隐患示例图

2. 隐患判断依据

依据《高压电力用户用电安全》（GB/T 31989—2015）6.2.1规定：开关设备应安全可靠，具备"五防"功能。

《电力安全工作规程 发电厂和变电站用电部分》（GB 26860—2011）第7.3.5.3条规定：高压电力设备应具有防止误操作闭锁功能，必要时加挂机械锁。

3. 隐患定性

开关柜"五防"装置动作异常，无法有效起到防止误分、合断路器；防止带负荷分、合隔离开关；防止带电挂（合）接地线（接地开关）；防止带接地线（接地开关）合断路器；防止误入带电间隔等五类误操作的作用，可能导致五类误操作引发的人身伤亡事故，属于严重隐患。

4. 隐患整改标准

开关柜"五防"装置应动作准确无误。

（五）开关柜柜后检查灯具异常

1. 隐患描述

柜后检查灯烧坏，柜内照明灯开关打开，但灯具未点亮，如图 5-7 所示。

图 5-7　开关柜柜后检查灯具异常隐患示例图

2. 隐患判断依据

根据《高压开关设备和控制设备标准的共用技术要求》（GB/T 11022—2011）5.4.5.5.11：在某些外壳中，例如包含人力操作方式（手柄、按钮等）的外壳，应考虑照明。

3. 隐患定性

开关柜柜后检查灯具异常，导致柜内照明不可用，会造成检查人员检查柜内运行情况时的不便，属于一般隐患。

4. 隐患整改标准

开关柜柜后检查灯具正常可用。

（六）开关柜内部防小动物封堵不到位

1. 隐患描述

开关柜的电缆孔洞未使用封堵泥进行防小动物封堵，如图 5-8 所示。

2. 隐患判断依据

依据《建筑电气工程施工质量验收规范》（GB 50303—2015）5.2.3 规定：柜、台、箱的进出口应做防火封堵，并应封堵严密。

《20kV 及以下变电所设计规范》（GB 50053—2013）第 6.2.6 条规定：配电室与室外相通的洞、通风孔应设置防止小动物进入的措施，如金属网等，且网格尺寸不得大于 10mm × 10mm。

图 5-8　开关柜内部防小动物封堵不到位隐患示例图

3. 隐患定性

开关柜的进出口未做封堵或封堵不严密，防小动物封堵不到位，蛇虫鼠蚁易进入开关柜内部，引起短路故障，属于严重隐患。

4. 隐患整改标准

开关柜的所有进出口用防火泥封堵严密。

第二节　高压开关设备

高压开关设备作为开关柜内最主要的运行设备，状态正常不仅保障了开关柜的正常稳定运行，导通正常运行电流，还能快速完成分闸操作，切断故障电流，避免故障范围的扩大，保护其他电气设备。

一、检查的流程、内容、标准

高压开关设备的类型包括高压断路器、高压隔离开关、高压负荷开关、高压熔断器等。高压开关设备检查包括开关内的绝缘介质情况检查、开关动静触头情况检查和开关内异响放电情况检查。高压开关设备的隐患排查宜在用电安全隐患排查中开展，通常按照开关内异响放电情况检查、开关内的绝缘介质情况检查、开关动静触头情况检查的顺序开展检查工作。手车式断路器结构如图 5-9 所示，高压负荷开关及熔断器如图 5-10所示。

图 5-9　手车式断路器结构

图 5-10　高压负荷开关及熔断器

（一）开关整体情况检查的主要内容和标准

（1）检查开关柜配置容量与设备容量是否匹配，开关的额定电流、分断电流能否满足绝缘性能、通流能力、开断关合性能的要求。

> **检查依据**
>
> 《高压电力用户用电安全》（GB/T 31989—2015）6.2.1（a）规定：开关设备的配置应满足绝缘性能、通流能力、开断关合性能的要求。
>
> 《20kV 及以下变电所设计规范》（GB 50053—2013 ）：
>
> 3.1.1 配电装置的布置和导体、电器、架构的选择，应符合正常运行、检修及过电流和过电压等故障情况的要求。

（2）检查开关运行状态和操作状态声音有无异响。高压开关柜开关运行状态如图 5-11 所示。

图 5-11　高压开关柜开关运行状态示例图

检查依据

《配电网运维规程》（Q/GDW 1519—2014）5.5.5（e）规定：开关柜操动机构应灵活。

（二）开关内的绝缘介质情况检查的主要内容和标准

（1）检查真空开关的真空包内气体是否清晰，有无颗粒。

▶ **检查依据**

《高压交流开关设备和控制设备标准的共用技术要求》（GB/T 11022—2020）：

5.2 为了防止凝露，在充气开关设备和控制设备中，在额定充气密度 p 下充的用作绝缘的气体，它在 20 时测得的最大允许湿度应该使它的露点温度不高于 –5℃。

（2）检查少油开关外壳是否坚固无破漏，是否存在渗漏油情况。

▶ **检查依据**

《高压交流开关设备和控制设备标准的共用技术要求》（GB/T 11022—2020）：

5.4.4 高压交流开关应构建外壳并绝缘且使其水密等，使用的材料应足以阻止可能的引燃和外壳内部存在的热源。

（3）检查少油开关的油色是否透明，有无游离水分，有无杂质或悬浮物。

▶ **检查依据**

《电力设备预防性试验规程》（DL/T 596—2015）：

15.2.2 运行中断路器油的要求为透明、无游离水分、无杂质或悬浮物。

（三）开关动静触头情况检查的主要内容和标准

（1）检查开关动静触头能否一步分合到位，有无粘连。

▶ **检查依据**

《建筑电气工程施工质量验收规范》（GB 50303—2015）：

5.1.3 手车、抽屉式成套配电柜投入时，接地触头应先于主触头接触；退出时，接地触头应后于主触头脱开。

（2）检查开关动静触头有无积尘，有无发热迹象，温升是否正常。

> **检查依据**
>
> 《高压交流开关设备和控制设备标准的共用技术要求》（GB/T 11022—2020）:
>
> 4.5.2 在温升试验规定的条件下，当周围空气温度不超过40℃时，开关设备和控制设备任意部分的温升不应该超过表3规定的温升极限。

（3）检查开关的动触头与静触头中心线是否一致，触头接触是否紧密。

> **检查依据**
>
> 《建筑电气工程施工质量验收规范》（GB 50303—2015）:
>
> 5.1.3 手车、抽屉式成套配电柜的动触头与静触头的中心线应一致，且触头接触应紧密。

二、隐患及定性

高压开关设备隐患大多是危急隐患或严重隐患，高压开关设备隐患及隐患等级定性表见表5-2。

表 5-2　　　　　　　　　　高压开关设备常见隐患及隐患等级定性表

序号	常见隐患	隐患等级
1	少油开关存在渗漏油	严重隐患
2	开关内部有异响	严重隐患
3	少油开关的油色发黑	严重隐患
4	开关柜断路器配置容量配置过大、过小,持续跳闸,无法正常用电	严重隐患
5	真空包内气体不清晰或有颗粒,影响开关绝缘性能	危急隐患
6	开关内有放电火花或放电声音	危急隐患

三、典型环境卫生隐患示例

（一）真空包内气体不清晰或有颗粒

1. 隐患描述

高压开关真空包内气体不清晰或有颗粒。

2. 隐患判断依据

依据《高压交流开关设备和控制设备标准的共用技术要求》(GB/T 11022—2020)6.2 规定：为了防止凝露，在充气开关设备和控制设备中，在额定充气密度 ρ 下充的用作绝缘的气体，它在 20℃ 时测得的最大允许湿度应该使它的露点温度不高于 –5℃。

3. 隐患定性

真空包内气体不清晰或有颗粒，影响开关绝缘性能和隔离电弧能力，可能造成开断时间增长，影响设备安全稳定运行，属于危急隐患。

4. 隐患整改标准

真空包内气体清晰无颗粒。

（二）开关柜闸刀有发热迹象

1. 隐患描述

开关柜闸刀静触头有发热迹象，如图 5-12 所示。

图 5-12　高压开关柜开关动静触头有积尘和发热迹象隐患示例图

2. 隐患判断依据

根据《高压交流开关设备和控制设备标准的共用技术要求》(GB/T 11022—2020)4.5.2 规定：在温升试验规定的条件下，当周围空气温度不超过 40℃ 时，开关设备和控制设备任部分的温升不应该超过表 3 规定的温升极限。

3. 隐患定性

闸刀动、静触头有积尘和发热迹象，导致动静触头接触部位电阻偏大，开关温度升高超过温升极限，引起开关设备损坏，属于危急隐患。

4. 隐患整改标准

闸刀动、静触头无积尘和发热迹象。

（三）少油开关存在渗漏油

1. 隐患描述

少油开关存在渗油现象，密封圈上有挂落油迹，地面有油渍。

2. 隐患判断依据

根据《高压交流开关设备和控制设备标准的共用技术要求》（GB/T 11022—2020）5.4.4 规定：高压交流开关应构建外壳并绝缘且使其水密等，使用的材料应足以阻止可能的引燃和外壳内部存在的热源。

3. 隐患定性

少油开关存在渗漏油，造成油量不足，延长灭弧时间，引起触头和灭弧室损坏，属于危急隐患。

4. 隐患整改标准

油位降到观察窗以下，须立刻停电检修，直至少油开关无渗漏油情况。

第三节 计量装置

计量装置作为开关柜中计量柜的主要组成部分，确保了电压、电流、功率等数值的准确计量。

一、检查的流程、内容、标准

计量装置检查包括互感器情况检查和表计情况检查。计量装置的隐患排查宜在采集运维时开展，通常按照表计情况检查、互感器情况检查的顺序开展检查工作。计量柜如图 5-13 所示。

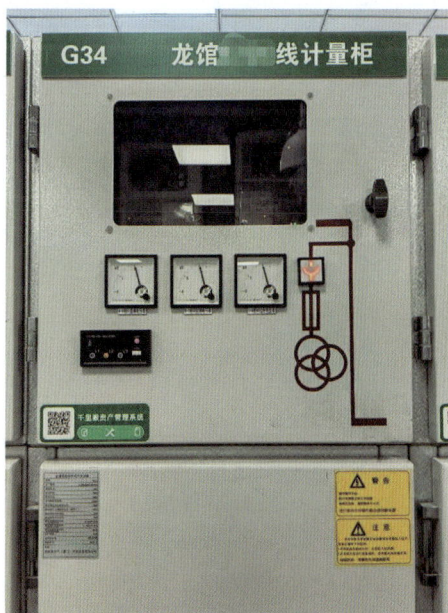

图 5-13 计量柜示例图

（一）表计情况检查的主要内容和标准

（1）检查表计运行是否正常，有无故障。表计正常接线情况如图 5-14 所示。

《电能计量装置技术管理规程》（DL/T 448—2016）8.2 规定：

（c）运行电能表的时钟误差累计不得超过 10min。否则，应进行校时或更换电能表。

（d）当发现电能计量装置故障时，应及时通知电能计量技术机构进行处理。

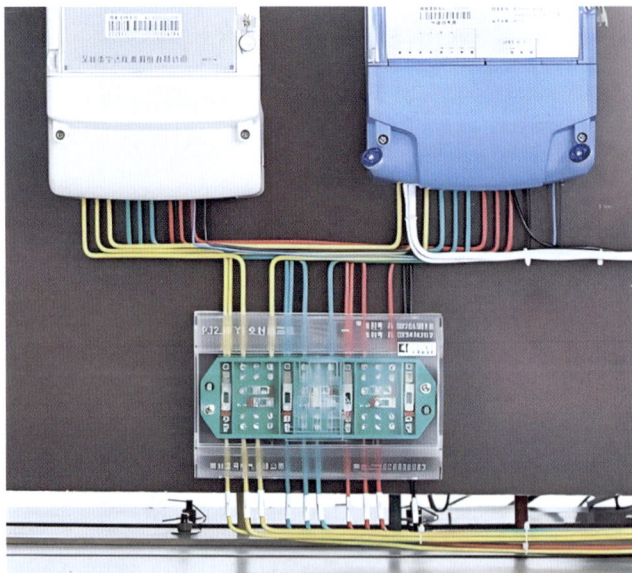

图 5-14　表计正常接线情况示例图

（2）检查表计及联合接线盒接线是否准确，连接是否紧密，封印是否完好。

检查依据

《电能计量装置技术管理规程》（DL/T 448—2016）6.3（f）规定：低压供电，计算负荷电流为 60A 及以下时，宜采用直接接入电能表的接线方式；计算负荷电流为 60A 以上时，宜采用经电流互感器接入电能表的接线方式。

（二）互感器情况检查的主要内容和标准

（1）互感器变比大小配置与负荷是否匹配。互感器运行情况如图 5-15 所示。

检查依据

《电能计量装置技术管理规程》（DL/T 448—2016）6.4（j）规定：互感器额定二次负荷的选择应保证接入其二次回路的实际负荷在25%～100%额定二次负荷范围内。

图 5-15　互感器运行情况示例图

（2）检查互感器二次接线是否准确，连接是否紧密。

检查依据

DL/T 448—2016《电能计量装置技术管理规程》6.3：

（c）接入中性点绝缘系统的电压互感器，35kV及以上的宜采用Yy方式接线；35kV以下的宜采用V/v方式接线。接入非中性点绝缘系统的电压互感器，宜采用Yoyo方式接线，其一次侧接地方式和系统接地方式相一致。

（d）三相三线制接线的电能计量装置，其2台电流互感器二次绕组与电能表之间应采用四线连接。三相四线制接线的电能计量装置，其3台电流互感器二次绕组与电能表之间应采用六线连接。

（3）检查互感器安装位置是否准确规范。

检查依据

《电能计量装置技术管理规程》（DL/T 448—2016）6.4（f）规定：安装

在电力用户处的贸易结算用电能计量装置，10kV 及以下电压供电的用户，应配置符合 GB/T 16934 规定的电能计量柜或电能计量箱；35kV 电压供电的用户，宜配置符合 GB/T 16934 规定的电能计量柜或电能计量箱。未配置电能计量柜或箱的，其互感器二次回路的所有接线端子、试验端子应能实施封印。

二、隐患及定性

计量装置隐患大多是严重隐患，计量装置常见隐患及隐患等级定性表见表 5-3。

表 5-3　　　　　　　　计量装置常见隐患及隐患等级定性表

序号	常见隐患	隐患等级
1	表计、互感器接线露铜	一般隐患
2	互感器变比配置过大，达不到计量 25% 的下限	严重隐患
3	表计或互感器安装位置不规范	严重隐患
4	表计运行故障	严重隐患
5	表计及联合接线盒无封印	严重隐患
6	互感器运行声音异常，存在发热迹象	危急隐患
7	互感器变比配置过小，易烧毁	危急隐患

三、典型环境卫生隐患示例

（一）互感器配置过小

1. 隐患描述

用户接入电压等级为 20kV，电压互感器配置为 12kV，配置电压等级不足，如图 5-16 所示。

2. 隐患判断依据

根据《电能计量装置技术管理规程》（DL/T 448—2016）6.4（j）规定：互感器额定二次负荷的选择应保证接入其二次回路的实际负荷在 25%～100% 额定二次负荷范围内。

3. 隐患定性

互感器配置过小，在过负荷的时候易导致磁饱和，烧毁二次设备，属于严重隐患。

4. 隐患整改标准

互感器配置应符合 25%～100% 的额定二次负荷范围。

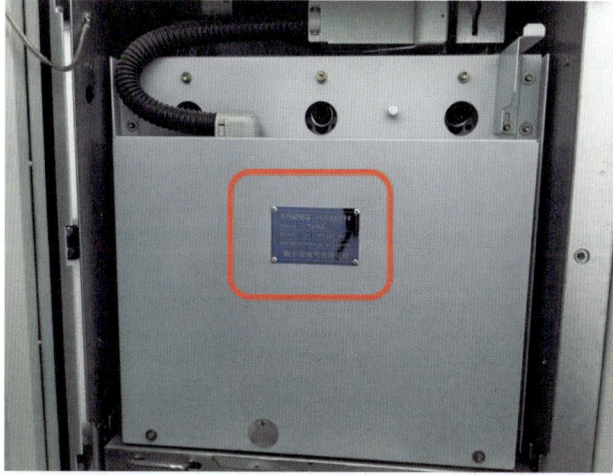

图 5-16 互感器配置过小隐患示例图

（二）表计或联合接线接线露铜

1. 隐患描述

表计接线露铜，如图 5-17 所示。

图 5-17 表计接线露铜隐患示例图

2. 隐患判断依据

依据《高压电能计量装置装拆及验收标准化作业指导书》（Q/GDW/ZY 1015—2013）6 规定：所有布线要求横平竖直、整齐美观，连接可靠、接触良好。导线应连接牢固，螺栓拧紧，导线金属裸露部分应全部接入接线端钮内，不得有外露、压皮现象。

3. 隐患定性

表计接线工艺不到位，出现露铜问题，易出现误触铜线而导致人员触电的情况。同时露铜部分给窃电搭接提供了便利，需重点检查是否存在绕越的窃电行为，属于一般隐患。

4. 隐患整改标准

表计导线连接牢固，螺栓拧紧，导线金属裸露部分应全部接入接线端钮内，无露铜现象。

（三）表计运行故障

1. 隐患描述

电能表黑屏，如图 5-18 所示。

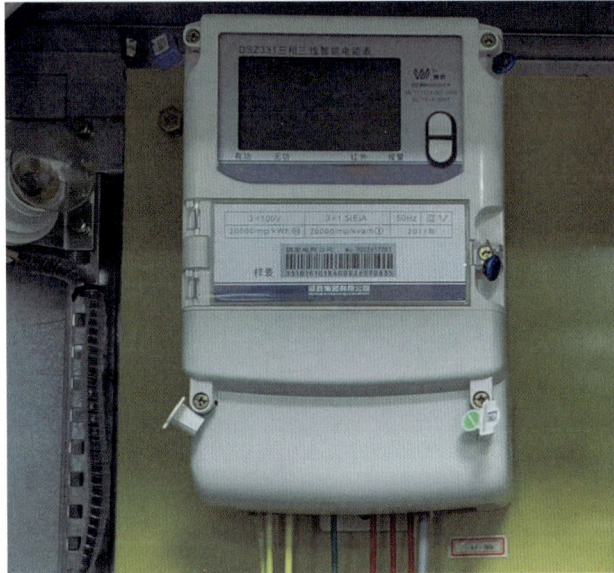

图 5-18　表计运行故障（黑屏）隐患示例图

2. 隐患判断依据

依据《电能计量装置技术管理规程》（DL/T 448—2016）8.2 规定：

（c）运行电能表的时钟误差累计不得超过 10min。否则，应进行校时或更换电能表。

（d）当发现电能计量装置故障时，应及时通知电能计量技术机构进行处理。

3. 隐患定性

表计运行故障，会导致计量误差，使电网与用户之间交易计量不准确，属于严重隐患。

4. 隐患整改标准

表计运行正常。

第四节　二次设备

高压开关柜的二次设备作为开关柜内的辅助设备，主要由电力电子器件、集成电路、微处理器等组成，具有高精度、高可靠性和智能化等特点。柜内的二次设备主要用于监测和控制一次设备的运行状态，保证电力系统的安全、稳定和经济运行。

一、检查的流程、内容、标准

开关柜二次设备检查包括二次屏显情况检查、二次装置情况检查。二次设备的隐患排查宜在用电安全隐患排查中开展，通常按照二次屏显情况检查、二次装置情况检查的顺序开展检查工作。

（一）二次屏显情况检查的主要内容和标准

（1）检查屏表仪表指示是否正常，数据显示是否准确无误，故障记录是否齐全。高压开关柜二次屏显情况如图 5-19 所示。

▶ **检查依据**

《配电网运维规程》（Q/GDW 1519—2014）5.5.5（f）规定：开关柜仪器仪表指示、机械和电气指示应良好。

图 5-19　高压开关柜二次屏显情况示例图

（2）检查壁挂电源、直流屏是否正常运行，能否正常充放电。

▶ **检查依据**

《电力工程直流电源设备通用技术条件及完全要求》（GB/T 19826—2014）：

5.2.1.1 充电电压及电流调节范围：充电装置的充电电压及电流调节范围应符合表 2 的规定。

表 2 　　　　　　　　　　　　充电电压及电流调节范围

直流系统标称电压	蓄电池类别	恒流充电		浮充电		均衡充电	
		电压调节范围	充电电流调节范围	电压调节范围	负荷电流调节范围	电压调节范围	负荷电流调节范围
110 或 220	阀控密封式铅酸蓄电池	（90%～120%）U_n	（20%～100%）I_n	（95%～115%）U_n	（0～100%）I_n	（105%～120%）U_n	（0～100%）I_n
	排气式铅酸蓄电池	（90%～135%）U_n		（95%～115%）U_n		（105%～135%）U_n	
48	阀控密封式铅酸蓄电池	36V～60V		48V～52V		48V～52V	
	排气式铅酸蓄电池	40V～72V		48V～52V		48V～72V	
24	阀控密封式铅酸蓄电池	18V～30V		24V～26V		24V～26V	
	排气式铅酸蓄电池	20V～36V		24V～26V		24V～36V	

注：U_n 为直流系统标称电压，I_n 为直流额定电流。

5.2.1.3 直流电流和直流电压的输出误差

当充电装置输出的充电电流、充电电压通过数字式整定方式（如数字拨盘、数字键盘、通信接口等数字方式）进行整定时，应满足下列规定：

a）充电电流 <30A 时，其整定误差不超过 ±0.3A；

b）充电电流多 30A 时，其整定误差不超过 ±1%；

c）充电电压的整定误差不超过 ±0.5%（直流系统标称电压为 110V 及以上）或 ±1%（直流系统标称电压为 110V 以下）。

（二）二次装置情况检查的主要内容和标准

（1）检查二次保护压板是否准确投切，有无应投未投情况。

▶ 检查依据

《电力装置的继电保护和自动装置设计规范》（GB/T 50062—2008）：

2.0.1 电力网中的电力设备和线路，应装设反应短路故障和异常运行的继电保护和自动装置。继电保护和自动装置应能尽快地切除短路故障和恢复供电。

（2）检查开关柜继电保护装置是否正常，能否控制准确并完整记录微机保护状态、复归记录。

▶ 检查依据

《用户供配电设施建设及运维规范》（GB/T 50062—2008）：

3.1.7 高压配电装置的继电保护及自动装置应符合《继电保护和安全自动装置技术规程》（GB/T 14285）的配置要求，配电室的高压开关设备应采用能反映故障记录的数字设备。

规范的高压开关柜二次装置情况如图 5-20 所示。

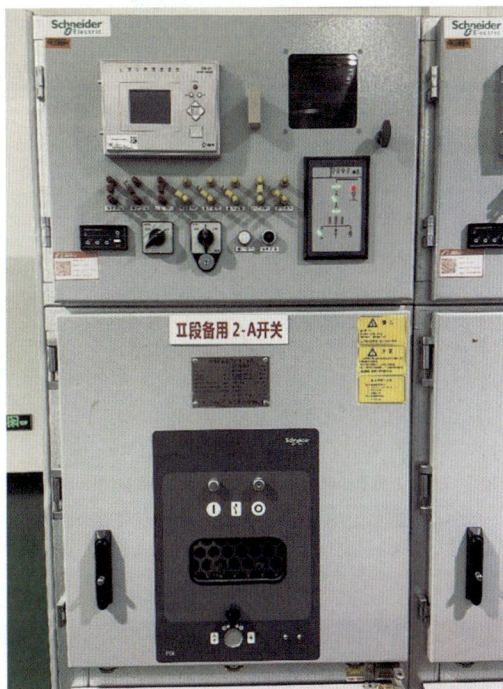

图 5-20 规范的高压开关柜二次装置情况示例图

二、隐患及定性

二次设备隐患大多是危急隐患或严重隐患，常见隐患及定性表见表 5-4。

表 5-4   二次设备常见隐患及定性表

序号	常见隐患	隐患等级
1	屏表仪表指示异常	严重隐患
2	二次保护压板投切异常	危急隐患
3	直流电源运行异常	危急隐患
4	二次接线装置异常	危急隐患
5	继电保护整定值设置不合理	危急隐患
6	开关柜继电保护装置失效，无法正常动作跳闸	危急隐患

三、典型环境卫生隐患示例

（一）二次保护压板投切异常

1. 隐患描述

保护跳闸压板未投入，应投入的未投入使用，保护跳闸不动作，如图 5-21 所示。

图 5-21   高压开关柜二次保护压板投切异常隐患示例图

2. 隐患判断依据

依据《电力装置的继电保护和自动装置设计规范》（GB/T 50062—2008）2.0.1 规定：电力网中的电力设备和线路，应装设反应短路故障和异常运行的继电保护和自动装置。继电保护和自动装置应能尽快地切除短路故障和恢复供电。

3. 隐患定性

二次保护压板投切异常，无法起到传递电压信号的作用，影响开关保护的操作可靠性，故障无法及时切断，可能导致故障范围扩大，属于危急隐患。

4. 隐患整改标准

二次保护压板投切正常。

（二）开关柜继电保护装置异常

1. 隐患描述

高压开关柜发生短路，继电保护装置未动作，且显示屏未正常显示，如图 5-22 所示。

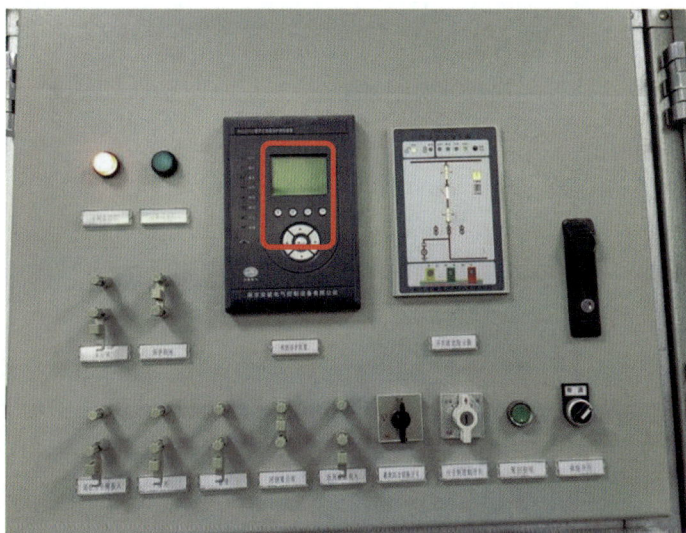

图 5-22　开关柜继电保护装置异常隐患示例图

2. 隐患判断依据

依据《电力用户供配电设施建设及运维规范》（GB/T 37136—2018）3.1.7 规定：高压配电装置的继电保护及自动装置应符合《继电保护和安全自动装置技术规程》（GB/T 14285）的配置要求，配电室的高压开关设备应采用能反映故障记录的数字设备。

3. 隐患定性

开关柜继电保护装置异常，无法控制开关正确动作，不能保障用户配电系统安全、可靠运行，属于危急隐患。

4. 隐患整改标准

开关柜继电保护装置能正确显示，控制准确并记录完整。

第六章

低压开关柜隐患排查

低压开关柜是现代工业生产中不可或缺的设备之一，它起到电能分配和保护设备的重要作用。低压开关设备的故障往往会带来不同程度的后果，比如故障停电、电气火灾、增加电费支出等。为了确保低压配电柜的正常运行和延长其使用寿命，定期巡检显得格外重要。通过检查能够及时发现潜在故障隐患，做好预防工作，对检查中发现的隐患及时进行治理，维护系统的运行稳定性。

第一节　低压开关柜柜体

低压开关柜指一个或多个低压开关设备和与之相关的控制、测量、信号、保护、调节等设备，由制造厂家负责完成所有内部的电气和机械的连接，用结构部件完整地组装在一起的一种组合体。开关柜柜体检查是低压开关柜检查的重要环节和首要环节，主要包括：外观检查、紧固件检查、绝缘检查、接地和接零检查、防护装置检查、标识和标牌检查等。

一、检查的流程、内容、标准

低压开关柜的柜体检查包括开关柜外部运行环境检查和开关柜内部运行环境检查。开关柜的隐患排查宜按照从上到下、从电源侧到负荷侧的顺序开展检查工作。低压开关柜运行环境情况如图6-1所示。

（一）开关柜外观检查的主要内容和标准

（1）检查开关柜柜体上是否有名称、用途。

> ▶ **检查依据**
>
> 《建筑与市政工程施工现场临时用电安全技术标准》（JGJ46—2024）：
> 4.3.1　配电箱、开关箱应有名称、用途、分路标记及系统接线图。

图 6-1　低压开关柜运行环境情况示例图

（2）检查开关柜柜门是否配锁，并由专人保管。

检查依据

《建筑与市政工程施工现场临时用电安全技术标准》（JGJ 46—2024）：

4.3.2　配电箱、开关箱箱门应上锁，并应由专人负责管理。

（3）检查电缆进出盘、柜的底部或顶部及电缆管口处是否做好防火、防小动物的封堵。

检查依据

《电气装置安装工程盘、柜及二次回路接线施工及验收规范》（GB 50171—2012）：

3.0.12　安装调试完毕后，在电缆进出盘、柜的底部或顶部及电缆管口处应进行防火封堵，封堵应严密。

（4）检查落地式配电柜底座周围是否采取封闭措施，并应能防止鼠、蛇类等小动物进入箱内。

检查依据

《低压配电设计规范》（GB 50054—2011）：

3.1.5　落地式配电箱的底部宜抬高，室内宜高出地面 50mm 以上，室外应高出地面 200mm 以上。底座周围应采取封闭措施，并应能防止鼠、蛇类等小动物进入箱内。

（5）检查开关柜的外形结构是否能防雨、防尘。

▶ **检查依据**

《建筑与市政工程施工现场临时用电安全技术标准》（JGJ 46—2024）：

4.1.15 配电箱、开关箱外形结构应具有防雨、防尘措施。

（6）检查是否对配电柜进行定期维修、检查。

▶ **检查依据**

《建筑与市政工程施工现场临时用电安全技术标准》（JGJ 46—2024）：

4.3.4 对配电箱、开关箱进行定期维修、检查时，必须将其前一级相应的电源隔离开关分闸断电，并悬挂"禁止合闸、有人工作"停电标志牌，严禁带电作业。

（7）检查外露带电部分屏护是否完好，要求箱、柜以外不得有裸带电体外露。

▶ **检查依据**

《机械制造企业安全质量标准化考评》第三章：

31.3.7 外露带电部分屏护完好，要求箱、柜以外不得有裸带电体外露。必须装设在箱、柜外表面或配电板上的电气元件，必须有可靠的屏护。

（8）检查开关柜是否放置任何杂物，并应保持整洁。

▶ **检查依据**

《建筑与市政工程施工现场临时用电安全技术标准》（JGJ 46—2024）：

4.3.8 配电箱、开关箱内不得放置任何杂物，并应保持整洁。

（9）检查照明配电箱（盘）是否采用可燃材料制作。

▶ **检查依据**

《建筑电气工程施工质量验收规范》（GB 50303—2002）：

6.2.8 照明配电箱（盘）安装应符合下列规定；3.箱（盘）不采用可燃材料制作。

（10）检查柜、屏、台、箱、盘的金属框架及基础型钢是否接地（PE）或接零（PEN）可靠。

> **检查依据**
>
> 《建筑电气工程施工质量验收规范》（GB 50303—2002）：
>
> 6.1.1 柜、屏、台、箱、盘的金属框架及基础型钢必须接地（PE）或接零（PEN）可靠；装有电器的可开启门，门和框架的接地端子间应用裸编织铜线连接，且有标识。

（二）开关柜内部设备运行情况检查的主要内容和标准

（1）检查开关柜内设备间连接是否牢固。低压开关柜内部设备运行环境情况如图6-2所示。

> **检查依据**
>
> 《电气装置安装工程盘、柜及二次回路接线施工及验收规范》（GB 50171—2012）：
>
> 4.0.3 盘、柜间及盘、柜上的设备与各构件间连接应牢固。

图 6-2 低压开关柜内部设备运行环境情况示例图

（2）检查消防等重要负荷应由总配电箱专用回路直接供电的，是否接入其他非重要负荷。

> **检查依据**
>
> 《建设工程施工现场供用电安全规范》（GB 50194—2014）：
>
> 6.1.3 消防等重要负荷应由总配电箱专用回路直接供电。

（3）检查抽屉式配电柜的抽屉推拉是否轻便灵活，无卡阻、碰撞现象。

▶ **检查依据**

《电气装置安装工程 盘、柜及二次回路接线施工及验收规范》（GB 50171—2012）：

4.0.7 抽屉式配电柜的安装应符合下列规定：抽屉推拉应轻便灵活，并应无卡阻、碰撞现象，同型号、规格的抽屉应能互换。

（4）检查所有管口在穿入电线、电缆后是否做密封处理。

▶ **检查依据**

《建筑电气工程施工质量验收规范》（GB 50303—2002）：

14.2.2 室外导管的管口应设置在盒、箱内。在落地式于配电箱内的管口，箱底无封板的，管口应高出基础面50mm～80mm。所有管口在穿入电线、电缆后应做密封处理。由箱式变电所或落地式配电箱引向建筑物的导管，建筑物一侧的导管管口应设在建筑物内。

（5）检查照明配电箱（板）内零线和保护线是否在汇流排上连接，不得绞接，并应有编号。

▶ **检查依据**

《电气装置安装工程 电气照明装置施工及验收规范》（GB 50259—1996）：

4.0.6 照明配电箱（板）内，应分别设置零线和保护地线（PE线）汇流排，零线和保护线应在汇流排上连接，不得绞接，并应有编号。

（6）检查箱、柜、板是否符合电气设计安装规范要求，各类电器元件、仪表、开关和线路是否排列整齐，安装牢固，操作方便，内外无积尘、积水和杂物。

▶ **检查依据**

《机械制造企业安全质量标准化考评》第三章：

31.3.2.1 箱、柜、板都要符合电气设计安装规范要求，各类电器元件、仪表、开关和线路应排列整齐，安装牢固，操作方便，内外无积尘、积水和杂物。

（7）检查柜内设备是否安装在金属或非木质阻燃绝缘电器安装板上。

《建筑与市政工程施工现场临时用电安全技术标准》（JGJ 46—2024）：

4.1.7　配电箱、开关箱内的电器（含插座）应先安装在金属或非木质阻燃绝缘电器安装板上，然后方可整体紧固在配电箱、开关箱箱体内。

（8）检查电气装置中的外露可导电部分，是否通过保护导体或保护中性导体与接地极相连。

《系统接地的型式及安全技术要求》（GB 14050—2008）：

5.1.1　电气装置中的外露可导电部分，都应通过保护导体或保护中性导体与接地极相连。

（9）检查重要用户的主接线是否设置应急母线段。

《国家电网有限公司业扩供电方案编制导则》（Q/GDW 12259—2022）：

8.3.4　重要用户的主接线应设置应急母线段，保安负荷与用户自备应急电源应接入应急母线，同时应急母线段应预留应急电源外部接口。

（10）检查特别保障、重要保障负荷接入应急母线段，是否其他负荷接入。

《重大活动场所电气配置及运行技术要求》（Q/GDW 12260—2022）：

5.3.1　变（配）电所下接含有特别保障、重要保障负荷，应配置应急母线段，仅供特别保障、重要保障负荷接入，严禁其他负荷接入。应急母线段应引出专用电缆回路至移动电源设备快速接入装置，并设置良好的接地点。

二、隐患及定性

低压开关柜柜体隐患大多是一般隐患或严重隐患，常见隐患及定性表见表 6-1。

表 6-1   低压开关柜柜体常见隐患及定性表

序号	常见隐患	隐患等级
1	柜内导线未用塑料扎带捆绑或扎带大小不合适、间距不均匀	一般隐患
2	开关柜柜门未锁	一般隐患
3	开关柜柜体上未标有名称及用途	一般隐患
4	柜内各部分之间的隔离和分隔不合理。母线室或电缆室、仪表室、功能单元（抽屉）之间的隔离不符合要求	严重隐患
5	开关柜的冷却系统（如：风扇、空调等）运行异常，存在堵塞或噪音等问题	严重隐患
6	开关柜前后未命名或命名不一致	严重隐患
7	柜体金属外壳未接地或接触不良	严重隐患
8	柜体内对重要负荷未做标识	严重隐患
9	屏内设备（含过门线）保护接地未连接或连接不良	严重隐患
10	柜体未做好防火、防小动物的封堵	严重隐患
11	柜体内导轨未水平安装，抽屉操作卡涩	严重隐患
12	柜内的设备与各构件间连接不牢固	严重隐患
13	框架和外壳的强度或刚度不够，无法承受所安装的元器件（如大容量断路器、母排）产生的机械应力。不能承受主电路短路时产生的电动力和热效应	危急隐患
14	开关柜柜体损坏，外部和内部发生变形、变色、异味、过热、泄漏等情况	危急隐患
15	消防等重要负荷未由总配电箱专用回路直接供电，与其他非重要负荷接入一起	危急隐患
16	重要用户的主接线未设置应急母线段	危急隐患

三、典型环境卫生隐患示例

（一）开关柜柜体损坏

1. 隐患描述

开关柜柜体损坏，抽屉式开关柜柜门无法正常关闭，抽屉推拉出现卡阻，如图 6-3 所示。

2. 隐患判断依据

根据《电气装置安装工程盘、柜及二次回路接线施工及验收规范》（GB 50171—2012）：

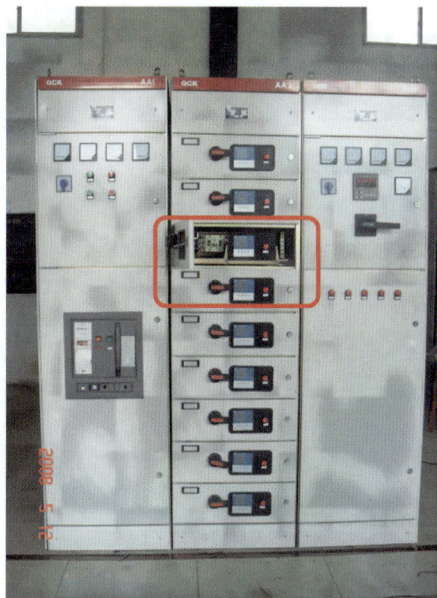

图 6-3　低压开关柜柜体柜门无法正常关闭隐患示例图

4.0.7 抽屉式配电柜的安装应符合下列规定：抽屉推拉应轻便灵活，并应无卡阻、碰撞现象，同型号、规格的抽屉应能互换。

3. 隐患定性

损坏的开关柜柜体可能无法有效地隔离电气设备，增加触电、短路等安全风险，可能导致火灾或其他意外事故；抽屉式开关柜柜门损坏，无法正常关闭，可能会引起小动物钻入或灰尘、潮气进入，影响设备正常运行；损坏的开关柜柜体可能会导致设备布局混乱，操作人员难以准确操作和维护设备，影响设备的可靠性和安全性。开关柜柜体损坏，属于严重隐患。

4. 隐患整改标准

及时修复或更换损坏的低压开关柜柜体，抽屉推拉应轻便灵活，并应无卡阻、碰撞现象，柜门能可靠关闭。

（二）开关柜前后未命名

1. 隐患描述

开关柜前后未命名及未做标识，如图 6-4 所示。

2. 隐患判断依据

根据《建筑与市政工程施工现场临时用电安全技术标准》（JGJ 46—2024）4.3.1：配电箱、开关箱应有名称、用途、分路标记及系统接线图。

3. 隐患定性

开关柜前后未命名及未做标识，容易导致操作人员走错间隔而误操作其他设备，引起误操作事件的发生；未命名的开关柜可能导致混乱和不规范的设备管理，使得设备状态、维护历史等信息难以追踪和管理。开关柜前后未命名，属于严重隐患。

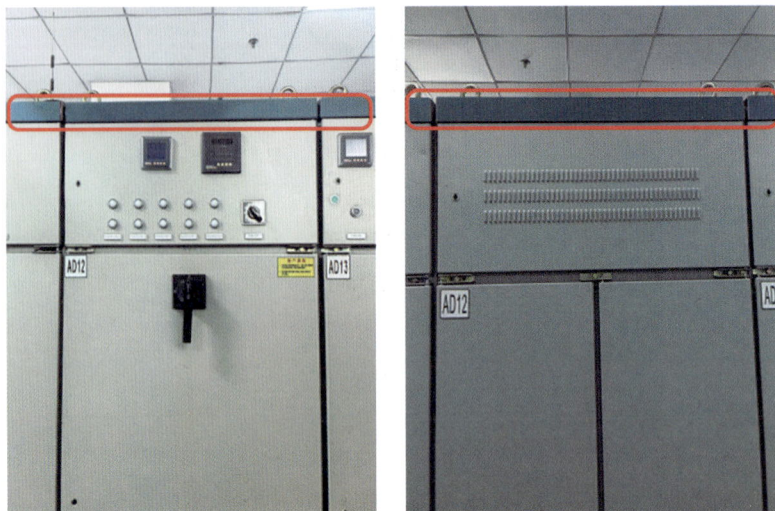

图 6-4　低压开关柜前后未命名隐患示例图

4. 隐患整改标准

各开关柜前后按规则进行清晰命名并保持前后一致。

（三）开关柜内部防小动物封堵不到位

1. 隐患描述

开关柜底部有孔洞未有效封堵，防小动物措施布置不到位，如图 6-5 所示。

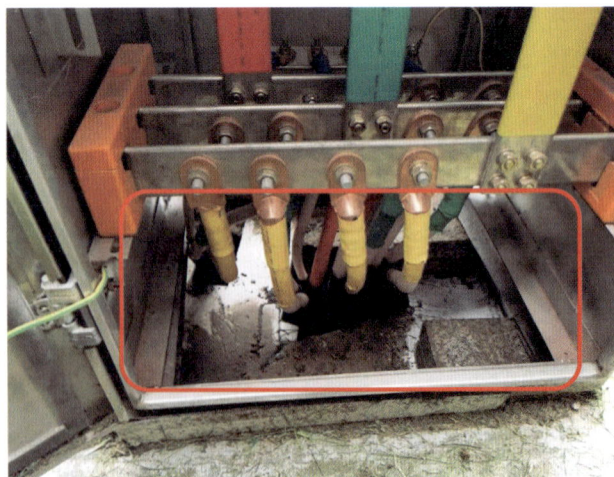

图 6-5　开关柜内部防小动物封堵不到位隐患示例图

2. 隐患判断依据

根据《建筑电气工程施工质量验收规范》（GB 50303—2015）5.2.3 规定：柜、台、箱的进出口应做防火封堵，并应封堵严密。

3. 隐患定性

开关柜的进出口未做封堵或封堵不严密，防小动物封堵不到位，蛇虫鼠蚁易进入开关柜内部，引起短路故障，属于一般隐患。

4. 隐患整改标准

开关柜的所有进出口用防火泥封堵严密。

第二节　低压开关设备

低压开关设备作为电能分配与控制的关键设备，主要包括：低压断路器、交流接触器、低压熔断器、低压刀熔开关、剩余电流动作保护器等。低压开关设备是低压开关柜的核心部分，开展低压开关设备检查能确保设备正常运行、预防安全事故、提高设备使用寿命、保障电力系统稳定性、促进智能电网发展。

图 6-6　开关箱运行情况示例图

一、检查的流程、内容、标准

低压开关设备检查包括开关设备容量配置情况检查、开关设备异常情况检查、备品备件检查。低压开关设备的隐患排查宜在用电安全隐患排查中开展，通常按照从电源侧到出线侧的顺序开展检查工作。

（一）开关设备一般检查的主要内容和标准

（1）检查是否开展设备完好性评价，设备元件有无异常或损坏。开关箱运行情况如图 6-6 所示。

检查依据

《配电室安全管理规范》（DB11/T 527—2021）：

5.2.7 应定期开展设备完好性评价或状态评估，掌握设备状况，及时发现并消除设备缺陷。

（2）检查开关容量是否合理配置。

检查依据

《20kV 及以下变电所设计规范》（GB 50053—2013）：

3.1.1 配电装置的布置和导体、电器、架构的选择，应符合正常运行、检修及过电流和过电压等故障情况的要求。

171

（二）低压断路器检查的主要内容和标准

（1）检查低压断路器是否固定可靠。

▶ **检查依据**

《设备用断路器（CBE）》（GB/T 17701—2023）：

8.1.2 结构的动作应不受外壳或盖的位置的影响，并且应与任何可拆卸的部件无关。操作件应可靠固定在其枢轴上，并且不借助于工具应不可能把它卸下。允许把操作件直接固定在盖上。

（2）检查设备用断路器的结构是否满足正常运行和系统故障的要求。

▶ **检查依据**

《设备用断路器（CBE）》（GB/T 17701—2023）：

8.1.3.1 设备用断路器的结构应使得其有足够的电气间隙和爬电距离，以承受电气、机械和热应力。

（3）检查断路器的接线端子是否固定，并满足相应要求。

▶ **检查依据**

《设备用断路器（CBE）》（GB/T 17701—2023）：

8.1.5.1 接线端子应保证其连接的导体具有必要的接触压力。

8.1.5.2 接线端子应这样固定，当连接导线和拆卸导线时接线端子不会松动。

（4）检查设备用断路器在工频条件下是否具有足够的介电性能。

▶ **检查依据**

《设备用断路器（CBE）》（GB/T 17701—2023）：

8.4.1 设备用断路器在工频条件下应具有足够的介电性能。

（5）检查设备用断路器的机械性能和耐热性能是否满足相应要求。

▶ **检查依据**

《设备用断路器（CBE）》（GB/T 17701—2023）：

8.8 设备用断路器应具有足够的机械性能，以使其能承受安装和使用过程中遭受的机械应力。

8.9 设备用断路器应具有足够的耐热性能。

（三）低压接触器检查的主要内容和标准

检查接触器应吸合是否良好，有无异常响声、放电声和焦臭味，触头有无打火现象及较大振动声。

> **检查依据**
>
> 《机械制造企业安全生产标准化规范》（AQ/T 7009—2013）：
>
> 4.2.38.4.1 刀闸、开关、接触器应动作灵活、接触可靠、合闸到位，触头无烧损。

（四）开关设备备品备件情况检查的主要内容和标准

检查是否适当储存开关设备的备品备件，并做好管理。低压开关柜开关设备备品备件情况如图 6-7 所示。

> **检查依据**
>
> 《配电室安全管理规范》（DB11/T 527—2021）：
>
> 5.2.3 应健全设备的备品备件管理，备品备件应满足安全运行需求。

图 6-7 低压开关柜开关设备备品备件情况示例图

二、隐患及定性

低压开关设备隐患大多是一般隐患或严重隐患，常见隐患及隐患等级定性表见表 6-2。

表 6-2　　　　　　　　　低压开关设备常见隐患及隐患等级定性表

序号	常见隐患	隐患等级
1	低压开关设备外壳有灰尘、轻微破损	一般隐患
2	污秽较为严重,但表面无明显放电	一般隐患
3	电气连接处 75℃ < 实测温度 ≤ 80℃或 10K< 相间温差 ≤ 30K	一般隐患
4	操动机构卡涩	一般隐患
5	1 处仪表指示失灵	一般隐患
6	操动机构的连杆、轴销、弹簧等部件变形、锈蚀、损坏,存在卡阻现象,传动部分不够灵活、可靠	严重隐患
7	开关设备电气连接处 80℃ < 实测温度 ≤ 90℃或 30K< 相间温差 ≤ 40K	严重隐患
8	脱扣器的整定值过大或过小	严重隐患
9	熔体氧化腐蚀或有机械损伤	严重隐患
10	熔断器各级之间配合不合理	严重隐患
11	开关柜中的开关容量配置不足	严重隐患
12	接触器线圈有过热、变色、绝缘层老化现象	严重隐患
13	低压开关缺件,设备元件异常或损坏	严重隐患
14	低压开关设备的固定螺钉未拧紧,开关固定不牢固	严重隐患
15	开关设备位置指示有偏差	严重隐患
16	开关设备存在异常放电声音	严重隐患
17	触头与触座的接触压力不适当	严重隐患
18	开关设备有明显放电	严重隐患
19	开关设备所带负荷超过额定值	严重隐患
20	端子破损、缺失	严重隐患
21	操作机构发生拒动、误动	严重隐患
22	2 处以上仪表指示失灵	严重隐患
23	开关设备位置指示相反,或无指示	危急隐患
24	开关设备存在严重放电声音	危急隐患
25	开关设备电气连接处实测温度 >90℃或相间温差 >40K	危急隐患
26	灭弧罩有电弧烧损痕迹,灭弧栅片烧损,灭弧罩破碎或裂开	危急隐患
27	开关在运行中有异常响声、放电声和焦臭味	危急隐患
28	电磁铁表面有油垢、灰尘,线圈有过热和烧毁现象,弹簧有锈蚀痕迹	危急隐患

序号	常见隐患	隐患等级
29	开关设备表面有严重放电痕迹	危急隐患
30	触头连接导线有过热现象,接线端子处有发热、松动等现象,压紧螺钉松动	危急隐患
31	开关设备严重破损	危急隐患
32	分合闸线圈无法正常运行	危急隐患

三、典型隐患示例

（一）开关额定电流配置过小

1. 隐患描述

低压开关柜中开关容量配置不足，总开关额定电流小于各分路负荷电流之和。

2. 隐患判断依据

根据《低压成套开关设备和控制设备》（GB/T 7251.1—2023）5.3.2：主出线电路的额定电流是当同一柜架单元内所有其他出线主电路都不带电流时，该出线电路所能承载的电流。该电流应在成套设备各个部件的温升不超过 9.2 规定的限制的情况下承载。

3. 隐患定性

开关容量配置不足，可能导致超出开关额定容量，增加设备损坏和故障的风险，增加维修和更换成本；过载运行会引起设备过热、短路等安全隐患，增加火灾和其他安全事故的风险。开关容量配置不足，属于严重隐患。

4. 隐患整改标准

按容量大小要求完成开关配置，确保低压开关容量配置足够满足设备运行需求。如有容量不足的情况，应及时进行升级或更换。

（二）开关设备异常

1. 隐患描述

开关设备运行异常，其二次引线烧毁，如图 6-8 所示，其中，图 6-8（a）为低压抽屉柜内触点损坏，图 6-8（b）为低压开关 A、C 相短路。

2. 隐患判断依据

根据《配电室安全管理规范》（DB11/T 527—2021）5.2.7：应定期开展设备完好性评价或状态评估，掌握设备状况，及时发现并消除设备缺陷。

3. 隐患定性

开关设备异常可能造成停电，影响生产、工作和生活；可能导致用电设备过载、短路等问题，影响用电设备的正常运行；可能导致设备过热、火灾等安全隐患，增加人员和设备安全风险。开关设备异常，属于危急隐患。

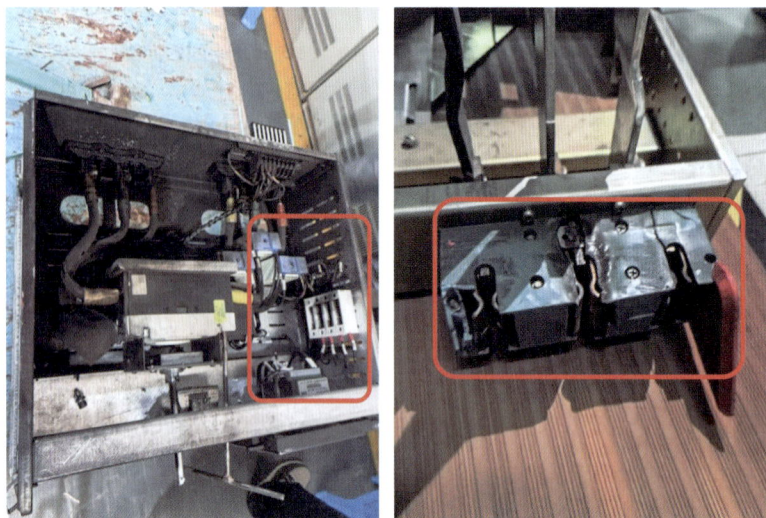

(a)低压抽屉柜内触点损坏　　　　　　(b)低压开关 A、C 相短路

图 6-8　低压开关柜开关设备异常示例图

4. 隐患整改标准

应及时进行故障排除和维修，确保开关设备正常运行，减少损失和安全风险。定期检查和维护开关设备，预防异常情况的发生。

（三）开关连接部分接触不良，导致温度升高

1. 隐患描述

开关连接部分接触不良，导致温度升高，如图 6-9 所示。

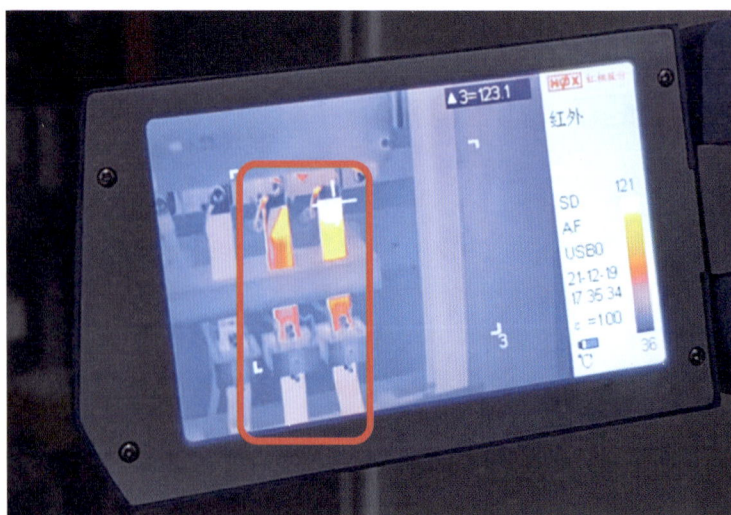

图 6-9　开关连接部分接触不良导致温度升高异常示例图

2. 隐患判断依据

《建筑电气工程施工质量验收规范》（GB 50303—2015）5.2.7：低压电器组合应符

合下列规定：

1）发热元件应安装在散热良好的位置；

2）熔断器的熔体规格、断路器的整定值应符合设计要求；

3）切换压板应接触良好，相邻压板间应有安全距离，切换时不应触及相邻的压板。

3. 隐患定性

接触不良会导致局部过热，可能损坏开关、接线端子及其他相关设备，缩短其使用寿命。开关连接部分接触不良，导致温度升高，属于危急隐患。

4. 隐患整改标准

对连接部分进行紧固，确保连接可靠。

（四）ATS 故障

1. 隐患描述

电梯电源箱 ATS 通电的情况下电源指示灯不亮，如图 6-10 所示。

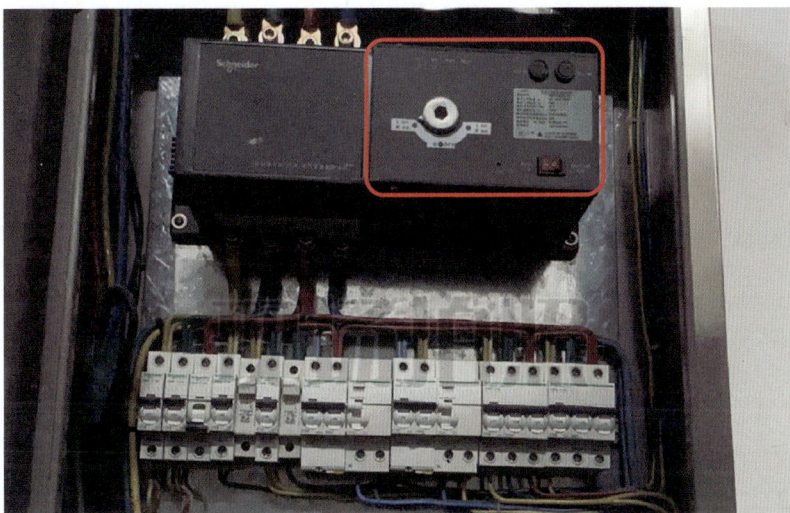

图 6-10 ATS 故障异常示例图

2. 隐患判断依据

根据《国家电气设备安全技术规范》（GB 19517—2023）6.34：具有联锁、断开锁定、自动断开等功能的开关，其功能位置应准确、可靠。

3. 隐患定性

ATS 故障可能导致在主电源故障时，备用电源无法及时接入，造成供电中断，影响设备和系统的正常运行。可能导致紧急设备（如消防系统、安防系统等）无法正常工作，增加安全隐患。ATS 故障，属于严重隐患。

4. 隐患整改标准

及时修复 ATS，确保其正常运行。

第三节　低压互感器

低压互感器主要用于计量、测量和保护回路中，它的正常运行与计量或测量的准确度密切相关。低压互感器检查主要包括外观检查、绝缘性能检查、准确性检查、其他性能检查等内容，对于确保设备安全、提高测量精度、预防潜在故障及保障电力系统稳定运行具有重要意义。

一、检查的流程、内容、标准

对于低压互感器，通常按照从一次侧到互感器本体，再到二次侧的顺序开展检查工作。

（一）低压互感器本体检查的主要内容和标准

（1）检查低压互感器外壳是否出现破裂。

> ▶ **检查依据**
>
> 《互感器　第 1 部分：通用技术要求》（GB/T 20840.1—2010）7.2.7.2：外壳不应出现破裂，外壳的变形应不影响互感器的正常性能。

（2）检查低压互感器是否牢固固定。

> ▶ **检查依据**
>
> 《互感器　第 1 部分：通用技术要求》（GB/T 20840.1—2010）7.4.4：互感器应装配完整，垂直安装且座架牢固固定。

（3）检查低压互感器温升是否满足相应要求。

> ▶ **检查依据**
>
> 《互感器　第 2 部分：电流互感器的补充技术要求》（GB/T 20840.2—2014）：6.4.1 当电流互感器承载的一次电流为额定连续热电流，并带有对应于额定输出且功率因数为 1 的负荷，此时互感器的温升应不超过 GB 20840.1—2010 表 6 所列的相应值。

（4）检查电流互感器是否标有相应通用铭牌标志。

▶ **检查依据**

《互感器　第2部分：电流互感器的补充技术要求》（GB/T 20840.2—2014）：6.13.202.1 所有电流互感器还应标有下列通用铭牌标志。

（5）检查电流互感器一、二次出线端子是否有防锈镀层。

▶ **检查依据**

《互感器　第2部分：电流互感器的补充技术要求》（GB/T 20840.2—2014）：6.202 电流互感器一次出线端子及紧固件应有可靠的防锈镀层。电流互感器二次出线端子的螺纹直径不应小于6mm。二次出线端子及紧固件应由铜或铜合金制成，并应有可靠的防锈镀层。二次出线端子板应具有良好的防潮性能。

（二）低压互感器接线检查的主要内容和标准

（1）检查低压互感器的二次侧是否接地。低压互感器运行情况如图 6-11 所示。

▶ **检查依据**

《接地装置施工及验收规范》（GB 50169—2016）：

3.0.4 电气装置的下列金属部分，均必须接地：互感器的二次绕组。

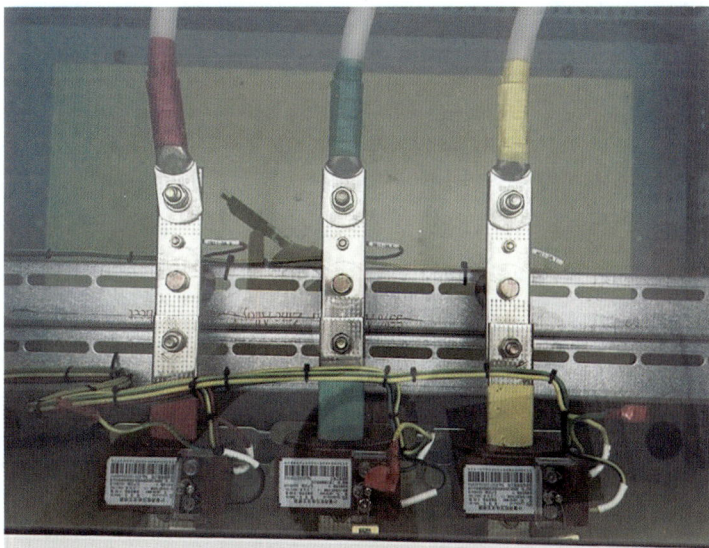

图 6-11　低压互感器运行情况示例图

（2）检查总配电柜是否装设电压表、总电流表、电能表及其他需要的仪表。

▶ **检查依据**

《建筑与市政工程施工现场临时用电安全技术标准》（JGJ/46—2024）：

4.2.2 总配电柜应装设电压表、总电流表、电能表及其他需要的仪表。

（3）检查是否选择合适变比的电流互感器。

▶ **检查依据**

《电力装置电测量仪表装置设计规范》（GB/T 50063—2017）：

7.1.4 测量用的电流互感器的额定一次电流应接近但不低于一次回路正常最大负荷电流。对于指针式仪表，应使正常运行和过负荷运行时有适当的指示，电流互感器的额定一次电流不宜小于 1.25 倍的一次设备的额定电流或线路最大负荷电流，对于直接启动电动机的指针式仪表用的电流互感器，额定一次电流不宜小于 1.5 倍电动机额定电流。

（4）检查互感器的接线组别和极性是否正确。

▶ **检查依据**

《电气装置安装工程电气设备交接试验标准 互感器》（GB 50150—2006）：

8 检查互感器的接线组别和极性，必须符合设计要求，并应与铭牌和标志相符。

（5）检查低压互感器的接线方式是否符合相关要求。

▶ **检查依据**

《电能计量装置安装接线规则》（DL/T 825—2021）：

4.2 交流互感器应依据 DL/T 448—2016，按照如下要求配置：三相四线制接线的电能计量装置，其 3 台电流互感器二次绕组与电能表之间应采用六线连接。

（6）检查电流互感器的接地连接处是否满足相应要求。

▶ **检查依据**

《互感器 第 2 部分：电流互感器的补充技术要求》（GB/T 20840.2—2014）：6.5.1 电流互感器的接地连接处应有直径不应小于 8mm 的接地螺栓，或其他供接地线连接用的零件（例如：面积足够大且有连接孔的接地板），且接地连接处应有平整的金属表面。这些接地零件均应有可靠的防锈镀层，或采用不锈钢材料制成。

（7）检查电流互感器的二次侧是否开路。

检查依据

《电能计量装置安装接线规则》（DL/T 825—2021）规定：电流互感器的二次侧绝对不允许开路。

二、隐患及定性

低压互感器隐患大多是一般隐患或严重隐患，常见隐患及定性表见表 6-3。

表 6-3　　　　　　　　　　低压互感器常见隐患及定性表

序号	常见隐患	隐患等级
1	外壳接地松动及断裂现象	一般隐患
2	互感器污秽较为严重,但表面无明显放电	一般隐患
3	互感器略有破损	一般隐患
4	变比不正确	严重隐患
5	互感器有明显放电	严重隐患
6	互感器配置异常（精度不符合要求）	严重隐患
7	互感器外壳有裂纹（撕裂）或破损	严重隐患
8	互感器未有效固定	严重隐患
9	在运行中有异常声音和焦臭味	严重隐患
10	互感器表面有严重放电痕迹	危急隐患
11	互感器严重破损	危急隐患
12	低压电流互感器二次端口连接处虚接、二次回路开路	危急隐患
13	引线接头、连接点存在过热、变色、松动、断脱等现象	危急隐患

三、典型隐患示例

（一）变比不正确（过小）

1. 隐患描述

低压电流互感器配置不合理，变比过小导致烧毁，如图 6-12 所示。

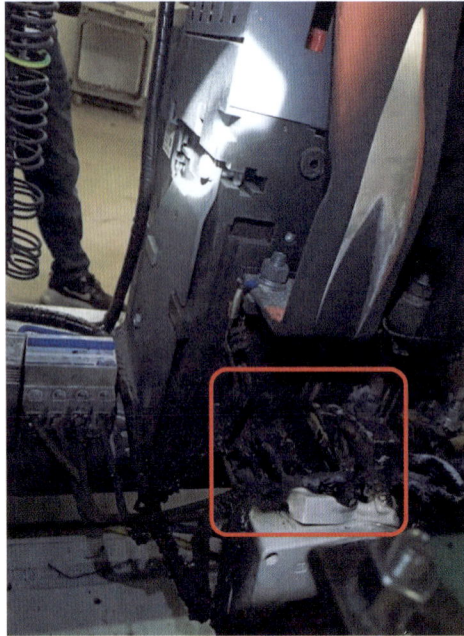

图 6-12　低压电流互感器变比不正确（过小）

2. 隐患判断依据

根据《电力装置电测量仪表装置设计规范》（GB/T 50063—2017）7.1.4：测量用的电流互感器的额定一次电流应接近但不低于一次回路正常最大负荷电流。对于指针式仪表，应使正常运行和过负荷运行时有适当的指示，电流互感器的额定一次电流不宜小于1.25 倍的一次设备的额定电流或线路最大负荷电流，对于直接启动电动机的指针式仪表用的电流互感器，额定一次电流不宜小于 1.5 倍电动机额定电流。

3. 隐患定性

互感器配置过小，可能导致无法准确测量电流信号，影响系统的监测、控制和保护功能；可能导致设备过载运行，增加设备损坏和故障的风险；也可能导致系统性能下降，影响电力系统的稳定性和可靠性。

互感器变比过小，属于危急隐患。

4. 隐患整改标准

根据实际需求和系统要求，合理配置电流互感器，以确保系统运行稳定、安全，并提高测量和保护的准确性。

（二）互感器未有效固定

1. 隐患描述

电流互感器固定螺钉未拧紧，未可靠固定，如图 6-13 所示。

2. 隐患判断依据

《互感器　第 1 部分：通用技术要求》（GB/T 20840.1—2010）7.4.4：互感器应装配完整，垂直安装且座架牢固固定。

图 6-13　低压电流互感器固定螺钉未拧紧隐患示例图

3. 隐患定性

互感器未有效固定，容易松动，误碰其他带电体；也可能导致电流互感器未能准确捕捉电流信号，无法准确反映电流变化而造成测量误差，影响系统监测和控制的准确性。互感器未有效固定，属于严重隐患。

4. 隐患整改标准

应根据设备要求和标准规范，选择合适的安装位置，并确保正确安装并牢固固定。

（三）互感器二次端口连接处虚接

1. 隐患描述

低压互感器二次端口连接处虚接。

2. 隐患判断依据

根据《电能计量装置安装接线规则》（DL/T 825—2021）规定：电流互感器的二次侧绝对不允许开路。

3. 隐患定性

虚接可能导致互感器信号无法传递到二次端口，导致数据传输中断或失真，影响系统的监测和控制准确性；可能导致二次端口无法准确反映电流变化，可能导致误判电流信号，影响系统的运行和安全性；可能导致电流互感器无法正常工作，可能导致设备过载、短路等问题，增加设备损坏的风险。互感器二次端口连接处虚接，属于危急隐患。

4. 隐患整改标准

互感器二次端口连接处应接触可靠。在安装和接线时，应确保连接牢固、接触良好，避免虚接情况发生。

第四节　无功补偿

良好的无功补偿装置可以保证电压质量，减少网络中的有功功率和电压损耗，同时对增强系统的稳定性有重要意义。

一、检查的流程、内容、标准

无功补偿检查，通常按照从自动补偿装置侧到电容器侧的顺序开展检查工作。

（一）无功补偿一般检查的内容和标准

（1）检查无功功率补偿容量是否满足一定要求。

▶ **检查依据**

《供配电系统设计规范》（GB 50052—2009）：

6.0.5　无功补偿容量，宜按无功功率曲线或公式确定。

《用户接入电网供电方案技术导则》（GB/T 43025—2023）：

10.3.1　100kVA 及以上高压供电的电力用户，在高峰负荷时段的功率因数不宜低于 0.95；其他电力用户和大、中型电力排灌站，功率因数不宜低于0.90；农业用电功率因数不宜低于 0.85。在低谷时段不应向电网反送无功。

10.3.2　用户无功应按照分层分区、就地平衡的原则配置。用户应在提高自然功率因数的基础上，应根据负荷特性考虑配置具有感性或容性补偿能力的无功补偿设备。无功配置应根据用户的自然功率因数计算后确定。一般按照以下规定配置：

a）35kV 及以上变电站可按变压器容量的 10%～30% 配置；

b）10（20）kV 变电站（所）可按变压器容量的 20%～30% 配置；

c）低压 100kW 及以上用户宜配置无功补偿装置。

10.3.3　干扰性用户的无功补偿应与电能质量治理装置同时考虑。

（2）检查无功补偿电容柜内的电器元件是否可靠连接。无功补偿自动装置运行情况如图 6-14 所示。

▶ **检查依据**

《低压成套无功功率补偿装置》（GB/T 15576—2008）：

6.2.2　电器元件的布置应整齐、端正，便于安装、接线、维护和更换，应设有与电路图一致的符号或代号；所有的紧固件都应采取防松措施，暂不接线的螺钉也应拧紧。

图 6-14 无功补偿自动装置运行情况示例图

（3）检查用于无功补偿的开关、保护装置及连接件是否满足相关要求。

> **检查依据**
>
> 《20kV 及以下变电所设计规范》（GB 50053—2013）：
>
> 5.1.4 并联电容器装置的电器和导体应符合在当地环境条件下正常运行、过电压状态和短路故障的要求，其载流部分的长期允许电流应按稳态过电流的最大值确定。并联电容器装置的总回路和分组回路的电器和导体的稳态过电流应为电容器组额定电流的 1.35 倍；单台电容器导体的允许电流不宜小于单台电容器额定电流的 1.5 倍。

（二）无功补偿控制器检查的内容和标准

（1）检查控制器是否设置内部故障保护，以免危及设备及人身安全。

> **检查依据**
>
> 《低压无功补偿控制器使用技术条件》（DL/T 597—2017）：
>
> 7.4.4 内部故障保护。控制器的工作电源及交流电压输入模拟量输入端应设有短路保护器件。当控制器内部发生短路故障时，该保护器件应可靠动作。控制器的电流信号输入端不应装设短路保护器件，并应保证接线可靠，以免意外原因造成电流回路开路引起过电压，危及设备及人身安全。

（2）检查控制器显示功能是否应正常。

《低压无功补偿控制器使用技术条件》（DL/T 597—2017）：

7.5.2.1 控制器应具有下列显示功能：

工作电源工作显示；

待机／运行状态显示；

手动／自动控制模式显示；

输入信号数值或状态显示；

输出工作状态显示；

远程通信信道状态显示。

（3）检查控制器宜延时投切功能是否正常。

《低压无功补偿控制器使用技术条件》（DL/T 597—2017）：

7.5.3 控制器宜具有延时投入、延时切除功能，投入／切除延时时间 0s～300s，宜设置为可调，用于状态延时判断，避免频繁操作。控制器直接控制投切电容器时，应具有可设置的切除—投入最小时间间隔，以保证同电容器组切除后再次投入时残余电荷在允许范围内。

（4）检查控制器电气间隙与爬电距离是否符合相关要求。

《低压无功补偿控制器使用技术条件》（DL/T 597—2017）：

7.4.1.1 控制器裸露的带电部分对地和对其他带电部分之间，以及出线端子螺钉对金属盖板之间的最小电气间隙和爬电距离应符合表 2 的规定。

（5）检查控制器动作性能是否符合相关要求。

《低压并联电容器装置使用技术条件》（DL/T 842—2003）：

4.6.2.1 控制器动作性能应符合 DL/T 597 的规定要求。

（6）检查投切器是否设有缺相保护功能，当缺相时投切器应能分断。

（7）检查投切器是否设有失电保护功能。

（8）检查投切器铭牌上是否有明显标志。

（三）无功补偿接触器检查的内容和标准

（1）检查接触器固定牢固，外部是否无灰尘、破损、缺件。交流接触器运行情况如图 6-15 所示。

（2）检查引出线的连接端子是否无过热现象，压紧螺钉无松动。

（3）检查分、合闸指示标示是否正确。

（4）检查辅助触头是否无烧蚀现象，无损伤。

（5）检查线圈是否无过热、变色、绝缘老化现象。

（6）检查接触器是否吸合良好，无异常响声、放电声和焦臭味。

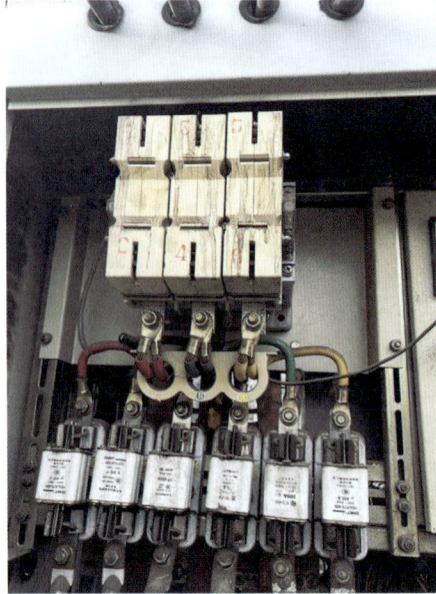

图 6-15　交流接触器运行情况示例图

▶ **检查依据**

《机械制造企业安全生产标准化规范》（AQ/T 7009—2013）4.2.38.4.1：
刀闸、开关、接触器应动作灵活、接触可靠、合闸到位，触头无烧损。

（7）检查绝缘杆是否破裂现象。

（四）无功补偿熔断器检查的内容和标准

（1）检查低压熔断器是否破损、闪络放电痕迹，无氧化腐蚀、过热现象。熔断器检查运行情况如图 6-16 所示。

图 6-16　熔断器检查运行情况示例图

《低压熔断器》（GB 13539.1—2015）：

7.10 熔断器所有部件应足以耐受正常使用时产生的热。

7.11 熔断器所有部件应足以耐受正常使用时产生的机械应力。

7.12 熔断器的所有金属部件应能耐受正常使用时产生的腐蚀影响。

（2）检查熔体是否有机械损伤，熔体与触刀之间、触刀与底座之间接触是否良好。

《低压熔断器》（GB 13539.1—2015）：

7.1.1 熔断体应具有足够的机械强度，触头应可靠固定。应能方便安全地更换熔断体。

（3）检查熔断器触头是否满足相应要求。

《低压熔断器》（GB 13539.1—2015）：

7.1.3 熔断器的触头应保证在使用和动作条件下，特别是在7.5规定的条件下，具有必要的接触压力。

触头应能保证在相应于7.5条件下动作时所产生的电磁力不会伤害以下部件之间的电气连接：

a）熔断器底座和载熔件；

b）载熔件和熔断体；

c）熔断体和熔断器底座，如适用，或任何其他支撑物。

熔断器触头的结构和材料应保证在正常的安装和使用条件下，通过下述情况：

a）经过反复装拆以后；

b）长期不装拆地使用后（见8.10）。

（4）熔断器及熔体的额定值与被保护设备相匹配。

《低压熔断器》（GB 13539.1—2015）：

6.2 除了实行有困难的小熔断体以外，下列信息应标志在所有熔断体上：

制造厂名称或易识别的商标；

制造厂的识别标记，借此能获得 5.1.2 所列的全部特性；

额定电压；

额定电流（"gM"型见 5.7.1）；

分断范围，适用时（见 5.7.1）使用类别（字母编码）；

电流种类和（适用时）额定频率（见 5.4）。

对小熔断体，标志上述规定的所有熔断体信息有困难时，商标、制造厂的识别标记、额定电压、额定电流应被标志。

（5）检查熔断器是否满足开关操作引起的过电流峰值的要求。

▶ **检查依据**

《标称电压 1kV 及以下交流电力系统用自愈式并联电容器》（GB/T 12747.1—2004）：

33 如果电容器上配备有熔断器，则由开关操作引起的过电流峰值应限制到 $100I_N$（方均根值）及以下。

（五）无功补偿电容器检查的内容和标准

（1）检查无功补偿电容器安装是否牢固。无功补偿装置容量配置如图 6-17 所示。

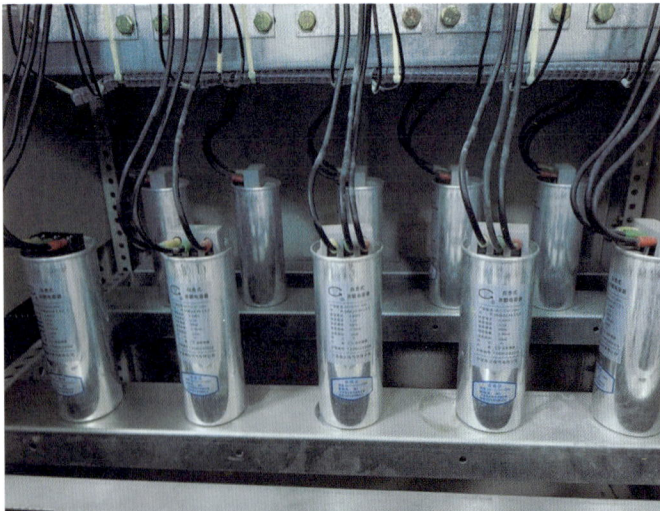

图 6-17 无功补偿装置容量配置示例图

▶ **检查依据**

《标称电压 1kV 及以下交流电力系统用自愈式并联电容器》（GB/T 12747.1—2004）：

23　为使电容器的金属外壳的电位得以固定，并能承受极对壳击穿时产生的故障电流，在金属外壳上应备有一个能承受故障电流的连接件。

（2）检查电容器相关信息是否直接或以铭牌的形式牢固地标记在每台电容器单元上。

▶ **检查依据**

《标称电压1kV及以下交流电力系统用自愈式并联电容器》（GB/T 12747.1—2004）：

26.1　下列资料应直接或以铭牌的形式牢固地标记在每台电容器单元上。

（3）检查电容器额定电压的选择是否与接入电网的运行电压相一致。

▶ **检查依据**

《标称电压1kV及以下交流电力系统用自愈式并联电容器》（GB/T 12747.1—2004）：

29　电容器的额定电压至少等于电容器所接入电网的运行电压，并且还应考虑电容器本身的影响。电容器介质上的电压过分增高，电容器的性能和寿命将受到不利影响。

（4）检查电容器的运行温度是否满足相关要求。

▶ **检查依据**

《标称电压1kV及以下交流电力系统用自愈式并联电容器》（GB/T 12747.1—2004）：

30.1　对电容器的运行温度应予以注意，因为这对电容器的使用寿命有很大影响。超过上限的温度将加速介质的电化学老化。

（5）检查电容器单元通风是否正常。

▶ **检查依据**

《标称电压1kV及以下交流电力系统用自愈式并联电容器》（GB/T 12747.1—2004）：

30.2　电容器室的通风及电容器单元的布置应使空气能在每一单元的周围良好地流通。

（6）检查易受到高的雷电过电压的电容器是否做适当防护。

▶ **检查依据**

《标称电压 1kV 及以下交流电力系统用自愈式并联电容器》（GB/T 12747.1—2004）:

　32 对于易受到高的雷电过电压的电容器应做适当防护。如果采用避雷器，应将它们尽可能靠近电容器放置。

（7）检查电容器是否做好防过电流保护，不可在电流超过规定的最大值下运行。

▶ **检查依据**

《标称电压 1kV 及以下交流电力系统用自愈式并联电容器》（GB/T 12747.1—2004）:

　33 电容器绝不可在电流超过第 21 章中规定的最大值下运行。

（8）检查电容器外观是否正常。鼓包应在一定范围内：直径小于 10mm 的电容器的鼓包高度不得超过 1mm，直径大于 10mm 的电容器的鼓包高度不得超过 1.5mm。

（9）检查电容器运行温度是否在允许范围之内。电容器内部介质的温度应低于 65℃，最高不得超过 70℃。过高的温度会导致电容器内部介质热击穿，从而引起鼓肚现象。同时，电容器外壳的温度也需控制在一定范围内，一般为 50～60℃，不得超过 60℃。

▶ **检查依据**

《标称电压 1kV 及以下交流电力系统用自愈式并联电容器》（GB/T 12747.1—2004）:

　12 将未通电的电容器单元通体加热，使各个部位均达到不低于表 1 中与电容器的温度类别代号相对应的最高值加 20℃的温度，并在此温度下保持 2h，应不渗漏。

（10）检查电容器运行电压是否在一定范围之内。运行中的电容器组可允许在超过额定电压的 5% 的情况下使用，但不允许长时间过电压下运行。过电压会使电容器发热严重，壳体膨胀，电容器绝缘会加速老化，寿命缩短，甚至电击穿。

▶ **检查依据**

《电能计量设备用元器件技术规范　第 1 部分：电解电容器》（Q/GDW 11179.1—2023）:

6.1.4 外观应完好，无明显的变形和划痕、污渍、字迹模糊、明显毛刺，标识应至少包含商标、制造企业识别标识、额定电压、标称电容量等内容，所标识内容应与器件手册一致。

二、隐患及定性

无功补偿隐患大多是一般隐患或严重隐患，常见隐患及隐患等级定性表见表 6-4。

表 6-4　　　　　　　　　无功补偿常见隐患及隐患等级定性表

序号	常见隐患	隐患等级
1	无功补偿容量配置不足	一般隐患
2	手动分组投切,指示灯不亮	一般隐患
3	控制器功率因数设定值过高或过低	一般隐患
4	切断装置投切方式不合理	一般隐患
5	无功补偿设备污秽较为严重,但表面无明显放电	一般隐患
6	熔断器配置不合理	严重隐患
7	继电器整定值设置不合理	严重隐患
8	电容器外壳未接地	严重隐患
9	无功补偿自动投切控制装置异常	严重隐患
10	无功补偿交流接触器故障	严重隐患
11	无功补偿设备接线方式不符合运行要求且未做警示标识	严重隐患
12	无功功率补偿柜中,每相熔断器之间未应用绝缘板隔开	严重隐患
13	无功补偿电容器渗油	严重隐患
14	无功补偿电容器连接线烧毁或断线	危急隐患
15	无功补偿电容器鼓肚严重	危急隐患
16	无功补偿设备表面有严重放电痕迹、严重破损	危急隐患
17	无功补偿电容器漏油严重	危急隐患
18	无功补偿电容器内部故障	危急隐患

三、典型隐患示例

（一）无功补偿交流接触器故障

1. 隐患描述

无功补偿交流接触器故障，无法动作，如图 6-18 所示。

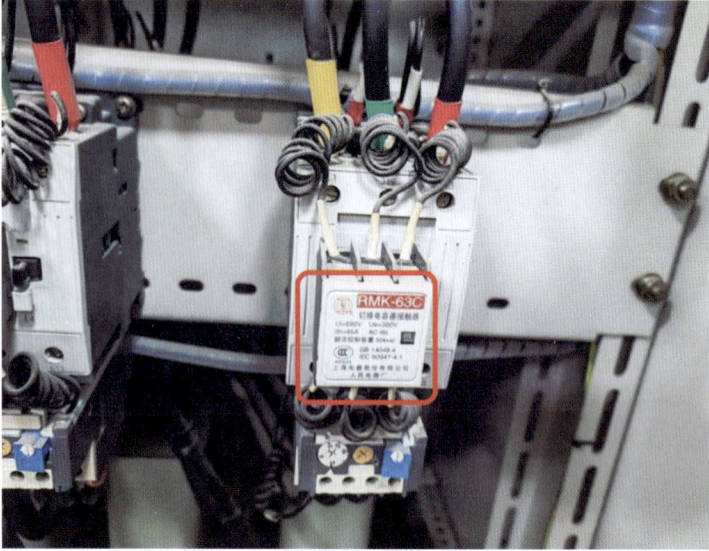

图 6-18　无功补偿交流接触器故障隐患示例图

2. 隐患判断依据

根据《机械制造企业安全生产标准化规范》（AQ/T 7009—2013）4.2.38.4.1：刀闸、开关、接触器应动作灵活、接触可靠、合闸到位，触头无烧损。

3. 隐患定性

无功补偿交流接触器故障，系统无法根据用电功率因数情况自动控制无功补偿设备的投入和退出，导致功率因数不合格，造成用户经济损失。无功补偿交流接触器故障，属于严重隐患。

4. 隐患整改标准

对异常的无功补偿交流接触器及时进行维修或更换，保障功率因数的调节和优化，提高系统效率与稳定性。

（二）无功补偿电容器控制开关故障

1. 隐患描述

低压配电柜功率因数控制仪器损坏，面板无法正常显示运行情况，造成无功补偿不足。无功补偿电容器上级控制开关故障隐患示例如图 6-19 所示。

2. 隐患判断依据

根据《低压无功补偿控制器使用技术条件》（DL/T 597—2017）7.5.2.1：控制器应具有下列显示功能。

3. 隐患定性

上级控制开关故障可能导致无功补偿电容器无法正常投入或退出运行，影响系统的无功功率补偿能力。无功补偿电容器上级控制开关故障，属于严重隐患。

4. 隐患整改标准

及时对无功补偿电容器上级控制开关进行维修或更换。

图 6-19　无功补偿电容器控制开关故障隐患示例图

（三）无功补偿电容器鼓肚异常

1. 隐患描述

无功补偿电容器存在鼓肚现象，可能导致电容器内部元件受损，如图 6-20 所示。

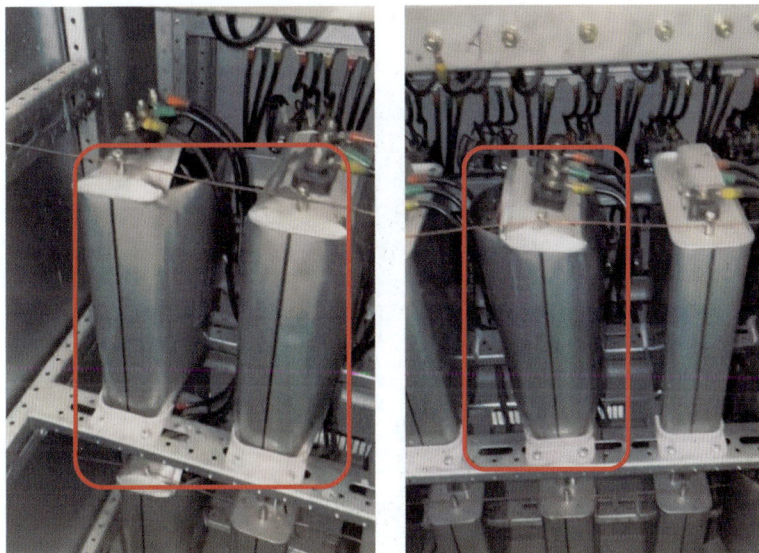

图 6-20　无功补偿电容器鼓肚异常隐患示例图

2. 隐患判断依据

根据《电能计量设备用元器件技术规范　第 1 部分：电解电容器》（Q/GDW 11179.1—2023）6.1.4：外观应完好，无明显的变形和划痕、污渍、字迹模糊、明显毛刺。

3. 隐患定性

电容器鼓肚主要是由于内部压力异常导致，如果不及时处理可能导致电容器爆炸；鼓肚异常可能导致电容器内部元件受损，影响电容器的正常运行。无功补偿电容器鼓肚异常，属于危急隐患。

4. 隐患整改标准

应立即停止使用存在鼓肚现象的无功补偿电容器，由专业人员进行检修、维修或更换。

（四）无功补偿电容器渗漏油严重

1. 隐患描述

无功补偿电容器存在渗漏油现象，如图6-21所示。

2. 隐患判断依据

根据《电能计量设备用元器件技术规范 第1部分：电解电容器》（Q/GDW 11179.1—2023）6.1.4：外观应完好，无明显的变形和划痕、污渍、字迹模糊、明显毛刺。

3. 隐患定性

渗漏油可能导致电容器绝缘性能下降，增加电容器内部元件之间的电气击穿风险，存在电击、火灾等安全隐患；可能对周围环境造成污染，影响工作环境和设备周围的安全性。无功补偿电容器渗漏油异常，属于危急隐患。

4. 隐患整改标准

立即停止使用存在渗漏油现象的无功补偿电容器，及时更换新的无功补偿电容器。处理泄漏的油污应符合环保要求，避免对环境造成污染。

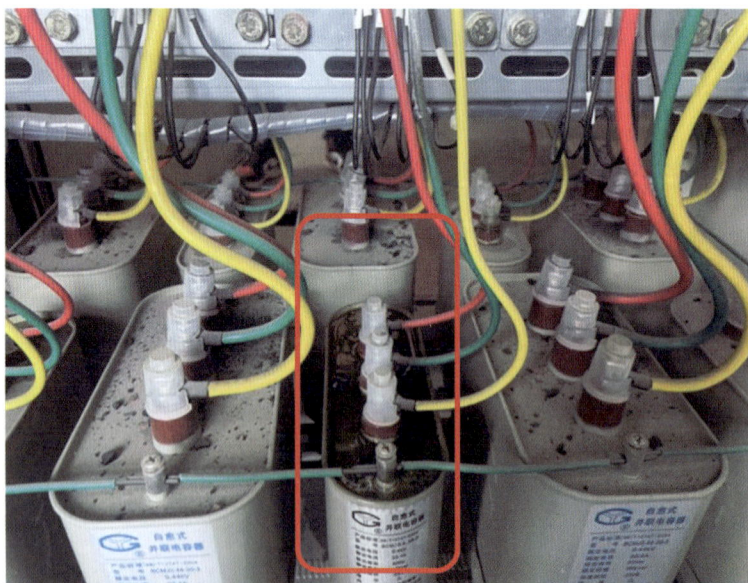

图6-21 无功补偿电容器渗漏油异常隐患示例图

（五）无功补偿电容器连接线烧毁或断线

1. 隐患描述

无功补偿电容器连接线烧毁，如图6-22所示，需要人员进行维修或更换连接线。

2. 隐患判断依据

根据《低压成套无功功率补偿装置》（GB/T 15576—2008）6.2.2：电器元件的布置应整齐、端正，便于安装、接线、维护和更换，应设有与电路图一致的符号或代号；所有的紧固件都应采取防松措施，暂不接线的螺钉也应拧紧。

图 6-22　无功补偿电容器连接线烧毁或断线隐患示例图

3. 隐患定性

连接线烧毁或断线可能导致电容器无法正常工作，失去无功补偿功能。无功补偿电容器连接线烧毁或断线，属于危急隐患。

4. 隐患整改标准

对于无功补偿电容器连接线烧毁或断线的情况，应立即停止使用，并由专业人员进行维修或更换连接线。定期检查连接线的状态，确保连接线的安全可靠，以保证电容器的正常运行。

（六）无功补偿容量配置不足

1. 隐患描述

无功补偿电容器均已全部投入，但功率因数仍未达到 0.9 的标准，无功补偿容量配置不足，如图 6-23 所示。

2. 隐患判断依据

根据《供配电系统设计规范》（GB 50052—2009）6.0.5：无功补偿容量，宜按无功功率曲线或公式确定。

《国家电网有限公司业扩供电方案编制导则》（Q/GDW 12259—2022）10.3.1：100kVA 及以上高压供电的电力用户和配售电公司，在高峰负荷时的功率因数不宜低于 0.95；其他电力用户和大、中型电力排灌站，功率因数不宜低于 0.90；农业用电功率因数不宜低于 0.85。在低谷时段不应向电网反送无功。10.3.2：用户无功应按照分层分区、就地平衡的原则配置。用户应在提高自然功率因数的基础上，按有关标准，设计按照时，应根据负荷特性考虑配置具有感性和（或）容性补偿能力的无功补偿设备。无功配置应根据用户的自然功率因数计算后确定。一般宜按照以下规定配置：

　　a）35kV 及以上变电所可按变压器容量的 10%～30% 确定；

　　b）10kV 变电所可按变压器容量的 20%～30% 确定；

　　c）低压 100kW 及以上用户宜配置无功补偿装置。

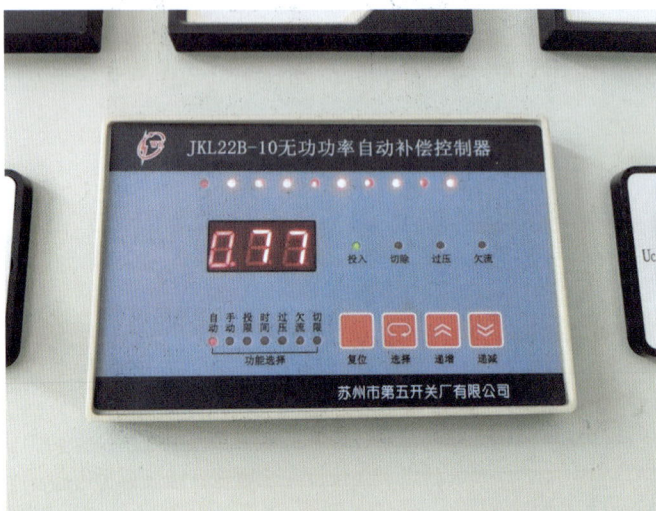

图 6-23　无功补偿容量配置不足隐患示例图

3. 隐患定性

无功补偿容量配置不足，导致系统中存在过多的无功功率，使得系统功率因数较差，影响电力系统的功率质量和效率；可能导致系统中存在额外的无功电流，增加线路损耗，影响系统的运行效率和成本。无功补偿容量配置不足，属于一般隐患。

4. 隐患整改标准

应根据系统的需求和负载特性，合理配置无功补偿容量，以保持系统功率因数在合理范围内。如果发现无功补偿容量不足，应及时按照实际需求增加无功补偿电容器的容量或数量。

第七章

新型业务电气设备隐患排查

随着国家提出构建以新能源为主体的新型电力系统，新能源、分布式能源、储能、交互式充放电用能设施等大规模并网接入。为了更好地适应新形势的需要，确保新型电力设施安全稳定运行，满足人民群众日益多样的服务需求，用电检查人员需加强开展对新型业务的安全检查工作。新型电力设施主要是指围绕充（换）电设施、储能、光伏、节能设备等能源转化和利用的电气设备，本章以新型电力设施的充（换）电设施、船舶岸电、储能电站三种类型开展讲解。电力设施检查主要从运行环境检查、电气设备检查、管理制度检查等方面开展。

第一节　充（换）电设备

充（换）电设施是电动汽车使用过程中的重要组成部分，检查可以确保其安全、可靠运行，可以保障充（换）电设施的质量，降低因设备问题导致的安全风险，从而为用户提供优质、高效的充（换）电服务。

一、充（换）设施类型

（一）交流充电设施

交流充电设施即采用交流电源为电动汽车提供电能的充电设施。交流充电桩主要依靠车载充电机为动力电池充电。交流充电桩按《民用建筑电气设计标准》（GB 51348）、《电动汽车充电站设计规范》（GB 50996）规定"交流充电桩供电电源应采用单相、交流 220V 电压，额定电流不应超过 32A"。采用 220V 电压供电的充换电设备，结构简单，技术成熟，成本较低，其功率一般为 3.5kW 或 7kW，充电时间较长。交流充电桩如图 7-1 所示。

（二）直流充电设施

直流充电设施具备将交流电转换为直流电的能力，可为电动汽车动力电池提供直流电能。直流充电桩一般功率较大，其功率多为 12kW 及以上，输出的电压和电流调整范围大，可以实现快充的要求。直流充电桩的技术和设备比交流充电桩复杂，制造成本和安装成本等均较高。直流充电桩如图 7-2 所示。

图 7-1　交流充电桩示例图

图 7-2　直流充电桩示例图

（三）换电站

换电站采用电池更换模式为电动汽车提供电能，一般在站内预先配置电池，并集中充电，当有充电需求的汽车驶入停车位时，即可通过换电机器人完成电池自动更换，达到堪比加油的效率体验。不过由于不同汽车的电池规格型号、可支持的技术不同等因素，换电站一般只针对特定车型。换电站如图 7-3 所示。

图 7-3　换电站示例图

二、检查的流程、内容、标准

充（换）电设施的检查包括运行环境检查、电气设备检查和管理制度检查。隐患排查可按照充（换）电设施的所在场所运行环境检查、充（换）电设施本体检查、充（换）电设施附属设施检查、充（换）电设施管理制度的顺序开展。

（一）运行环境检查的主要内容及标准

环境检查的内容是检查充换电站整体环境及辅助设施外观是否完好，无损坏、变形、锈蚀等现象。环境检查一般按基础信息、服务事项、辅助设施次序进行，主要判断设施周围环境是否整洁，有无易燃、易爆或腐蚀性物质；服务类信息告知是否齐全，如注意事项、服务流程、价格告示等；设施标识是否清晰、准确，如安全警示标识、设备编号等。

（1）检查充电设备与充电位的距离是否满足要求，车辆限位器及保护措施是否正常。

> **检查依据**
>
> 《电动汽车充电站设计规范》（GB 50966—2014）：
>
> 4.2.1　充电设备应靠近充电位布置，以便于充电，设备外距充电位边缘的净距不宜小于 0.4m。充电设备的布置不应妨碍其他车辆的充电和通行，同时应采取保护充电设备及操作人员安全的措施。

（2）检查充（换）电设施出入口数量及指示标识是否符合要求。

（3）检查充（换）电设施附属设施场地是否平整，排水设施是否正常。

（4）检查充（换）电设施场所监控设备是否完好、可用，并满足安全监视要求。

（5）对充电站进行夜间巡视，查看站点照明是否完好。

（6）检查核对充电站、充电桩与平台 App 系统信息是否一致（如是否能够准确导航，充电桩数量、开放时间、停车费、充电价格是否准确等）。

检查依据

《电动汽车充电站设计规范》（GB 50966—2014）：

8.0.2　电动汽车交流充电桩的电能计量应符合下列要求：

4　交流充电桩应能采集交流电能表数据，计算充电电量，显示充电时间、充电电量及充电费用等信息。

5　交流充电桩应显示本次充电电量，并可将该项清零。

（7）检查充电设施中的设备底座、充电桩、整流柜和通信柜的外观是否完好，有无损坏、变形、锈蚀等现象，配件和其他部分是否完好。

检查依据

《电动汽车充电站设计规范》（GB 50966—2014）：

5.1.7　非车载充电机的布置与安装应符合下列要求：

4　充电机应垂直安装于与地平面垂直的立面，偏离垂直位置任一方向的误差不应大于5°。

（8）检查充换电设施各类信号报警监控是否正常运行。

检查依据

《电动汽车充换电设施运行管理规范》（NB/T 33019—2015）：

6.5.1　信号报警监控：应对充换电设施上的各种信号灯、声响报警装置进行监控，如有异常应及时处理。

（二）电气设备检查的主要内容及标准

电气设备主要检查充换电设备是否处于正常运行状态，相关指标是否存在安全隐患。

（1）检查非车载充电接口及充电连接器外观是否完好，有无损坏、变形、锈蚀等现象。

检查依据

《电动汽车充电站设计规范》（GB 50966—2014）：

5.1.4　非车载充电接口应在结构上防止手轻易触及裸露带电导体。充电连接器在不充电时应放置在人不轻易触及的位置。对于安装在室外的非车载充电机，充电接口处应采取必要的防雨、防尘措施。

《电动汽车充换电设施运行管理规范》（NB/T 33019—2015）：

6.3.2 正常巡视检查的项目和要求：

a）设备底座、支架坚固完好，金属部位无锈蚀，各部位接地良好，运行声音无异常；

b）连接线接触良好，接头无过热，充电架接触良好，接触锁止机构完好；

c）指示仪表和信号指示正常；

d）交流充电桩的外观、功能、安全防护等措施是否正常。

（2）检查站内充电桩各种类型充电方式及充电监控功能是否完好正常（例如：充电卡、扫描二维码充电方式可正常启动充电，相应功能计量扣费数据可正常读取并在达到设置金额后可自动停止充电，用户自主停止充电功能正常）。

▶ **检查依据**

《电动汽车充电站设计规范》（GB 50966—2014）：

9.2.4 充电监控系统应具备下列数据处理与存储功能：

1 充电设备的越限报警、故障统计等数据处理功能。

2 充电过程数据统计等数据处理功能。

3 对充电设备的遥测、遥信、遥控、报警事件等实时数据和历史数据的集中存储和查询功能。

《电动汽车充换电设施运行管理规范》（NB/T 33019—2015）：

6.3.2 正常巡视检查的项目和要求：

f）监控系统界面显示正常，计算机等硬件运行正常，通信通道正常。

（3）巡视充电桩风机和防尘网是否做好了定期的除尘工作。

▶ **检查依据**

《电动汽车充电站设计规范》（GB 50966—2014）：

5.1.4 对于安装在室外的非车载充电机，充电接口处应采取必要的防雨、防尘措施。

（4）检查充电站接地系统是否可靠。

▶ **检查依据**

《电动汽车充电站设计规范》（GB 50966—2014）：

10.4.1 充电站的防雷接地、防静电接地、电气设备的工作接地、保护接地及信息系统的接地宜共用接地装置，接地电阻不应大于4Ω。

（5）检查非车载充电机接地是否可靠。

《电动汽车充电站设计规范》（GB 50966—2014）：

5.1.7　非车载充电机的布置与安装应符合下列要求：充电机保护接地端子应可靠接地。

（6）检查充电站在电网公共连接点的电能质量是否符合要求。

《电动汽车充电站设计规范》（GB 50966—2014）：

7.0.3　充电站所产生的电压波动和闪变在电网公共连接点的限值应符合现行国家标准《电能质量电压波动和闪变》（GB/T 12326）的有关规定。

7.0.4　当充电站的波动负荷引起电网电压波动和闪变时，宜采用动态无功补偿装置或动态电压调节装置等措施进行改善，对于具有大功率充电机的充电站，可由短路容量较大的电网供电。

7.0.5　充电站中的充电机等非线性用电设备接入电网产生的谐波分量，应符合现行国家标准《电磁兼容限值谐波电流发射限值（设备每相输入电流≤16A）》（GB 17625.1）和《电磁兼容限值对额定电流大于16A的设备在低压供电系统中产生的谐波电流的限制》（GB/Z 17625.6）的有关规定。

7.0.6　充电站接入电网所注入的谐波电流和引起公共连接点电压的正弦畸变率应符合现行国家标准《电能质量公用电网谐波》（GB/T 14549）的有关规定。当需要降低或控制接入公用电网的谐波和公共连接点电压正弦畸变率时，宜采取装设滤波器等措施进行改善。

（7）检查充换电设施设备是否牢固，是否按设计要求进行安装。

《建筑电气工程施工质量验收规范》（GB 50303—2015）：

6.2.1　电气设备安装应牢固，螺栓及防松零件齐全，不松动。防水防潮电气设备的接线入口及接线盒盖等应做密封处理。

（三）管理制度检查的主要内容及标准

管理制度检查主要是检查充换电站内关于运行管理方面的制度是否齐全，相关制度是否按规范执行到位。

（1）检查充电站内是否按规范标准配置灭火器材。

《电动汽车充电站设计规范》（GB 50966—2014）：

11.0.4 电动汽车充电站建筑物灭火器的配置应符合现行国家标准《建筑灭火器配置设计规范》（GB 50140）的有关规定。室外充电区灭火器的配置应符合下列要求：

1 不考虑插电式混合动力汽车进入时，充电站应按轻危险级配置灭火器。

2 考虑插电式混合动力汽车进入时，充电站应按严重危险级配置灭火器。

《电动汽车充换电设施运行管理规范》（NB/T 33019—2015）：

6.3.2 正常巡视检查的项目和要求：

h）安全和消防器材按规定摆放，取用方便，消防道路畅通。

（2）检查充电站内消防系统是否有效。

《电动汽车充电站设计规范》（GB 50966—2014）：

11.0.1 电动汽车充电站内的建筑物满足耐火等级低于二级、体积大于3000m^3且火灾危险性为非戊类的，充电站应设置消防给水系统。消防水源应有可靠的保证。

11.0.2 电动汽车充电站消防给水系统的设计应符合现行国家标准《建筑设计防火规范》（GB 50016）的有关规定，同一时间内的火灾次数应按一次确定。

（3）检查安全和消防器材是否按规定摆放，取用方便，消防道路畅通。查看消防器材及安全标识等设施是否完好，是否每月定期对消防器材进行压力检查并签字记录。

《电动汽车充电站设计规范》（GB 50966—2014）：

3.2.4 充电站应满足环境保护和消防安全的要求。充电站的建（构）筑物火灾危险性分类应符合现行国家标准《火力发电厂与变电站设计防火规范》（GB 50229）和《建筑设计防火规范》GB 50016 的有关规定。充电站内的充电区和配电室的建（构）物与站内外建筑之间的防火间距应符合现行国家标准《建筑设计防火规范》（GB 50016）和《高层民用建筑设计防火规范》（GB 50045）的有关规定，充电站建（构）筑物相应厂房类别划分应符合表3.2.4 的规定。

三、隐患及定性

充换电隐患大多是一般隐患、严重隐患或危急隐患，常见隐患及隐患等级定性表见表 7-1。

表 7-1　　　　　　　　　　　充换电常见隐患及隐患等级定性表

序号	常见隐患	隐患等级
1	使用绝缘导线无塑料护套,未采取导管或槽盒保护,外露明敷	一般隐患
2	多根塑料护套线平行敷设的间距不一致,分支和弯头处不整齐,弯头不一致	一般隐患
3	设备安装存在倾斜,存在松动现象,螺钉松动,无垫片,未紧固	一般隐患
4	电气设备的接线入口及接线盒盖等未做密封处理	一般隐患
5	对充电设备外观检查是否存在破损、基础松动的情况	一般隐患
6	充电枪与充电接口的物理松动或存在异常阻力	一般隐患
7	充换电站、点现场无相关管理制度要求,无定期维护和巡视工作记录	一般隐患
8	充换电环境内无监控仪器	一般隐患
9	现场车位防撞器损坏,无相关防撞警示标志	一般隐患
10	现场缺乏误碰、带电等安全警示标志	一般隐患
11	充电过程中时有电缆过热、异味、火花等异常现象	严重隐患
12	充放电回路存在断路器配置容量过小,与所接充电枪功率不匹配	严重隐患
13	充电设备容量小于申请和设计要求,还能使用	严重隐患
14	充电枪连接线破损,无人管理	严重隐患
15	充电枪在充放电过程中出现接触不良,枪体有发热迹象	严重隐患
16	充电枪连接线破损,造成断电,无法使用	严重隐患
17	充电枪接触不良,无法固定插播顺畅	严重隐患
18	接地失效	严重隐患
19	充换电服务过程中充换电监控通信失败	严重隐患
20	充换电环境之内未按规范要求配置消防设备,数量明显不足	严重隐患
21	充电桩头绝缘破损,导电体明显裸露,易误碰触电	危急隐患
22	充电桩柜体破损,裸露内部带电电气设备,人员困难触及	危急隐患
23	充电设备母线、线缆过热	危急隐患
24	换电设备承重部件、传动机构断裂、磨损	危急隐患

四、典型隐患示例

（一）充换电环境内未配置灭火器或消防设备

1. 隐患描述

充换电站附近无任何消防设施，如图 7-4 所示。

图 7-4　充换电环境内未配置灭火器或消防设备隐患示例图

2. 隐患判断依据

依据《电动汽车充电站设计规范》（GB 50966—2014）11.0.4：电动汽车充电站建筑物灭火器的配置应符合现行国家标准《建筑灭火器配置设计规范》（GB 50140）的有关规定。室外充电区灭火器的配置应符合下列要求：

1）不考虑插电式混合动力汽车进入时，充电站应按轻危险级配置灭火器。

2）考虑插电式混合动力汽车进入时，充电站应按严重危险级配置灭火器。

3. 隐患定性

消防设施是预防和控制火灾事故的重要工具，对于保障人员安全、减少财产损失具有重要意义。在充换电站附近设置消防设施，能够及时发现火情，采取有效措施进行扑救，防止火灾蔓延和扩大。当充换电过程中如果由于设备故障造成火灾险情，现场无消防设施就无法及时消除险情，将造成更大的安全事故，判定为严重隐患。

4. 隐患整改标准

按充换电场所消防要求配置相应的灭火设施，做好突发火灾险情防范。

（二）充换电站（点）缺少管理制度

1. 隐患描述

充换电站（点）现场无相关管理制度要求，无定期维护和巡视工作记录，如图 7-5 所示。

图 7-5　充换电站（点）缺少管理制度隐患示例图

2. 隐患判断依据

依据《电动汽车充换电设施运行管理规范》（NB/T 33019—2015）：

10.1　安全责任管理：充换电设施运行与维护单位（部门）的负责人是本单位安全生产的第一责任人，全面负责本单位安全管理，落实各级人员的安全生产责任制，带头遵守各项安全工作规程及制度，监督安全生产规章制度的执行。

11.1　台账管理：a）应完善设备台账管理制度，建立、健全设备台账，做到统一管理和资源共享；b）设备台账应反映设备全寿命管理的理念，内容应齐全完整。

3. 隐患定性

完善的管理制度可以确保充换电站、点的日常运营活动遵循统一、规范的流程，降低因人为因素导致的安全隐患。在发生紧急情况时，完善的管理制度能够指导员工迅速、有效地进行应急响应，减少事故损失。充换电站、点无相关管理要求，不能及时发现设备随意放置和基础设施的损坏情况，判定为一般隐患。

4. 隐患整改标准

为确保充换电站、点的安全运行，应建立健全管理制度，并严格按照制度进行日常运营和管理。在充换电站、点显著位置粘贴管理制度要求，并执行定期检查制度，保存定期检查记录。

（三）充电设施损坏，断线裸露。

1. 隐患描述

充电枪连接线破损，造成断电，无法使用，如图 7-6 所示。

图 7-6　充电设施损坏隐患示例图

2. 隐患判断依据

依据《电动汽车充电站设计规范》（GB 50966—2014）5.2.2：交流充电桩应具有为电动汽车车载充电机提供安全、可靠的交流电源的能力，并应符合下列要求：5 在充电过程中，当充电连接异常时，交流充电桩应立即自动切断电源。

3. 隐患定性

连接线破损可能导致绝缘性能下降，从而增加触电的风险，易发生漏电、触电安全，判定为危急隐患。

4. 隐患整改标准

如果发现枪头连接线破损，应立即停止使用，并及时联系专业人员进行维修或更换。

（四）充电启动失败

1. 隐患描述

由于充电模块可能存在故障，造成充电系统启动失败，无法正常充电，如图 7-7 所示。

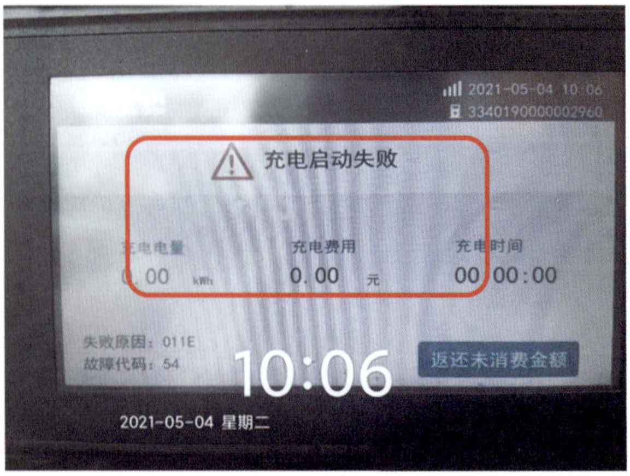

图 7-7　充电系统启动失败隐患示例图

2. 隐患判断依据

《电动汽车充电站设计规范》（GB 50966—2014）8.0.2：电动汽车交流充电桩的电能计量应符合下列要求：4 交流充电桩应能采集交流电能表数据，计算充电电量，显示充电时间、充电电量及充电费用等信息。5 交流充电桩应显示本次充电电量，并可将该项清零。

3. 隐患定性

充电桩充电系统启动失败可能导致用户无法正常充电，影响出行计划，引发用户不满甚至投诉；同时，故障会降低充电桩使用率，影响运营收入；此外，启动失败可能掩盖其他潜在问题，如硬件损坏或软件故障，进一步增加运营风险和维护成本。因此，需及时排查并修复故障，确保充电桩正常运行。该隐患判定为严重隐患。

4. 隐患整改标准

针对充电桩充电系统启动失败的问题，整改措施包括：首先，检查电源连接和硬件设备是否正常，必要时进行维修或更换；其次，排查软件系统是否存在故障，更新或修复相关程序；同时，检查通信模块和网络连接，确保数据传输正常。

（五）充电显示屏幕无法正常扫码

1. 隐患描述

充电屏幕被人为粘贴东西，导致充电屏幕不干净，无法正常扫码充电，如图7-8所示。

图7-8 充电显示屏幕无法正常扫码隐患示例图

2. 隐患判断依据

《电动汽车充换电设施运行管理规范》（NB/T 33019—2015）6.3.2：正常巡视检查的项目和要求：f）监控系统界面显示正常，计算机等硬件运行正常，通信通道正常。

3. 隐患定性

充电桩显示屏幕无法正常扫码可能导致用户无法顺利启动充电服务，影响使用体验，甚至引发用户投诉；同时，故障可能导致充电桩使用率下降，影响运营收入。该隐患判定为一般隐患。

4. 隐患整改标准

针对充电桩显示屏幕无法正常扫码的问题，整改措施包括：首先，检查屏幕硬件是否损坏，必要时进行维修或更换；其次，排查扫码软件或系统是否存在故障，更新或修复相关程序；同时，清洁屏幕表面，确保无污渍或遮挡影响扫码功能。

第二节　船舶岸电设备

船舶岸电指船舶在停靠港口期间，不使用船上的副机发电，船用照明、制冷、工程作业等用电设备改由码头供电，从而减少船舶大气污染物排放的供电方式。船舶岸电系统包括岸电电源、接电箱、接插件、电缆及电缆管理等设备。供电企业用电检查人员对船舶岸电设施的检查至关重要，可以确保安全、设备可靠性、环境保护及合规性，提升服务质量和应急响应能力。

一、船舶岸电的供电模式类型

根据港口大小和停靠船舶类型，船舶岸电的供电模式可以分为高压模式、低压模式和低压小容量模式三类。船舶岸电电气系统如图 7-9 所示。

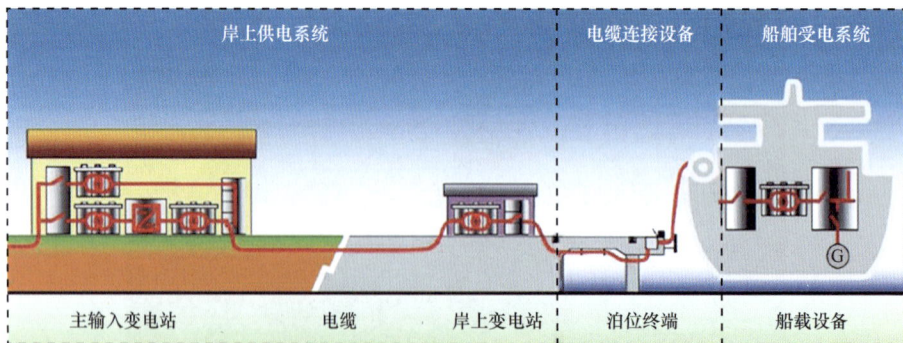

图 7-9　船舶岸电电气系统示例图

1. 高压模式

高压模式的供电方式是将码头电网 10kV、50Hz 高压变频、变压转换为 6.6kV/（6）kV、60Hz/50Hz 高压电源，接入船上配备的船载变电设备变压后供船舶受电设备使用。

2. 低压模式

低压模式的供电方式是将码头电网 10kV、50Hz 高压变频、变压转换为 450V/（400）V、60Hz/50Hz 低压电源，直接接入船上供受电设备使用。

3. 低压小容量模式

低压小容量模式的供电方式是将码头配变 380V 三相低压电源，经低压一体化岸电桩输出 380V 或 220V 电源，接入船上供受电设备使用。

二、检查的流程、内容、标准

船舶岸电设备的检查包括运行环境检查、设备检查和管理制度检查三大内容。其中：设备检查可按照岸电电源、接电箱、接插件、电缆及电缆管理的顺序开展。

（一）运行环境检查的主要内容及标准

运行环境检查的主要内容包括：环境内设备布置是否合理，外观是否存在破损，相关安全措施是否规范，是否存在安全隐患。

（1）岸电设施是否设立安全标识及安全围栏，安全标识是否清晰，围栏是否有效。

> **检查依据**
>
> 《码头船舶岸电设施工程技术标准》（GB/T 51305—2018）：
>
> 4.3.4 码头船舶岸电设施的布置应符合下列规定：
>
> 6 新建码头岸电接电装置应设置在码头前沿，宜采用暗装方式，并应设置标识；
>
> 7 改建、扩建码头可采用明装固定方式，其安装位置不应影响生产作业，并应设置安全护栏。

（2）岸电设施周围是否存在影响设施安全的腐蚀性及火灾危险的物品。

> **检查依据**
>
> 《码头船舶岸电设施工程技术标准》（GB/T 51305—2018）：
>
> 4.3.4 码头船舶岸电设施的布置应符合下列规定：
>
> 2 应设置在少尘和无腐蚀性气体的场所；
>
> 3 不得设在有火灾危险区域的正上方或正下方；不得设在爆炸危险区域。

（3）岸电的紧急系统是否有效，操作方法是否有明确标识。

> **检查依据**
>
> 《码头船舶岸电设施工程技术标准》（GB/T 51305—2018）：
>
> 4.5.5 码头船舶岸电系统应设置急停系统。急停系统应符合下列规定：
>
> 1 急停系统的启动条件、操作方法应明确标示；
>
> 2 急停系统动作应设置手动方式和自动方式，急停系统复位应手动操作；
>
> 3 急停信号应采用硬接线方式接入码头船舶岸电控制系统。

（4）岸电监控系统设施是否稳定有效运行，采集数据是否满足要求。

▶ **检查依据**

《码头船舶岸电设施工程技术标准》（GB/T 51305—2018）：

4.5.2 码头船舶岸电设施"三遥"系统应纳入港区电力监控系统。监控系统功能可按本标准附录 E 确定。

（5）岸电系统的接电箱、接插件等外观是否被腐蚀。岸电系统供电充电接口如图 7-10 所示。

▶ **检查依据**

《靠港船舶岸电系统技术条件 第 1 部分：高压供电》（GB/T 36028.1—2018）：5.2.7 电器附件及其安装器件应能在海洋环境下防腐，并应符合 GB/T 30845.1—2014 第 26 章的测试要求。

《工业用插头插座和耦合器 第 5 部分：低压岸电连接系统（LVSC 系统）用插头、插座、船用连接器和船用输入插座的尺寸兼容性和互换性要求》（GB/T 11918.5—2020）：

28 耐腐蚀与防锈：电器附件及其安装装置的结构应能抵抗海洋环境引起的腐蚀。铁质部件，包括外壳，应采取足够的防护措施以防生锈。

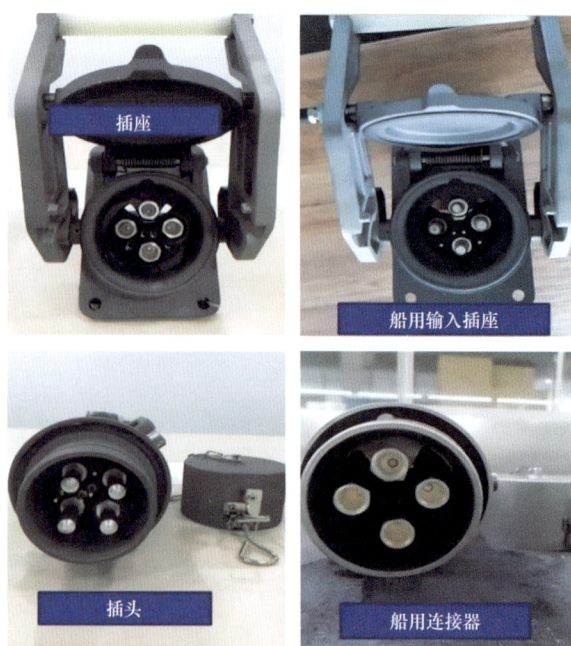

图 7-10 岸电系统供电充电接口

（6）高压或高压接电箱的安全围栏是否有效，箱体的防触电装置是否有效。

> **检查依据**
>
> 《靠港船舶岸电系统技术条件　第1部分：高压供电》（GB/T 36028.1—2018）：
>
> 6.2.1 宜安装在码头前沿及码头作业面以下，可采用预装固定式。
>
> 6.2.2 安装位置不应影响正常作业活动，并应设置安全护栏或格栅。
>
> 6.2.3 外壳防护应符合 GB/T 4208 的规定，不低于 TP65。
>
> 6.2.4 箱体应设置防触电设施，并可靠接地；箱内宜预留光纤接口。
>
> 《靠港船舶岸电系统技术条件　第2部分：低压供电》（GB/T 36028.2—2018）：
>
> 6.2.1 宜安装在码头前沿及码头作业面以上，可采用预装固定式。
>
> 6.2.2 安装位置不应影响正常作业活动，并应设置安全护栏或格栅。
>
> 6.2.3 外壳防护应符合 GB/T 4208 的规定，不低于 IP65。
>
> 6.2.4 箱体应设置防触电设施，并可靠接地；箱内宜预留光纤接口。

（7）电缆管理装置是否按规范作业，周围是否设置护栏或护栏是否有效。

> **检查依据**
>
> 交通运输部 2018 年 12 月 5 日发布的《内河码头船舶岸电设施建设技术指南》：
>
> 4.4.1 电缆管理装置可由电缆卷盘卷车、导缆架、升降、俯仰、伸缩装置中的一种或多种装置构成。
>
> 4.4.2 布置在码头的电缆管理装置不应影响码头装卸和安全作业，应防止人员伤害和触电，周围应设置护栏防护。
>
> 4.4.3 带有升降、俯仰和伸缩功能的电缆管理装置应采取必要的保护措施，防止碰撞船体。
>
> 4.4.4 电缆管理装置应配有现场操作装置，应明确标示操作规程，操作人员应经过培训。

（二）设备检查的主要内容及标准

设备检查的主要内容包括：设备是否绝缘损坏检查，各类电气设施是否存在安全隐患。可按照岸电电源、接电箱、接插件、电缆及电缆管理的顺序开展。

（1）检查岸电系统的接地系统是否有效、可靠。

《码头船舶岸电设施工程技术标准》（GB/T 51305—2018）：

4.3.8 码头船舶岸电系统的接地应符合下列规定：

1 高压配电接地宜采用中性点经电阻接地方式，可按本标准附录 D 确定；

2 低压配电接地方式采用 IT 方式，也可选用经过隔离变压器的 TN-S 方式，可按本标准附录 D 确定。

（2）检查岸电接电箱布置是否合理，是否考虑水位影响，防触电装置是否可靠。

《码头船舶岸电设施工程技术标准》（GB/T 51305—2018）：

4.4.4 岸电接电装置应符合下列规定：

2 接电箱的布置应考虑船舶双向靠泊、船舶系缆、水位变化的影响；

3 接电箱箱体应设置防触电设施，并应可靠接地；

4 接插件的选择应符合电压等级和承载电流的要求；

5 接插件应具备安全联锁功能。

《码头岸电设施运行维护技术规范》（JTS/T 313—2023）：

3.2.4 电箱检查应主要包括下列内容：

（1）箱体支撑、固定情况；

（2）箱体部件外形、结构完好情况；

（3）箱体接地情况；

（4）设备锈蚀和霉变情况；

（5）标识、标牌、仪表、指示灯，按钮、急停装置等完好情况；

（6）电气设备、元器件积灰情况；

（7）电缆完好与连接情况；

（8）岸电接插件完好情况。

（3）检查码头船舶岸电设施输出电能或注入港口供电系统的电能质量是否满足要求。

《码头船舶岸电设施工程技术标准》（GB/T 51305—2018）：

4.2.2 供电质量应符合下列规定：

1 码头船舶岸电设施的三相输出电压允许偏差应为 ±5%，频率波动允

许偏差应为 ±5%；

　　2 码头船舶岸电设施产生并能注入港口供电系统的谐波电流允许限值应符合现行国家标准《电能质量公用电网谐波》GB/T 14549 的有关规定。

（4）检查船用连接器的电器附件的防触电防护是否完好、有效。

▶ **检查依据**

　　《高压岸电连接系统（HVSC 系统）用插头、插座和船用耦合器　第 1 部分：通用要求》（GB/T 30845.1—2023）：

　　9.1 电器附件的设计应能保证当插座和船用连接器按正常使用接线时，其带电部件是不易触及的，此外还应保证当插头和船用输入插座与配套电器附件部分或完全插合时，其带电部件是不易触及的（符合 GB/T 4208 的防护等级 IP2X）。

（5）检查船舶岸电软电缆是否磨损严重或被损坏。

▶ **检查依据**

　　《高压岸电连接系统（HVSC 系统）用插头、插座和船用耦合器　第 1 部分：通用要求》（GB/T 30845.1—2023）：

　　22.1 电缆固定部件：插头和船用连接器应提供电缆固定部件：使导体在连接到端子或端头处不受包括绞拧在内的应力；导休和电缆的护套受到保护而不被磨损和损坏。

　　《码头岸电设施运行维护技术规范》（JTS/T 313—2023）：

　　3.2.5 电缆管理装置检查应主要包括下列内容：

（1）支撑结构、机构、安全围栏完好情况；

（2）机械部件电气元器件锈蚀和霉变等情况；

（3）标识，标牌、仪表、指示灯、按钮等完好情况；

（4）电缆完好与连接情况；

（5）接插件完好情况；

（6）电缆导缆装置机构和部件完好情况。

（6）检查岸电系统的计量装置是否正常运行，是否配置电能质量监测装置。岸电系统电能测量箱如图 7-11 所示。

▶ **检查依据**

《靠港船舶岸电系统技术条件 第 1 部分：高压供电》（GB/T 36028.1—2018）：

5.4.1 船舶岸电系统应设置电能计量装置。

5.4.2 电能计量装置宜设置在船舶岸电系统输出侧。

5.4.3 船舶岸电系统同时为多个船舶提供供电服务时，电能计量装置应分船设置。

5.4.4 电能计量装置及计量柜应符合 GB/T 16934 的规定。

7.2.2 电站可配置电能质量监测装置，监测点宜选择在电化学储能电站接入电力系统的并网点。

图 7-11 岸电系统电能测量箱示例图

（7）检查接岸电的接地装置、防护装置是否有效。

▶ **检查依据**

《码头岸电设施运行维护技术规范》（JTS/T 313—2023）：

3.2.6 接电坑检查应主要包括下列内容：

（1）接地情况；

（2）盖板、防护装置等完好情况；

（3）接电坑内积水情况；

（4）存在异物的情况。

（8）检查岸电电器附件是否标出如下标志和警示语。

▶ **检查依据**

《高压岸电连接系统（HVSC 系统）用插头、插座和船用耦合器　第 1 部分：通用要求》（GB/T 30845.1—2023）：

7.1　电器附件应标出如下标志和警示语：

额定电流，单位：安培；额定工作电压，单位：千伏；额定短时耐受电流（Iv.）；额定短路耐受电流峰值容量；端子所能连接的导体尺寸范围，符合 GB/T 4208 的防护等级（IP66H 或 IP66/IP67H）；制造商或代理商的名称或商标；参考型号，可以是产品目录编号；警示语"禁止带电插拔"。

（9）检查岸电插座和船用输入插座等电器附件是否裸露在外面，有无商标信息。

▶ **检查依据**

《高压岸电连接系统（HVSC 系统）用插头、插座和船用耦合器　第 1 部分：通用要求》（GB/T 30845.1—2023）：

7.3　对于插座和船用输入插座，额定电流、电源性质（必要时）、制造商或代理商的名称或商标的标志应标在主要部件上，外壳外侧上，或在盖上（如有，此盖应使用工具才能卸下）。除了暗装式插座和船用输入插座，这些标志在电器附件按正常使用要求安装和接线时（如有必要，可将电器附件从外壳上拆下），应易于辨认。如有绝缘电压标志时，此标志应标在主要部件上，且当电器附件按正常使用要求安装和接线时看不见。额定工作电压、型号、防护等级符号应位于电器附件安装后可见之处，应标在外壳外侧，或在盖上（如有，此盖应使用工具才能卸下）。

（10）检查岸电插座是否串联连接（电缆耦合器）。

▶ **检查依据**

《高压岸电连接系统（HVSC 系统）用插头、插座和船用耦合器　第 1 部分：通用要求》（GB/T 30845.1—2023）：

8.4　使用中不准许串联连接（电缆耦合器），不应将插头插入到船用连接器中。

（11）检查岸电电器附件是否装配接地端子和触头。

▶ **检查依据**

《高压岸电连接系统（HVSC 系统）用插头、插座和船用耦合器　第 1 部分：通用要求》（GB/T 30845.1—2023）：

10.1 电器附件应装配接地端子和触头，接地触头应直接可靠地连接到接地端子。注：单极（中性线）电器附件没有保护接地触头。

10.2 带保护接地触头的 3P+E 电器附件的易触及金属部件，凡绝缘失效时会变为带电的，在结构上应可靠地连接到内部保护接地端子。

注 1：根据本要求，用于固定底座、盖的螺钉和类似零件不视作绝缘失效时会变成带电的易触及部件。如果易触及金属部件通过连接到保护接地端子或保护接地触头的金属部件与带电部件隔离，或用双重绝缘或加强绝缘与带电部件隔开，这些易触及金属部件在本要求中不视作绝缘失效时会变成带电的易触及金属部件。在保护接地端子与每个易触及部件之间通以 25 A 交流电，此交流电源的空载电压不超过 12 V。无论如何，电阻不应超过 0.05 Ω。

（三）管理制度检查的主要内容及标准

管理制度检查主要是检查船舶岸电关于运行管理方面的制度是否齐全，相关制度是否按规范执行到位。

（1）检查岸电监控系统是否有专人值守，交接班制度是否完善并严格执行。

▶ **检查依据**

《码头船舶岸电设施工程技术标准》（GB/T 51305—2018）：

4.5.3 码头船舶岸电设施监控系统终端应有专人值守。

（2）检查岸电设施维护人员是否持证上岗、维护工作是否按要求执行并详细记录。

▶ **检查依据**

《码头船舶岸电设施工程技术标准》（GB/T 51305—2018）：

6.2.1 编制维护手册。维护手册中应包括工作流程、责任、应急预案等。

6.2.2 码头船舶岸电设施维护人员应经过专业培训，持证上岗。

6.2.3 维护过程应有详细记录。

《高压岸电连接系统（HVSC 系统）用插头、插座和船用耦合器　第 1 部分：通用要求》（GB/T 30845.1—2023）：

3.28 受过培训的（电气）人员（电学），由熟练电气技术人员充分指导或监督的，能察觉和避免由于电引起危害的人员。

《码头岸电设施运行维护技术规范》（JTS/T 313—2023）:

2.0.5 岸电设施运行维护人员应具备相应的专业技术能力，并应配备个人安全防护用品和必要的运行维护工器具，做好安全防护。

（3）检查岸电系统周期性供电检测是否按要求执行，检测记录是否完整、真实。

检查依据

《码头船舶岸电设施工程技术标准》（GB/T 51305—2018）:

5.0.4 周期性供电检测应在设备正常使用每 12 个月或停用 3 个月后再次使用前进行，检测应包括下列内容:

1 外观检测; 2 绝缘检测; 3 接地检测; 4 主要设备功能、性能检测; 5 耐压试验。

（4）检查岸电设施、船舶受电设施的管理、使用、维护保养制度和操作规程是否齐全。岸电系统操作规程如图 7-12 所示。

图 7-12　岸电系统操作规程示例图

> **▶ 检查依据**
>
> 《港口和船舶岸电管理办法》（交通运输部令2019年第45号）：
>
> 第十七条 岸电供电企业和水路运输经营者应当建立健全码头岸电设施、船舶受电设施的管理、使用、维护保养制度和操作规程等，发生故障应当及时修复。
>
> 第十八条 岸电供电企业和船舶应当如实记录岸电设备设施使用情况，并至少保存2年。记录内容主要包括泊位名称、船舶名称、靠离泊时间、岸电使用起止时间、用电量等。码头岸电设施、船舶受电设施发生故障的，还应当记录故障时间、故障情况及修复时间等。
>
> 岸电供电企业应当按照有关规定将岸电供应情况报送所在地交通运输（港口）主管部门。船舶应当按照船舶能耗数据收集管理的要求，向海事管理机构报告岸电使用情况，将岸电使用情况记录留船备查。

（5）检查船舶岸电经营者是否开展相关的安全培训。

> **▶ 检查依据**
>
> 《港口和船舶岸电管理办法》（交通运输部令2019年第45号）：
>
> 第二十条 岸电供电企业和水路运输经营者应当组织作业人员进行操作技能、设备使用、作业程序、安全防护和应急处置等培训。
>
> 第二十一条 港口经营人、岸电供电企业和水路运输经营者应明确划分岸电使用安全责任。鼓励港口经营人、岸电供电企业和水路运输经营者购买岸电安全责任相关保险。

三、隐患及定性

船舶岸电设施检查根据隐患困难及造成的危害，分一般隐患、严重隐患、危急隐患。常见隐患及定性表见表7-2。

表7-2　　　　　　　　　　　常见隐患及定性表

序号	常见隐患	隐患等级
1	岸电充电桩设备安装存在倾斜、松动现象,螺丝松动,无垫片,未紧固	一般隐患
2	船舶岸电环境内无监控仪器	一般隐患
3	岸电充电设备外观存在破损、锈腐的情况	一般隐患
4	岸电充电枪与充电接口的物理松动或存在异常阻力	一般隐患

续表

序号	常见隐患	隐患等级
5	岸电充换电环境内无监控仪器	一般隐患
6	岸电现场无相关触碰安全、落水警示标志	一般隐患
7	岸电现场无相关管理制度要求,无定期维护和巡视工作记录	一般隐患
8	船舶充电设备的导线穿越管道口、连接处存在积水,未做好防水、防潮措施	严重隐患
9	岸电充电过程中时有电缆过热、异味、火花等异常现象	严重隐患
10	岸电充放电回路存在断路器配置容量过小,与所接充电枪功率不匹配情况	严重隐患
11	岸电充电枪连接线破损,无人管理	严重隐患
12	岸电充电枪在充放电过程中出现接触不良,枪体有发热迹象	严重隐患
13	岸电充电枪连接线破损,造成断电,无法使用	严重隐患
14	岸电充电桩头绝缘破损,导电体明显裸露	危急隐患
15	岸电充电枪接触不良,无法固定插播顺畅	严重隐患
16	岸电充换电环境之内未按规范配置消防设备或消防设备明显不足	严重隐患
17	岸电充电桩距离海岸、河道距离不足 60 cm,易发生设备与船舶碰撞	危急隐患
18	岸电充电桩柜体破损,裸露内部电气设备,易触碰到带电部位	危急隐患

四、典型隐患示例

（一）岸电充换柜体外壳破损

1. 隐患描述

充电桩柜体腐朽破损,裸露内部电气设备,如图 7-13 所示。

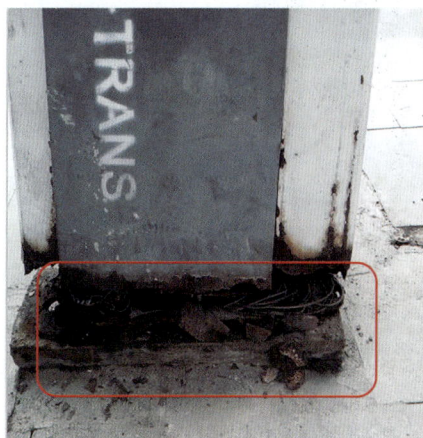

图 7-13　岸电充换柜体外壳破损隐患示例图

2. 隐患判断依据

依据《码头岸电设施运行维护技术规范》（JTS/T 313—2023）3.2.4 电箱检查应主要包括下列内容：

（1）箱体支撑、固定情况；

（2）箱体部件外形、结构完好情况；

（3）箱体接地情况；

（4）设备锈蚀和霉变情况；

（5）标识，标牌、仪表、指示灯，按钮、急停装置等完好情况；

（6）电气设备、元器件积灰情况；

（7）电缆完好与连接情况。

3. 隐患定性

外壳破损，可能会导致设备进水、凝露等现象，影响设备的正常运行，判定为危急隐患。

4. 隐患整改标准

对柜体进行防护处理，处理之前进行断电处理，且禁止使用。

（二）岸电充换电站未定期维护和巡视工作记录

1. 隐患描述

岸电充换电点现场无相关管理制度要求，未定期维护和巡视工作记录，如图 7-14 所示。

图 7-14　岸电充换电站（点）缺少管理制度隐患示例图

2. 隐患判断依据

依据《码头岸电设施运行维护技术规范》（JTS/T 313—2023）：

3.1.1　岸电设施巡检应根据运行维护计划进行，主要包括日常检查、供电前检查和供电中检查。

3.1.2　巡检内容应根据岸电设施使用情况和使用要求综合确定。

3.1.3　巡检对象应主要包括变电站、岸电粑、电缆管理装置、接电坑等。

3.1.5　岸电设施巡检应填写"码头岸电设施巡检记录表"，格式可参见附录 A。

3. 隐患定性

为确保充换电站、点的安全运行，应建立健全管理制度，并严格按照制度进行日常运营和管理。充电站无相关管理要求，不能及时发现设备和基础设施的异常情况，易造成隐患扩大，判定为一般隐患。

4. 隐患整改标准

在充电站显著位置粘贴管理制度要求，并执行定期检查制度，保存相关检查记录。

（三）岸电设施海岸、河道安全距离不足（环境）

1. 隐患描述

岸电充电桩距离海岸、河道距离 20cm，如图 7-15 所示。

图 7-15　岸电设施海岸安全距离不足隐患示例图

2. 隐患判断依据

电力电缆线路保护区的规定，其中地下电缆的保护区是电缆线路地面标桩两侧各 0.75m 所形成的两平行线内的区域。

3. 隐患定性

设备距离海岸、河道过近，容易发生靠岸船舶碰撞充电设备或阻碍船舶正常行驶的情况，造成设备损坏，且易发生防潮问题，判定为危急隐患。

4. 隐患整改标准

将充电设备移至距离岸边 5.5m 以外，且不在人员通道、货物卸载位置。在非住宅区但有人员和车往来的区域，安全距离为 5.5m。这些标准可以在规划船舶岸电设施时作为参考，以确保设施与人员、车辆等保持适当的安全距离。

（四）船舶岸电充换电装置未配置灭火器或消防设备

1. 隐患描述

充电桩附近只有灭火器，无其他消防措施，如图 7-16 所示。

图 7-16　岸电设施充换电装置未配置（或少配）灭火器或消防设备隐患示例图

2. 隐患判断依据

对于充电区域的灭火器配置数量有明确要求。在 $15m^2$ 以下的充电区域内，应至少配备一个手提式灭火器；在 $15\sim30m^2$ 的充电区域内，应配备两个手提式灭火器或一根灭火器；对于 $30m^2$ 以上的充电区域，应根据实际情况配备干粉或 CO_2 灭火器，并设置在充电堆放区四周，数量为四个及以上。

如果充电桩附近只有 1 只灭火器，且充电区域面积超过 15 平方米，那么显然灭火器配置数量不足，无法满足消防安全的需要。

3. 隐患定性

正常电气设备附近按范围大小，应配置 $1\sim2$ 组灭火器，为每只 $2\sim4kg$ 此处未按最低标准配置消防设备，发生火灾不易控制，但非电气主要故障，判定为一般隐患。

4. 隐患整改标准

按设备供电范围的大小，最低配置 $1\sim2$ 组灭火器，总体容量在 $4\sim8kg$，或设置其他消防措施。

（五）岸电耦合器元件锈蚀

1. 隐患描述

岸电充电耦合器触头内部积尘，触头锈蚀，易造成充电接触不良，如图 7-17 所示。

2. 隐患判断依据

依据《码头岸电设施运行维护技术规范》（JTS/T 313—2023）3.2.4：电箱检查应主要包括下列内容：

（1）箱体支撑、固定情况；

（2）箱体部件外形、结构完好情况；

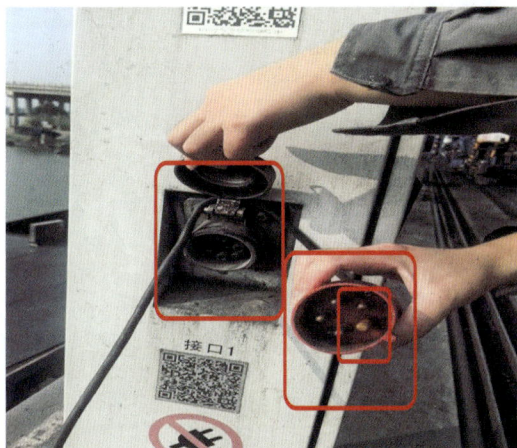

图 7-17　岸电充电耦合器触头内部积尘，触头锈蚀隐患示例图

（3）箱体接地情况；

（4）设备锈蚀和霉变情况；

（5）标识标牌、仪表、指示灯、按钮、急停装置等完好情况；

（6）电气设备、元器件积灰情况；

（7）电缆完好与连接情况；

（8）岸电接插件完好情况。

《工业用插头插座和耦合器　第 5 部分：低压岸电连接系统（LVSC 系统）用插头、插座、船用连接器和船用输入插座的尺寸兼容性和互换性要求》（GB/T 11918.5—2020）28 耐腐蚀与防锈：电器附件及其安装装置的结构应能抵抗海洋环境引起的腐蚀。铁质部件，包括外壳，应采取足够的防护措施以防生锈。

3. 隐患定性

岸电充电耦合器触头管理不到位，导致设备进水、触头锈蚀等现象，影响设备的正常运行，判定为危急隐患。

4. 隐患整改标准

对岸电充电耦合器触头进行防护处理，处理之前进行断电，且禁止使用。

（六）岸电电源进线管道破损

1. 隐患描述

岸电设备电源进线的桥架被损坏，未能及时封闭，易造成小动物入内，破坏绝缘，如图 7-18 所示。

2. 隐患判断依据

进出口未做封堵或封堵不严密，防小动物封堵不到位，蛇虫鼠蚁易进入岸电设备内部。电缆管口处应做好防火、防小动物的封堵。《电气装置安装工程盘、柜及二次回路接线施工及验收规范》（GB 50171—2012）3.0.12：安装调试完毕后，在电缆进出盘、柜的底部或顶部以及电缆管口处应进行防火封堵，封堵应严密。

图 7-18　岸电设备电源进线的桥架损坏隐患示例图

3. 隐患定性

进出口未做封堵或封堵不严密，防小动物封堵不到位，蛇虫鼠蚁易进入岸电设备内部，引起短路故障，属于一般隐患。

4. 隐患整改标准

检查通道内部是否有小动物进入，充电设备封堵是否完整，对电缆桥架进行修复。

第三节　储能设备

随着新型电力系统的建设及新兴业务的快速发展，储能作为提升可再生能源消纳能力、促进多种能源优化互补重要支撑技术，发挥着调峰调频、平稳电网的关键作用。储能的方式有很多，本节主要讲解用户侧电化学储能。电化学储能系统主要包括储能电池、电池管理系统、储能变流器、监控系统、继电保护和安全自动装置、计量系统及相关辅助系统等设备。

一、检查的流程、内容、标准

储能电站的检查包括运行环境检查、设备检查和管理制度检查三大块内容。其中：设备检查可按照储能电站的环境布置、储能充放电设备、储能电池、电池管理系统、储能变流器、监控系统、继电保护和安全自动装置、计量系统及相关辅助系统等设备的顺序开展。电化学储能的结构如图 7-19 所示。

（一）运行环境检查的主要内容及标准

（1）检查储能电站的消防设施是否齐全并符合相关规定。储能电站的消防设施如图 7-20 所示。

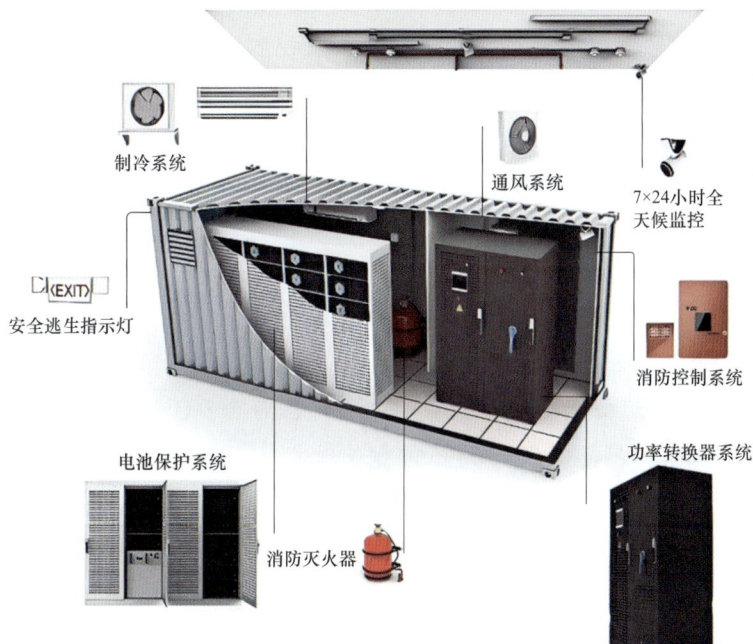

图 7-19　电化学储能的结构示意图

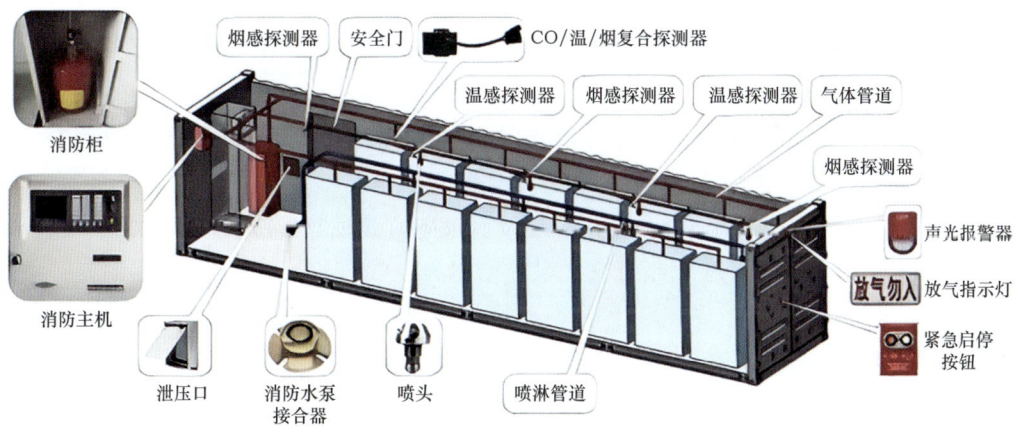

图 7-20　储能电站的消防设施示例图

▶ 检查依据

《电化学储能电站安全规程》（GB/T 42288—2022）：

5.6　消防设施

5.6.1　电化学储能电站建（构）筑物及设备防火间距应符合 GB 1048 的相关规定。

5.6.2　电化学储能电站应设置火灾自动报警系统，火灾自动报警系统设计应符合 GB 50116 的相关规定，火灾报警控制器应符合 GB 4717 的规定。

5.6.3 电化学储电站内储能变流器室、主挖室、维电器及通信室、配电装置室，电缆夹层及电绳竖井变压器等建（构）筑物和设备应设置火灾探测器，火灾探测器类型应符合 GB 51048 的相关规定。

5.6.4 电池室 / 舱内应设置气体探测器，感温探测器，感烟探测器等火灾探测器，每个电池模块可单独配置探测器。

5.6.5 电池室 / 外及值班室应配置气体浓度显示和提示报警装置，电池室 / 舱外应设置手动火灾报警按钮、紧急启停按钮。

5.6.11 电化学储能电站的消防系统、通风空调系统，视频与环境监控系统之间应具备联动功能，消防联动控制设计应符合 GB 50116 的相关规定，消防联动控制系统应符合 GB 16806 的相关规定。

（2）检查储能设施的温湿度控制系统、通风系统是否正常运行。

▶ **检查依据**

《电化学储能电站安全规程》（GB/T 42288—2022）：

5.7 供暖通风与空调系统

5.7.1 电池室 / 舱应装设环境温湿度控制系统、防爆型通风装置，电池室 / 舱外应设置排风开关

5.7.2 电池室 / 通风与空调系统中的风管、风口、门及保温材料等应采用难燃材料，通风量应符合 GB 51048 的相关规定。

5.7.3 水电解制氧 / 燃料电池系统涉氧设备或管道放置房间均应设置机械排风系统，并与氧气检测报警系统联锁控制。

（3）检查储能设施温湿度条件是否符合运行条件。

▶ **检查依据**

《电力系统电化学储能系统通用技术条件》（GB/T 36558—2023）：

4.1 工作环境条件

电化学储能系统应在以下环境条件中正常工作：

a）环境温度：−20℃～50℃；

b）相对湿度：<90%，无凝露。

（4）检查电化学储能设备设施是否放置禁止、警告、指令、提示等标志。

> **检查依据**
>
> 《电化学储能电站安全规程》（GB/T 42288—2022）：
>
> 5.1.5 电化学储能设备设施应在明显位置放置禁止、警告、指令、提示等标志，标志样式应符合 GB 2894 的相关规定。

（5）检查电化学储能安全标志是否齐全、消防通道是否畅通。

> **检查依据**
>
> 《电化学储能电站安全规程》（GB/T 42288—2022）：
>
> 5.9 其他设备设施
>
> 5.9.1 电化学储能电站出口、疏散通道，应符合紧急疏散要求并在醒目位置设有明显标志。
>
> 5.9.2 电化学储能电站锂离子电池厂房内任一点至最近安全出口的直线距离应符合 GB 51048 的相关规定。
>
> 5.9.3 电化学储能电站消防通道应保持畅通，设计应符合 GB 50016 的相关规定。

（6）检查储能系统是否设置防污、防盐雾、防风沙、防湿热、防水、防严寒的措施。

> **检查依据**
>
> 《电化学储能电站设计规范》（GB 51048—2014）：
>
> 5.5.3 户外布置的储能系统，设备的防污、防盐雾、防风沙、防湿热、防水、防严寒等性能应与当地环境条件相适应，柜体装置外壳防护等级宜不低于现行国家标准《外壳防护等级（IP 代码）》GB 4208 规定的 IP54。
>
> 5.5.4 户内布置的储能系统应设置防止凝露引起事故的安全措施。

（二）设备检查的主要内容及标准

（1）检查电池单体及电池模块外观结构是否完整，是否存在变形及破损。储能电站的电池模块如图 7-21 所示。

> **检查依据**
>
> 《电化学储能电站安全规程》（GB/T 42288—2022）：

5.2 储能电池

5.2.1 电池应无变形、漏液，铅酸（炭）电池应无爬酸，电池极柱、端子、连接排应连接牢固，裸露带电部位应采取绝缘遮挡措施。电池阵列应具有在短路、起火或其他紧急情况下迅速断开直流回路的措施，宜配置直流电弧保护装置。

5.2.3 电池阵列支架应无损伤、变形，其机械强度应满足承重要求。

《电力储能用锂离子电池》（GB/T 36276—2023）：

5.2.2 电池模块外观、尺寸和质量应满足下列要求：

a）外观无变形及破损，结构完整，铭牌和标识正确、清晰；

b）尺寸绝对偏差满足表1的要求。

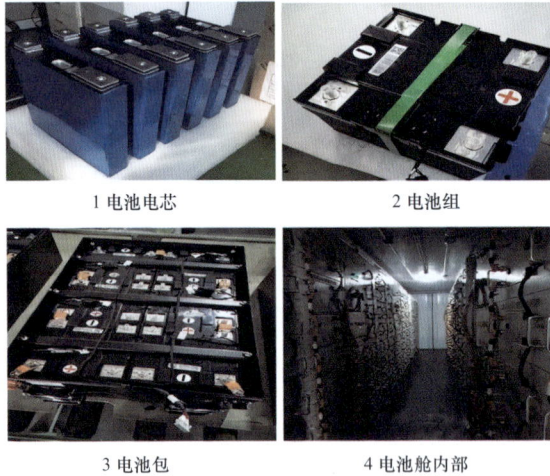

1 电池电芯　　　　　　　　2 电池组

3 电池包　　　　　　　　4 电池舱内部

图 7-21　储能电站的电池模块示例图

（2）检查电池单体及电池模块否存在烟熏痕迹或燃烧痕迹。

▶ **检查依据**

《电力储能用锂离子电池》（GB/T 36276—2023）：

5.6.1.2.1 电池单体：电池单体初始化放电后以P/U恒流放电至电压达到0V或时间达到1h，不应漏液，不应冒烟，不应起火，不应爆炸，不应在防爆阀或泄压点之外的位置发生破裂。

5.6.1.2.2 电池模块：电池模块初始化放电后以P/U恒流放电至任一电池单体电压达到0V或时间达到1h，不应漏液，不应冒烟，不应起火，不应爆炸。

（3）储能电站电池的外观、尺寸和质量是否符合要求。

> **▶ 检查依据**
>
> 《电力储能用锂离子电池》（GB/T 36276—2023）：
>
> 5.2　外观、尺寸和质量
>
> 5.2.1　电池单体
>
> 电池单体外观、尺寸和质量应满足下列要求：
>
> a）外观无划痕、变形及破损，正负极无锈蚀，标识正确，清晰；
>
> b）厚度绝对偏差不大于 2mm，其他尺寸相对差不大于 1.0%：质量相对偏差不大于 1.5%；
>
> c）体积能量密度不小于体积能量密度标称值；
>
> d）质量能量密度不小于质量能量密度标称值。
>
> 5.2.2　电池模块
>
> 电池模块外观、尺寸和质量应满足下列要求：
>
> a）外观无变形及破损，结构完整，铭牌和标识正确、清晰；
>
> b）尺寸绝对偏差满足表 1 的要求；
>
> c）质量相对偏差不大于 1.5%；
>
> d）体积能量密度不小于体积能量密度标称值；
>
> e）质量能量密度不小于质量能量密度标称值。

（4）检查电池组模块外部绝缘是否有损坏。

> **▶ 检查依据**
>
> 《电力储能用锂离子电池》（GB/T 36276—2023）：
>
> 5.6.1.5.1　电池模块正极与外部裸露可导电部分之间，电池模块负极与外部裸露可导电部分之间的绝缘电阻与标称电压的比值均不应小于 1000Ω/V。

（5）检查电池组模块是否存在击穿或闪络现象。

> **▶ 检查依据**
>
> 《电力储能用锂离子电池》（GB/T 36276—2023）：
>
> 5.6.1.6.1　在电池模块正极与外部裸露可导电部分之间、电池模块负极与外部裸露可导电部分之间施加相应的电压，不应发生击穿或闪络现象，直流耐压漏电流应小于 10mA。

（6）检查电池组是否存在漏液或冒烟迹象。

《电力储能用锂离子电池》（GB/T 36276—2023）：

5.6.2.1.1 电池单体

电池单体初始化充电后在 50kN 的挤压力下保持 10min，不应漏液，不应冒烟，不应起火，不应爆炸，不应在防爆阀或泄压点之外的位置发生破裂。

5.6.2.1.2 电池模块

电池模块初始化充电后在 50kN 的挤压力下保持 10min，不应漏液，不应冒烟，不应起火，不应爆炸。

（7）检查电池管理系统的采集功能是否完好，通信、控制等功能是否正常运行。

《电化学储能电站安全规程》（GB/T 42288—2022）：

5.3 电池管理系统：

5.3.1 电池管理系统应具有电压、电流、温度、压力、流量、气体浓度、液位、绝缘电阻的采集功能，其采集误差和采样周期应符合 GB/T 34131 的相关规定。

5.3.2 电池管理系统应具有通信、报警和保护、控制、状态估算、参数设置、数据存储、数据统计、自诊断和时间同步等功能，并符合 GB/T 34131 的相关规定。

（8）检查储能变流器相关功能是否完好。

《电化学储能电站安全规程》（GB/T 42288—2022）：

5.4 储能变流器

5.4.1 储能变流器充放电、功率控制、并离网切换、保护、通信、自检等功能应符合 GB/T 34120 的相关规定。

（9）检查电化学储能电站监控系统是否正在运作、不间断电源是否按规定配置。

《电化学储能电站安全规程》（GB/T 42288—2022）：

5.5　监控系统

5.5.1　监控系统应具备数据采集处理、监视报警、控制调节、自诊断及自恢复等功能。

5.5.2　监控系统应具备手动控制和自动控制两种控制方式，自动控制功能应可投退。

5.5.3　监控系统应配置不间断电源，不间断电源的技术要求应符合GB/T 7260.1 的相关规定。

（10）检查储能系统的功率因数调节装置是否正常运行，整体功率因数是否符合要求。

▶ **检查依据**

《电力系统电化学储能系统通用技术条件》（GB/T 36558—2023）：

5.2.2.2　电化学储能系统功率因数应在 0.9（超前）～0.9（滞后）范围内连续可调。

（11）检查储能系统的无功功率调节功能的优先级情况及调节范围是否符合要求。

▶ **检查依据**

《电力系统电化学储能系统通用技术条件》（GB/T 36558—2023）：

5.2.2.4　电化学储能系统的无功功率 / 电压调节功能优先级高于功率因数调节功能。

5.2.2.5　电化学储能系统在无功功率可调节范围内，无功功率控制偏差应不超过额定功率的 ±3%。

（12）检查储能系统的电压适应性是否符合电压适应性的要求。

▶ **检查依据**

《电力系统电化学储能系统通用技术条件》（GB/T 36558—2023）：

5.3.1.1　通过 220V 电压等级接入电网的用户侧电化学储能系统，电压适应性应满足表 1 的要求。

5.3.1.2　通过 380V 和 10（6）kV 电压等级接入的用户侧电化学储能系统，电压适应性应满足表 2 的要求。

5.3.1.3　通过 10（6）kV 及以上电压等级接入公用电网的电化学储能系统，电压适应性应满足表 3 的要求。

（13）检查储能系统的频率适应性是否符合频率适应性的要求。

▶ **检查依据**

《电力系统电化学储能系统通用技术条件》（GB/T 36558—2023）：

5.3.2.1 通过 220V 电压等级接入电网的电化学储能系统，当并网点频率低于 48.5Hz 时，储能系统应停止充电；当并网点频率高于 50.5Hz 时，储能系统应停止放电。

5.3.2.2 通过 380V 及以上电压等级接入电网的电化学储能系统，频率适应性应满足表 4 的要求。

5.3.2.3 电化学储能系统在 500ms 的时间窗口内，在正常运行频率范围内的频率变化率不大于 ±2Hz/s 时不应脱网。

（14）检查储能系统的电能质量是否符合电能质量适应性的要求。

▶ **检查依据**

《电力系统电化学储能系统通用技术条件》（GB/T 36558—2023）：

5.3.3 电能质量适应性

当电化学储能系统并网点的闪变值满足 GB/T 12326，谐波值满足 GB/T 14549、三相电压不平衡度满足 GB/T 15543 的规定时，电化学储能系统应正常运行。

（15）检查储能系统是否具备故障穿越能力，穿越期间的特性和支撑能力是否满足相应要求。

▶ **检查依据**

《电力系统电化学储能系统通用技术条件》（GB/T 36558—2023）：

5.5 故障穿越：通过 380V 及以上电压等级接入电网的电化学储能系统，应具备低电压故障穿越和高电压故障穿越的能力，穿越期间的特性和支撑能力应满足 GB/T 36547 和 GB/T 43526 的相关要求。

（16）检查储能系统黑启动能量是否满足要求。

▶ **检查依据**

《电力系统电化学储能系统通用技术条件》（GB/T 36558—2023）：

5.8 黑启动：用于黑启动的电化学储能系统，系统预留黑启动能量应满足各阶段电量需求总和，功率配置应满足正常负荷和冲击负荷需求总和，黑启动技术条件、准备、自启动、启动发电设备及恢复变电站黑启动供电应满足 GB/T 43462 的要求。

（17）储能系统的保护配置及整定是否符合要求。

检查依据

《用户侧电化学储能系统接入配电网技术规定》（GB/T 43526—2023）：

4.6 用户侧电化学储能系统并网点处的保护配置及整定应与用户配电网的保护协调配合。

《用户侧电化学储能系统接入配电网技术规定》（GB/T 43526—2023）：

10.1 用户侧电化学储能系统的保护应符合可靠性、选择性、灵敏性和速动性的规定，并网点保护配置应符合 GB/T 14285 和 GB/T 33982 的规定。

（18）检查储能监控系统运行状态是否正常、是否存在异常告警未处理等情形。

检查依据

《用户侧电化学储能系统并网管理规范》（GB/T 44113—2024）：

8 运行管理

8.1 用户侧电化学储能系统应实时监控系统运行状态、异常告警、故障保护动作等信息

（19）检查储能电池的相关报警、保护功能是否完好。

检查依据

《电力储能用锂离子电池》（GB/T 36276—2023）：

5.6.5 报警和保护功能：电池簇运行过程中电压、电流、温度，电压极差，温度极差、绝缘电阻等参数达到报警值时，应发出报警信号并执行相应保护动作。

（三）管理制度检查的主要内容及标准

（1）检查储能电站相关安全管理制度是否具备并按规定执行。

检查依据

《电化学储能电站安全规程》（GB/T 42288—2022）：

4.1 电化学储能电站应建立健全全员安全生产责任制和安全生产规章制度，包括工作票、操作票，交接班制度、巡视检查制度、设备定期试验和轮换制度，以及岗位责任制、人员管理制度，设备管理制度、特种设备管理制度、动火管理制度、安全设施和安全工器具管理制度、环境管理制度、危险物品安全管理制度、危险源安全管理制度、安全监督检查制度，消防安全管理制度、反违章工作管理制度等。

（2）检查储能站相关管理资料（主接线图、试验报告、型式试验报告、调试报告、运行规程及运行人员的资质正常）是否齐全、有效。

▶ **检查依据**

《用户侧电化学储能系统并网管理规范》（GB/T 44113—2024）附录 B。

B1：通过 10kV 及以上电压等级接入的用户侧电化学储能系统并网技术审查资料：

d）主要电气设备一览表、电气装置一二次接线图及平面布置图；

f）竣工图纸，电气试验报告及保护整定调试记录；

g）主要设备技术参数、型式试验报告及说明书，包括电池、电池管理系统、储能变流器、监控系统、变压器断路器、隔离开关等设备；

h）并网前设备电气试验、继电保护整定、通信联调，电能量信息采集的调试记录及主要设备（电池、电池管理系统、储能变流器等）的调试报告；

J）用户侧储能系统现场运行操作规程、运行人员名单及专业资质证明。

《用户侧电化学储能系统接入配电网技术规定》（GB/T 43526—2023）：

13.1 用户侧电化学储能系统并网前，应检查储能电池、储能变流器等主要设备的型式试验报告，并完成储能系统并网点保护功能测试，出具测试报告。

（3）检查储能系统主要涉网设备参数发生较大变更后，是否重新完成并网验收工作。

▶ **检查依据**

《用户侧电化学储能系统并网管理规范》（GB/T 44113—2024）：

7.4 用户侧电化学储能系统储能变流器等主要涉网设备参数发生较大变更时，应重新开展并网验收。

（4）储能系统接入电网的测试与评价工作是否完整、是否符合规范。

> **检查依据**
>
> 《用户侧电化学储能系统接入配电网技术规定》（GB/T 43526—2023）：
>
> 13.4 用户侧电化学储能系统的接入电网测试与评价应包括但不限于以下内容：
>
> a）额定充电能量、额定放电能量测试；
>
> b）有功功率控制能力测试；
>
> c）无功电压调节能力测试；
>
> d）故障穿越能力测试/评价；
>
> e）电网适应性测试/评价；
>
> f）电能质量测试/评价；
>
> g）启停测试。

二、隐患及定性

储能设施检查根据隐患造成的危害，分一般隐患、严重隐患、危急隐患。常见隐患及定性表见表 7-3。

表 7-3　　　　　　　　　　　　　　　常见隐患及定性表

序号	常见隐患	隐患等级
1	使用绝缘导线无塑料护套，未采取导管或槽盒保护，外露明敷	一般隐患
2	多根塑料护套线平行敷设的间距不一致，分支和弯头处不整齐，弯头不一	一般隐患
3	设备安装存在倾斜，存在松动现象，螺钉松动，无垫片，未紧固	一般隐患
4	电气设备的接线入口及接线盒盖等未做密封处理	一般隐患
5	储能充放电站环境内无监控仪器	一般隐患
6	储能电站内部或者设备区域放置有其他杂物	一般隐患
7	充换电设备外观存在破损、基础松动的情况	一般隐患
8	储能充放电站现场无相关管理制度要求，无定期维护和巡视工作记录	一般隐患
9	储能电站现场无相关带电安全、消防警示标志	一般隐患
10	充换电设备的导线穿越管道口、连接处存在积水，未做好防水、防潮措施	严重隐患
11	充电过程中时有电缆过热、异味、火花等异常现象	严重隐患
12	充放电回路断路器配置容量过小，与所接充电枪功率不匹配	严重隐患
13	充电设备容量大于申请和设计要求	严重隐患
14	充放电设备连接线破损，绝缘损坏，导电体明显裸露	严重隐患
15	储能充换电环境之内无消防设备，相邻厂房未按规范要求设置防火墙或涂防火涂料及其他消防防护措施	严重隐患

序号	常见隐患	隐患等级
16	电池管理系统（BMS）未取得具有 CMA/CNAS 检测资质单位出具的型式试验报告，或型式报告与产品铭牌标识的规格型号不一致	严重隐患
17	储能电站的并网点开断设备无明显开断点	严重隐患
18	电池管理系统不具备电池过压、欠压、过流、绝缘、过温等保护功能或功能失效，不能发出分级告警信号或跳闸指令	严重隐患
19	电池系统回路未配置直流断路器隔离开关等开断、保护设备；电池族未设置簇级断路器（或接触器继电器）	严重隐患
20	储能逆变器故障，无法起到充放电作用	危急隐患
21	充放电柜体破损，裸露内部电气设备	危急隐患
22	储能电站未对电池组的电压、电流、温度进行监测，无法监测到电池组的储存状态和运行状态下的情况	危急隐患
23	储能设备上级存在漏电保护装置，造成储能无序放电	危急隐患
24	储能电池组外部空调机组损坏，内部温度达到 55℃	危急隐患
25	储能电站无运行规程，无应急预案和现场处置方案	危急隐患
26	锂电池设备舱（室）与外界连接的电沟道未进行防火封堵或封堵不严密，或储能电站内建筑物的防火间距不符合相关技术标准要求	危急隐患
27	锂电池漏液或其连接线发热；变电站电化学储能装置电池未按照单体级温度采集布点，电池管理系统无保护温度、温升速率监测功能	危急隐患
28	锂电池设备设置在人员密集场所或有人生产生活的建筑物内部或其地下空间，或设置在建筑物楼顾且无法实施消防救援，或设置（贴邻）在易燃易爆危险品场所	危急隐患

三、典型隐患示例

（一）储能电站储能电池仓有水渍隐

1. 隐患描述

在安全检查过程中发现，电池储能仓内由于空调设施故障存在滴水现象，如图 7-22 所示。

2. 隐患判断依据

依据《电化学储能电站设计规范》（GB 51048—2014）：

5.5.3 户外布置的储能系统，设备的防污、防盐雾、防风沙、防湿热、防水、防严寒等性能应与当地环境条件相适应，柜体装置外壳防护等级宜不低于现行国家标准《外壳防护等级（IP 代码）》（GB 4208）规定的 IP54。

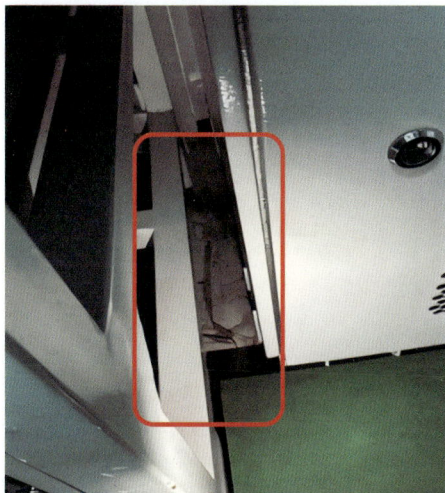

图 7-22　储能电池仓有水渍隐患示例图

5.5.4　户内布置的储能系统应设置防止凝露引起事故的安全措施。

3. 隐患定性

水渍可能导致电池组或电气设备短路，引发设备损坏甚至火灾；潮湿环境会加速电池和线路的腐蚀，影响设备寿命和性能；此外，水渍还可能破坏绝缘性能，增加漏电风险，威胁人员安全。若不及时处理，还可能引发系统故障，影响电站正常运行，造成经济损失。因此，需立即修复空调并清除水渍，确保仓内环境干燥，该隐患判定为危急隐患。

4. 隐患整改标准

立即停用故障空调并进行维修或更换，确保空调系统正常运行；清除仓内水渍，使用吸水设备或干燥剂彻底干燥仓内环境；检查电池组和电气设备是否受潮或损坏，必要时进行维修或更换；加强仓内湿度监控，安装湿度传感器和报警装置，实时监测环境状态；同时，定期维护空调系统和排水设施，防止类似问题再次发生，确保仓内环境干燥和安全。

（二）备用电池违规放在电池舱内

1. 隐患描述

在安全用电检查中发现，储能电池仓内客户放置了备用电池，如图 7-23 所示。

2. 隐患判断依据

依据《电化学储能电站设计规范》（GB 51048—2014）：

5.5.8　电池的布置应满足电池的防火、防爆和通风要求。

5.5.9　电池管理系统宜在电池柜内合理布置或就近布置。

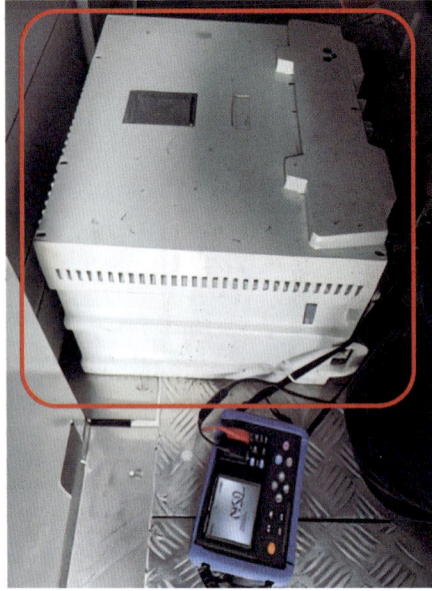

图 7-23　备用电池违规放在电池舱内隐患示例图

3. 隐患定性

不同类型或状态的电池混放可能导致短路、过热甚至起火，增加火灾和爆炸风险；违规存放还可能阻碍通风和散热，影响电池舱内温度控制，加速电池老化或损坏；因此，需严格按照规定存放备用电池，确保电池舱内环境安全可控。该隐患判定为严重隐患。

4. 隐患整改标准

针对备用电池违规放在电池舱内的隐患，整改措施包括：立即将备用电池移至符合规定的专用存储区域，确保不同类型或状态的电池分开存放；检查电池舱内布局，确保通风、散热和防火措施符合标准；加强电池管理，明确标识电池状态和存放要求；定期巡检和维护，杜绝违规存放行为；同时，对相关人员开展安全培训，提高安全意识，确保电池舱内环境安全合规。

（三）储能电站未配置消防设施（管理制度）

1. 隐患描述

储能电站附近无任何相关消防措施，如图 7-24 所示。

2. 隐患判断依据

《电化学储能电站安全规程》（GB/T 42288—2022）4.1：电化学储能电站应建立健全全员安全生产责任制和安全生产规章制度，包括工作票、操作票，交接班制度，巡视检查制度、设备定期试验和轮换制度，以及岗位责任制、人员管理制度，设备管理制度、特种设备管理制度、动火管理制度，安全设施和安全工器具管理制度、环境管理制度、危险物品安全管理制度、危险源安全管理制度、安全监督检查制度，消防安全管理制度、反违章工作管理制度等。

图 7-24　储能电站未配置消防设施隐患示例图

3. 隐患定性

储能电站应配备足够的消防设施和器材，包括但不限于灭火器、消防栓、消防水带、泡沫灭火器等，以满足不同火情下的灭火需求。同时，应确保这些设施器材处于完好有效状态，并定期进行维护和检查。未配置相应的消防器材或者消防措施，电池一旦发生火灾隐患，将对人员、设备造成重大损失，判定为危急隐患。

4. 隐患整改标准

按规范要求对储能电站进行消防设施的配置，确保火灾隐患的及时控制。

（四）电池组外部绝缘线路充电过程中过热

1. 隐患描述

在用电安全检查中，发现电池组充电线路存在灼烧迹象，经测温枪显示，线路温度过热，如图 7-25 所示。

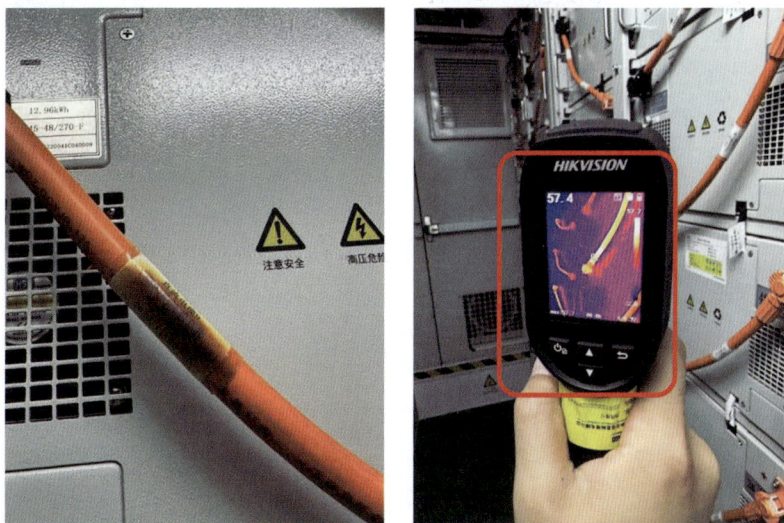

图 7-25　电池组外部绝缘线路充电过程中过热示例图

2. 隐患判断依据

《电力储能用锂离子电池》（GB/T 36276—2023）5.6.1.5.1：电池模块正极与外部裸露可导电部分之间，电池模块负极与外部裸露可导电部分之间的绝缘电阻与标称电压的比值均不应小于 $1000\,\Omega/V$。

3. 隐患定性

储能电站电池组外部绝缘线路在充电过程中过热可能引发严重后果，包括火灾、设备损坏、系统故障甚至爆炸，危及人员安全和电站稳定运行。过热还会加速线路老化，增加维修成本，导致经济损失，并可能因火灾或爆炸造成环境污染。该隐患为危急隐患。

4. 隐患整改标准

针对储能电站电池组外部绝缘线路充电过程中过热的问题，整改措施包括：首先，检查线路连接点是否松动或接触不良，确保连接牢固；其次，更换老化或损坏的绝缘材料，选用耐高温、阻燃性能更好的线缆；同时，优化充电电流和电压参数，避免过载运行；此外，加强温度监测，安装过热报警装置，实时监控线路温度。

（五）储能电池仓内风扇故障

1. 隐患描述

在安全用电检查中发现，储能电池仓内风扇故障，并有冒烟积灰现象。如图 7-26 所示。

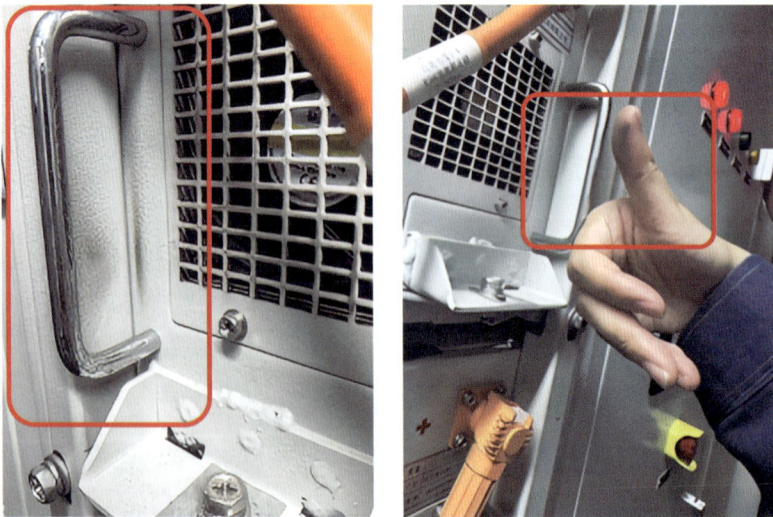

图 7-26　储能电池仓内风扇故障冒烟积灰隐患示例图

2. 隐患判断依据

依据《电化学储能电站安全规程》（GB/T 42288—2022）：

5.7　供暖通风与空调系统

5.7.1　电池室/舱应装设环境温湿度控制系统、防爆型通风装置，电池室/舱外应设置排风开关。

5.7.2 电池室 / 通风与空调系统中的风管、风口、门及保温材料等应采用难燃材料，通风量应符合 GB 51048 的相关规定。

3. 隐患定性

风扇故障会导致仓内通风散热不良，电池组温度升高，增加过热、短路甚至起火的风险；冒烟可能是设备过热或短路的征兆，若不及时处理可能引发火灾或爆炸；积灰则会堵塞通风通道，进一步影响散热效率，并可能引发电气设备故障。该隐患为危急隐患。

4. 隐患整改标准

针对储能电池仓内风扇故障并出现冒烟积灰现象，整改措施包括：立即停用故障风扇并进行维修或更换，确保通风系统正常运行；清除仓内积灰，特别是风扇和通风通道的灰尘，恢复散热效率；检查电池组和电气设备是否存在过热或短路现象，必要时进行维修；加强温度和烟雾监测，安装报警装置，实时监控仓内环境；同时，定期维护风扇和清洁仓内，防止积灰和故障再次发生，确保电池仓内环境安全。

（六）储能电站电池仓内温度偏低

1. 隐患描述

在对储能电站仓内温度检查中发现，由于空调风扇的缘故，导致仓内温度只有17.8℃，低于设置的环境温度 25℃，如图 7-27 所示。

图 7-27 储能电站仓内温度偏低

2. 隐患判断依据

《电力储能用锂离子电池》(GB/T 36276—2023)：

6.2.4.1.1 电池单体

电池单体初始化充电按照下列步骤进行：

a）按照 6.2.2.1 要求将试验样品放置于环境模拟装置内并与充放电装置连接；

b）设置环境模拟装置温度为 25℃；

c）在（25±2）℃下静置 5h。

3. 隐患定性

储能电站电池仓内温度偏低可能导致电池性能下降，内阻增大，充放电效率降低，甚至影响电池寿命；此外，温度过低还可能触发电池保护机制，导致系统无法正常运行，影响电站稳定供电。因此，需采取保温或加热措施，确保仓内温度维持在合理范围内。该隐患为严重隐患。

4. 隐患整改标准

针对储能电站电池仓内温度偏低的问题，整改措施包括：修复空调设施，以提高仓内温度；加强仓体保温措施，使用隔热材料减少热量流失；优化温度监控系统，实时监测并自动调节仓内温度；同时，定期检查加热设备和保温设施，确保其正常运行，维持仓内温度在合理范围内（通常建议 25℃左右）。

第八章

自备应急电源隐患排查

自备应急电源可以在正常供电电源全部发生中断的情况下，至少满足对客户保安负荷不间断供电，在突发停电情况下保障社会、政治、经济生活稳定，避免直接引发人身伤亡、造成环境大面积污染、引起爆炸或火灾、引起较大范围社会秩序混乱或在政治上产生严重影响、重大生产设备损坏或引起重大直接经济损失。自备应急电源主要包括柴油发电机、不间断电源（UPS）等。通过定期开展自备应急电源的状态检查和维护，可以及时发现潜在问题并进行处理，避免突发情况下自备应急电源无法正常使用。

第一节　柴油发电机

柴油发电机是一种以柴油为燃料，以柴油机为原动机带动发电机发电的动力机械。整套机组一般由柴油机、发电机、控制箱、燃油箱、启动蓄电池、保护装置、切换柜等部件组成。对柴油发动机定期检查，可以确保突发停电下柴油发电机能保障保安负荷的正常供电。

图 8-1　柴油发电机部件及环境示例图

一、检查的流程、内容与标准

柴油发电机应定期开展检查，在重要活动开展前还应进行专项检查。通常柴油发电机检查按照运行管理检查、外观检查、功能部件检查的顺序进行。柴油发电机部件及环境如图 8-1 所示。

（一）柴油发电机运行环境检查的主要内容及标准

（1）检查柴油发电机接入的通道是否畅通，无杂物。

《用户供配电设施运维及安全管理规范》（T/ZDL 024—2024）:

5.2.16 应定期开展应急发电机接驳箱的检查，室外接驳箱及箱内电气设备配置应符合技术要求，并保证通道及停靠位置畅通，确保具备应急发电机接入条件。

（2）检查柴油发电机机房环境是否干燥，是否存在积水。

《民用建筑电气设计标准》（GB 51348—2019）:

6.1.2 自备应急柴油发电机组和备用柴油发电机组的机房设计应符合下列规定:

3 发电机间、控制室及配电室不应设在厕所、浴室或其他经常积水场所的正下方或贴邻。

（3）检查柴油发电机操作规程和事故处理规程是否具备并上墙。

《用户供配电设施运维及安全管理规范》（T/ZDL 024—2024）:

5.1.12 用户应根据应急发电机、UPS 或 EPS 的具体情况，分别制定操作规程和事故处理规程并上墙，值班操作人员应熟悉该规程。

（4）检查柴油发电机周边环境是否满足安全、消防相关要求。

《民用建筑电气设计标准》（GB 51348—2019）:

6.1.2 自备应急柴油发电机组和备用柴油发电机组的机房设计应符合下列规定:

4 民用建筑内的柴油发电机房，应设置火灾自动报警系统和自动灭火设施。

《用户供配电设施运维及安全管理规范》（T/ZDL 024—2024）:

5.4.11 自备应急电源应定期维保并开展功能测试，检测是否满足安全、消防相关要求，检验投切情况和发电机启动情况，并做好记录。重要活动开始前应对发电机、UPS、EPS 等设备进行专项维保，发现异常应及时消缺。

（5）检查发电机组的布置是否合理，机组之间、机组外廊至墙的净距是否满足要求。

▶ 检查依据

《民用建筑电气设计标准》（GB 51348—2019）：

6.1.4　机组应设置在专用机房内，机房设备的布置应符合下列规定：

2　机组布置应符合下列要求：

1）机组宜横向布置；

2）机房与控制室、配电室贴邻布置时，发电机出线端与电缆沟宜布置在靠控制室、配电室侧；

3）机组之间、机组外廊至墙的净距应满足设备运输、就地操作、维护检修或布置附属设备的需要，有关尺寸不宜小于表6.1.4的规定。

表 6.1.4　　　　机组之间及机组外廊与墙壁的最小净距（m）

项目	容量（kW）	64 以下	75～150	200～400	500～1500	1600～2000	2100～2400
机组操作面	a	1.5	1.5	1.5	1.5～2.0	2.0～2.2	2.2
机组背面		1.5	1.5	1.5	1.8	2.0	2.0
柴油机端	c	0.7	0.7	1.0	1.0～1.5	1.5	1.5
机组间距	d	1.5	1.5	1.5	1.5～2.0	2.0～2.3	2.3
发电机端	e	1.5	1.5	1.5	1.8	1.8～2.2	2.2
机房净高	h	2.5	3.0	3.0	4.0～5.0	5.0～5.5	5.5

（6）检查发电机组间温湿度是否要求。

▶ 检查依据

《民用建筑电气设计标准》（GB 51348—2019）：

6.1.14　柴油发电机房供暖通风专业应符合下列要求：

1　宜利用自然通风排除发电机房内的余热，当不能满足温度要求时，应设置机械通风装置；

2　当机房设置在高层民用建筑的地下层时，应设置防烟、排烟、防潮及补充新风的设施；

3　机房各房间温湿度要求宜符合表6.1.14的规定。

表 6.1.14 机房各房间温湿度要求

房间名称	冬季		夏季	
	温度（℃）	湿度（%）	温度（℃）	湿度（%）
机房（就地操作）	15～30	30～60	30～35	40～75
机房（隔室操作、自动化）	5～30	30～60	37	75
控制室及配电室	16～18	<75	28～30	75
值班室	16～20	≤ 75	28	75

（二）柴油发电机外观及设备功能检查的主要内容及标准

（1）检查柴油机铭牌及机身外观，重点检查发电机额定功率至少应满足全部保安负荷正常启动和带载运行的要求。

▶ **检查依据**

《建筑电气工程施工质量验收规范》（GB 50303—2015）：

3.2.8 柴油发电机组的进场验收应包括下列内容：

2 外观检查：设备应有铭牌，涂层应完整，机身应无缺件。

《重要电力用户供电电源及自备应急电源配置技术规范》（GB/T 9328—2018）：

7.2.1 重要电力用户均应配置自备应急电源，电源容量至少应满足全部保安负荷正常启动和带载运行的要求。

（2）检查发电机组至配电柜馈电线路的相间、相对地间的绝缘电阻值是否符合要求。

▶ **检查依据**

《建筑电气工程施工质量验收规范》（GB 50303—2015）：

7.1.2 对于发电机组至配电柜馈电线路的相间、相对地间的绝缘电阻值，低压馈电线路不应小于 0.5MΩ，高压馈电线路不应小于 1MΩ/kV；绝缘电缆馈电线路直流耐压试验应符合现行国家标准《电气装置安装工程电气设备交接试验标准》（GB 50150）的规定。

（3）检查发电机的中性点接地是否正常、有效。

> **▶ 检查依据**
>
> 《建筑电气工程施工质量验收规范》（GB 50303—2015）：
>
> 7.1.5　发电机的中性点接地连接方式及接地电阻值应符合设计要求，接地螺栓防松零件齐全，且有标识。

（4）发电机组的配电柜、控制柜接线是否正确、有效。

> **▶ 检查依据**
>
> 《建筑电气工程施工质量验收规范》（GB 50303—2015）：
>
> 7.2.1　发电机组随机的配电柜、控制柜接线应正确，紧固件紧固状态良好，无遗漏脱落。开关、保护装置的型号、规格正确，验证出厂试验的锁定标记应无位移，有位移的应重新试验标定。

（5）检查柴油发电机接驳箱电气设备配置应符合技术要求。

> **▶ 检查依据**
>
> 《用户供配电设施运维及安全管理规范》（T/ZDL 024—2024）：
>
> 5.2.16　应定期开展应急发电机接驳箱的检查，室外接驳箱及箱内电气设备配置应符合技术要求，并保证通道及停靠位置畅通，确保具备应急发电机接入条件。

（6）自备应急电源自动投切装置的自动投切时间是否满足要求。

> **▶ 检查依据**
>
> 《民用建筑电气设计标准》（GB 51348—2019）：
>
> 3.3.10　应急电源应根据允许中断供电的时间选择，并应符合下列规定：
>
> 1 允许中断供电时间为30s（60s）的供电，可选用快速自动启动的应急发电机组；
>
> 2 自动投入装置的动作时间能满足允许中断供电时间时，可选用独立于正常电源之外的专用馈电线路。
>
> 《民用建筑电气设计标准》（GB 51348—2019）：
>
> 6.1.8.1　用于应急供电的发电机组平时应处于自启动状态。当市电中断时，低压发电机组应在30s内供电，高压发电机组应在60s内供电。

（7）检查自备应急电源防倒送电装置是否正常。

> **检查依据**
>
> 《重要电力用户供电电源及自备应急电源配置技术规范》（GB/T 9328—2018）：
>
> 7.2.6 自备应急电源应配置闭锁装置，防止向电网反送电。

（三）管理制度检查的主要内容及标准

（1）检查用户是否按规范定期开展安全检查、预防性试验、启机试验和切换装置的切换试验。

> **检查依据**
>
> 《高压电力用户用电安全》（GB/T 31989—2015）：
>
> 5.3.4 自备应急电源应定期进行安全检查、预防性试验和功能试验。功能试验主要包括自启动试验、切换试验等。
>
> 《用户供配电设施运维及安全管理规范》（T/ZDL 024—2024）：
>
> 5.4.12 用户自备发电机及 UPS 应定期进行安全检查、预防性试验、启机试验和切换装置的切换试验。安全检查应每月 1 次；预防性试验按照用户电压等级不同开展；切换装置的切换试验应每季度 1 次。

（2）检查用户是否按规范开展每月的空载运行及每季度的带载运行。

> **检查依据**
>
> 《用户供配电设施运维及安全管理规范》（T/ZDL 024—2024）：
>
> 5.5.10 自备应急柴油发电机组宜每月空载运行 1 次，至少每季度应带载运行 1 次（不小于 50% 的机组额定功率），运行时间至少达到机组温升稳定。

（3）检查柴油发动机是否有典型操作票。

> **检查依据**
>
> 《国家电网公司电力安全工作规程（变电站和发电厂电气部分）》：
>
> 2.3.4.3 在进行倒负荷或解、并列操作前后，检查相关电源运行及负荷安排状况，应填入操作票。

（4）检查柴油发电机组的运行、维护和保养是否符合要求。

7.4　自备应急电源的运行

a）自备应急柴油发电机组的运行、维护和保养要求如下：

1）自备应急柴油发电机组的运维人员应经过操作保养培训和上岗培训；

2）自备应急柴油发电机组宜每月空装运行一次，至少每季应带载（不小于 50% 的机组额定功率）运行一次，运行时间至少达到机组温升稳定；

3）自备应急柴油发电机组所进行的定期带载运行；

4）自备应急柴油发电机组不宜长时间低负载（<30% 负载）运行，且不宜频繁启停：

5）自备应急柴油发电机组不宜带负荷运行后马上停机（应急停机除外）：

6）自备应急柴油发电机组的维护和保养时间宜根据柴油发电机组的使用天数和机组运行小时效来确定或根据自备应急柴油发电机组产品说明书的保养操作规程、机组定期保养计划和定期保养项目进行。

（5）检查发电机间和储油间的消防安全措施是否齐全、有效。

▶ 检查依据

《用户供配电设施运维及安全管理规范》（T/ZDL 024—2024）：

5.1.7　用户保供电场所应符合国家、行业标准要求，必须做好应急发电机间和储油间的消防安全措施。

（四）柴油发电机各功能部件检查

柴油发电机应重点检查电气系统，在重要活动保供电期间，还应检查燃油系统、冷却系统、润滑系统、排气系统。

1. 电气系统检查

电气系统检查包括接线检查、电瓶检查、仪表检查、控制系统检查、保护装置检查、接地装置检查。

（1）接线检查：所有接线端子、电缆、熔丝（俗称保险丝）等电气元件应完好无损，确保无松动、腐蚀或破损现象。确认电缆的固定是否牢固，避免因振动导致磨损或脱落。

（2）电瓶检查：电池的电压应处于正常范围（常见的为 12V 或 24V），并确保电池处于良好的充电状态，确保电池引线的接触良好，无松动或腐蚀现象。

（3）仪表检查：发电机组的控制柜和仪表盘等部件应完好，无损坏、松动等现象，控制柜内的继电器、接触器、开关等应完好，操作灵敏。

（4）控制系统检查：控制系统包括自动启停、负载切换等功能，控制逻辑应正确无误，应急电源切换时间必须满足允许中断供电时间要求。

（5）保护装置检查：重点检查防倒送电闭锁功能是否正常；检查温度传感器、压力传感器、过载保护、短路保护和其他电气保护装置能否正常工作。

（6）接地装置检查：发电机外壳及附属电气设备的接地应可靠，接地电阻需满足安全标准，柴油发电机中性点应单独接地。

2. 燃油系统检查

燃油系统检查的项目包括燃油、燃油管路、滤清器、燃油泵和喷油器。进行燃油系统检查时，应确保柴油发电机已经停机，并断开与电源的连接。

（1）燃油检查：燃油箱油位应在正常范围内，观察燃油的颜色和清洁度，确保燃油无杂质、无污染。

（2）燃油管路检查：燃油管路应无泄漏或堵塞现象，特别是连接部位和密封件，如果发现泄漏或堵塞，应及时修复或更换。

（3）滤清器检查：滤清器应无堵塞或污垢，定期更换燃油滤清器，以防止杂质和污垢进入燃油系统。

（4）燃油泵和喷油器检查：燃油泵和喷油器应无泄漏，包括泵的压力和泵的泵送能力，以及喷油器的喷油情况和喷油压力，确保燃油泵能够提供足够的燃油压力和流量，喷油器能够均匀、稳定地喷油。

3. 冷却系统检查

冷却系统检查的项目包括冷却液、散热管路、散热器、循环水泵、风扇、节温器、水箱。进行冷却系统检查时，应确保柴油发电机已经停机，并断开与电源的连接。

（1）冷却液检查：打开散热器盖，检查冷却液的液位。确保液位在标准范围内，如液位过低，需要添加适量的冷却液。检查冷却液的颜色和透明度，确保冷却液清澈、无杂质，如冷却液变质，应按设备要求更换冷却液。

（2）散热管路检查：发动机和散热器之间的管路连接应紧固，无泄漏现象，如散热管路有泄漏现象，应修复。

（3）散热器检查：散热器应无裂纹、砂眼等损伤，如有必要，应及时更换。散热片应无脏污、堵塞，严重时应及时清理。

（4）循环水泵检查：水泵周围应无漏水痕迹；水泵轴承磨损情况正常；水泵皮带的张紧度适当，皮带无裂纹或过度磨损。

（5）风扇检查：检查时将风扇轮和充电机皮带轮的中部用手指压下，按下的距离一般为 10～15mm，超过此范围，可松开支架的固定螺钉，扳动充电机，使其张力调整合适后再扭紧螺钉即可，确保其既不过松也不过紧，避免皮带滑脱或过早磨损。

（6）节温器检查：节温器应能正常开启和关闭，可以通过拆卸后进行热水测试或者根据发动机运行时的水温变化来判断。

（7）水箱检查：水箱应无漏水现象。如有漏水，可以采用水压法或气压法进行检查，找到漏水处并进行维修。

4. 润滑系统检查

润滑系统检查的项目包括机油油量、机油质量、润滑系统密封性、传感器。进行润滑系统检查时，应确保柴油发电机已经停机，并断开与电源的连接。

（1）机油油量检查：将曲轴箱旁的量油尺抽出，观察机油面的高度是否符合规定要求。油面过低会导致磨损大，容易烧瓦、拉缸；油面过高则可能导致机油窜入汽缸、燃烧室积炭、活塞环黏结等问题。

（2）机油质量检查：应在热机时进行检查，通过机油试纸检查机油是否变质，也可通过观察机油标尺上是否有细小的微粒或不能看清机油标尺上的刻线时，判断机油内含杂质情况。通过手捻搓机油来检查其黏度。如有黏性感觉，并有拉长丝现象，说明机油黏度适合，否则表示机油黏度不够，应查明原因并更换机油。应根据产品要求使用规定黏度的机油，切忌不同牌号的机油混合使用，以免对发电机组造成损害。

（3）密封性检查：机油管、管接头、油底壳、机油滤清器、油道堵头、气门室盖等处应无泄漏迹象，如有泄漏应及时修复。

（4）传感器检查：当开机至额定转速或中等转速时，检查机油压力和温度传感器的工作状态，机油压力应在规定时间内上升至规定值。如机油压力异常，应查明原因并调整至规定值范围内。

5. 排气系统检查

排气系统检查的项目包括气密性检查、积碳检查。

（1）气密性检查：观察排气管、消声器、排气弯头、波纹管等部件是否有裂缝、腐蚀、变形，或者使用肥皂水或专业泄漏检测剂检查排气系统的密封性，查找漏气点。特别注意检查增压器附近的连接，因为此处增压压力高，更容易发生泄漏。检查所有连接部位，包括卡箍、螺栓是否紧固，有无松动或漏气现象。

（2）积碳检查：检查排气管内部是否有积碳堆积，过多的积炭可能影响排放和发动机效率。确认排气管出口是否有异常的湿润或滴油现象。

二、隐患及定性

柴油发电机存在隐患大多是一般隐患或严重隐患，常见隐患及定性表见表8-1。

表8-1　　　　　　　　　柴油发电机常见隐患及定性表

序号	常见隐患	隐患等级
1	水箱漏水,冷却液不足或泄漏	一般隐患
2	机油油量不足或过多	一般隐患
3	机油变质	一般隐患
4	排气系统连接不牢固或密封不良	一般隐患

序号	常见隐患	隐患等级
5	接线端子、电缆和保险丝等电气元件老化松动	一般隐患
6	发动机与发电机连接部件松动	一般隐患
7	柴油发电机启动电池组异常	一般隐患
8	超载保护、低油压保护等安全装置失灵	严重隐患
9	燃油滤清器堵塞,燃油管路老化、破裂,引起燃油泄漏	严重隐患
10	柴油发电机组未配置消防器材	严重隐患
11	柴油发电机组无典型操作票	严重隐患
12	机油泵故障、油路堵塞	危急隐患
13	燃油泵故障、燃油滤清器堵塞	危急隐患
14	控制柜、仪表盘损坏	危急隐患
15	自备应急电源切换时间不能满足要求	危急隐患
16	柴油发电机中性点未单独接地	危急隐患
17	柴油发电机容量配置低于重要负荷正常启动或带载运行	危急隐患
18	柴油发电机防倒送电闭锁装置缺失或装置失效	危急隐患
19	柴油发电机外壳接地异常	危急隐患
20	柴油机长时间未保养,造成管路堵塞,无法启动	危急隐患

三、典型隐患示例

（一）自备应急电源容量配置不足

1. 隐患描述

客户保安负荷 1350kW，配置柴油发电机容量 1280kW，自备发电机额定容量不满足全部保安负荷正常启动和带载运行的要求，如图 8-2 所示。

2. 隐患判断依据

《重要电力用户供电电源及自备应急电源配置技术规范》（GB/T 9328—2018）7.2.1：重要电力用户均应配置自备应急电源，电源容量至少应满足全部保安负荷正常启动和带载运行的要求。

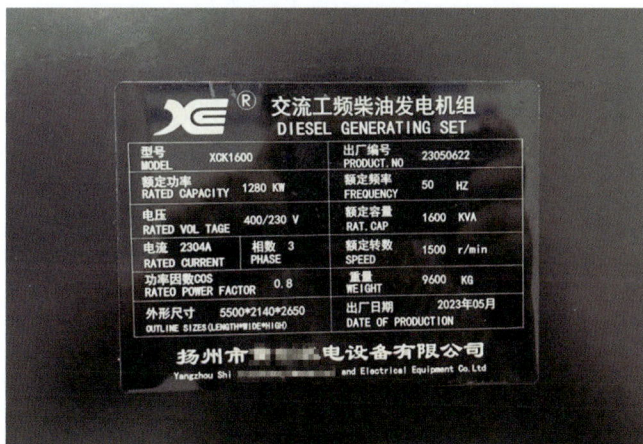

图 8-2　自备应急电源容量配置不足隐患示例图

《民用建筑电气设计标准》（GB 51348—2019）3.5.5：自备应急发电机的负荷计算应满足下列要求：1 当自备应急发电机仅为一级负荷中的特别重要负荷供电时，应按一级负荷中的特别重要负荷的计算容量，选择自备应急发电机容量；2 当自备应急发电机为同时使用的消防负荷及火灾时不允许中断供电的非消防负荷供电时，应按两者的计算负荷之和，选择应急发电机容；3 当自备应急发电机作为第二电源时，计算容量应按消防状态与非消防状态对第二电源需求的较大值，选择自备应急发电机容量。

3. 隐患定性

自备应急电源容量配置不足，导致用户在外部线路故障停电时无法保证保安负荷的正常用电需求，可能影响设备、产品的损失或引发人身伤亡，造成较大的经济损失和不良后果，判定为危急隐患。

4. 隐患整改标准

需要立即整改，配备足量的自备应急电源，容量至少应满足全部保安负荷正常启动和带载运行的要求。

（二）自备应急电源无典型操作票

1. 隐患描述

柴油发电机投切未使用典型操作票，易发生误操作，可能导致设备损坏或人员伤亡。

2. 隐患判断依据

《电力安全工作规程（发电厂和变电站电气部分）》（GB 26860—2011）7.3.4.5：拉合断路器和隔离开关，检查断路器和隔离开关的位置等操作项目应填入操作票。

3. 隐患定性

自备应急电源无典型操作票意味着在紧急情况下，操作人员缺乏标准化的操作指导，可能增加误操作的风险，影响电力供应的连续性和安全性，可能造成社会经济损失或人员伤亡，判定为严重隐患。

4. 隐患整改标准

制定和完善自备应急电源的典型操作票，并对操作人员进行培训，确保操作人员熟悉操作流程和安全要求。

（三）自备应急电源切换时间不能满足要求

1. 隐患描述

自备应急电源无自动投切装置，或自动投切时间不满足设备允许中断供电的要求。

2. 隐患判断依据

《民用建筑电气设计标准》（GB 51348—2019）3.3.10：应急电源应根据允许中断供电的时间选择，并应符合下列规定：1 允许中断供电时间为 30s（60s）的供电，可选用快速自动启动的应急发电机组；2 自动投入装置的动作时间能满足允许中断供电时间时，可选用独立于正常电源之外的专用馈电线路。

《民用建筑电气设计标准》（GB 51348—2019）6.1.8.1：用于应急供电的发电机组平时应处于自启动状态。当市电中断时，低压发电机组应在 30s 内供电，高压发电机组应在 60s 内供电。

3. 隐患定性

关键设备会因突然断电而停止运行，可能造成生产中断、数据丢失等后果，对于需要即时供电保障的设备或场所（如医院、消防设施、数据中心等）可能会造成严重影响，判定为危急隐患。

4. 隐患整改标准

投入自备应急电源自动切换装置，切换时间应满足重要负荷允许中断供电时间要求。允许中断供电时间为毫秒级装置的供电，应采用 UPS 或 EPS 供电。

（四）自备应急电源防倒送电装置异常

1. 隐患描述

自备应急电源未配置防倒送电闭锁装置或装置保护功能异常。

2. 隐患判断依据

《民用建筑电气设计标准》（GB 51348—2019）6.1.8.2：机组电源不得与市电并列运行，并应有能防止误并网的联锁装置。

《重要电力用户供电电源及自备应急电源配置技术规范》（GB/T 9328—2018）7.2.6：自备应急电源应配置闭锁装置，防止向电网反送电。

3. 隐患定性

倒送电可能导致电气工作人员触电，危及生命安全，损坏电网设备，造成经济损失，严重影响人身、设备、电网安全，判定为危急隐患。

4. 隐患整改标准

应配置可靠的机械或电气闭锁装置，防止自备电源向电网倒送电；对闭锁装置定期进行检查、校验和维护，确保其功能正常。

（五）柴油发电机中性点无独立接地网

1. 隐患描述

柴油发电机中性点未配置独立接地网，自备应急电源发电机组中性点未单独接地，如图 8-3 所示。

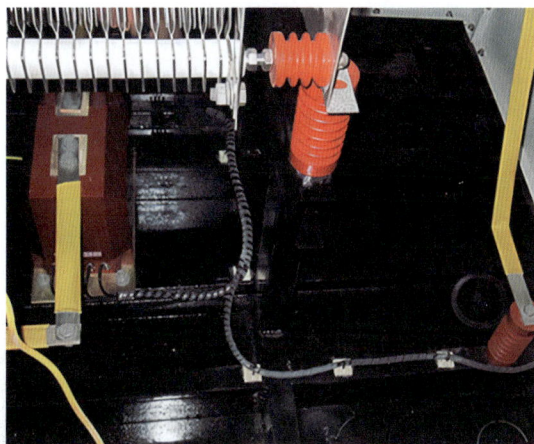

图 8-3　自备应急电源发电机组中性点未单独接地隐患示例图

2. 隐患判断依据

《民用建筑电气设计标准》（GB 51348—2019）6.1.9：发电机组的中性点工作制应符合下列规定：

（1）1kV 及以下发电机中性点接地应符合下列要求：

1）只有单台机组时，发电机中性点应直接接地，机组的接地形式宜与低压配电系统接地形式一致。

2）当多台机组并列运行时，每台机组的中性点均应经刀开关或接触器接地。接地或不接地方式；经低电阻接地的系统中，当多台发电机组并列运行时，每台机组均宜配置接地电阻。

（2）3kV～10kV 发电机组的接地方式宜采用中性点经低电阻接地或不接地方式；经低电阻接地的系统中，当多台发电机组并列运行时，每台机组均宜配置接地电阻。

《民用建筑电气设计标准》（GB 51348—2019）12.4.11.7：TN 接地系统中，低压柴油发电机中性点接地方式，应与变电所内配电变压器低压侧中性点接地方式一致，并应满足以下要求：（1）当变电所内变压器低压侧中性点在变压器中性点处接地时，低压柴油发电机中性点也应在其中性点处接地；（2）当变电所内变压器低压侧中性点在低压配电柜处接地时，低压柴油发电机中性点不能在其中性点处接地，应在低压配电柜处接地。

3. 隐患定性

当自备应急电源发电机组中性点未单独接地时，一旦设备发生漏电，漏电电流无法通过大地迅速泄放，可能导致设备损坏或引发火灾。中性点未接地时，当相线与中性点之间发生短路或接地故障时，中性点的电位会升高，可能导致设备外壳带电，增加触电风险，判定为危急隐患。

4. 隐患整改标准

对于已经发现中性点未单独接地的自备应急电源发电机组，应立即进行整改，确保中性点正确接地。定期对自备应急电源发电机组进行检查和测试，确保接地系统的可靠性和有效性

（六）自备应急电源发电机组外壳接地异常

1. 隐患描述

柴油发电机外壳接地出现异常，如螺钉松动、脱落、严重锈蚀等异常情况。如图8-4所示。

图8-4　自备应急电源发电机组外壳未单独接地隐患示例图

2. 隐患判断依据

《民用建筑电气设计标准》（GB 51348—2019）12.2.2：发电机中性点柜的外壳、发电机出线柜、母线槽的外壳等交流电气装置或设备的外露可导电部分应接地。

3. 隐患定性

当发电机组外壳带电时，人员接触外壳可能会导致触电事故。外壳带电可能导致电流通过机壳，对机组内部的弱电设备造成干扰和损坏，判定为危急隐患。

4. 隐患整改标准

立即安装接地保护装置，如果暂时无法实施接地，可以采取增加绝缘套管或隔离支架等措施，使发电机外壳达到与环境绝缘或隔离，减小触电风险。

（七）自备应急电源启动电池组异常

1. 隐患描述

自备柴油发电机启动电池欠压或损坏，如图8-5所示。

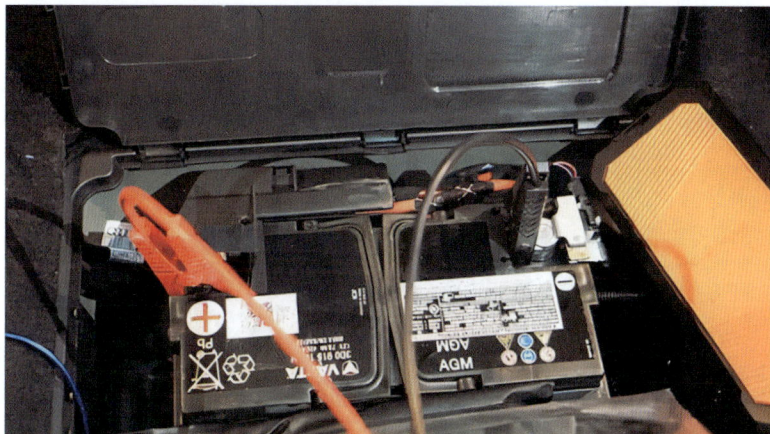

图 8-5　自备应急电源启动电池组异常隐患示例图（经测量，电压不足）

2. 隐患判断依据

《民用建筑电气设计标准》（GB 51348—2019）6.1.8.6：自备柴油发电机组自启动宜采用电启动方式，电启动设备宜按下列要求设置：1）电启动用蓄电池组电压宜为 12V 或 24V，容量应按柴油机连续启动不少于 6 次确定；2）蓄电池组宜靠近启动发电机组设置，并应防止油、水浸入；3）应设置整流充电设备，其输出电压宜高于蓄电池组的电动势 50%，输出电流不小于蓄电池 10h 放电率电流；4）当连续三次自启动失败，应在控制盘上发出报警信号；5）应自动控制机组的附属设备，自动转换冷却方式和通风方式。

3. 隐患定性

启动电瓶欠压或损坏将无法正常启动自备应急电源，导致在需要应急供电时不能及时投入使用，严重影响应急保障能力，可能引发电池过热、漏液等安全问题，威胁到周边设备和人员的安全，在运行过程中出现电压波动或电量不足等问题，影响所连接设备的正常运行，甚至造成设备损坏，判定为严重隐患。

4. 隐患整改标准

检查电池状态，如果发现电池损坏或老化严重，应及时更换新的电池。加强日常维护，定期进行电池组的充放电循环，以及清洁和检查电池状态。

（八）自备应急电源未配置消防器材

1. 隐患描述

柴油发电机房内未配置灭火器或其他消防设施，突发火情时无法及时采取措施，如图 8-6 所示。

2. 隐患判断依据

《建筑设计防火规范》（GB5 0016—2014）5.4.13.6：应设置与柴油发电机容量和建筑规模相适应的灭火设施，当建筑内其他部位设置自动喷水灭火系统时，机房内应设置自动喷水灭火系统。

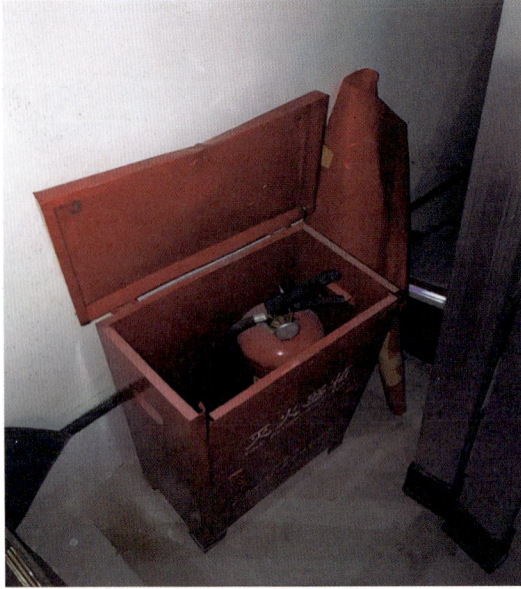

图 8-6　自备应急电源未按要求配置消防器材隐患示例图

3. 隐患定性

柴油发电机动力源为易燃液体，在运行过程中，由于电气故障、燃油泄漏、高温等原因，可能引发火灾。没有消防设备，初期火灾无法得到及时控制，火势容易迅速蔓延，造成严重后果。柴油发电机未配置消防器材为严重隐患。

4. 隐患整改标准

根据柴油发电机规模配置符合要求的消防设施。

第二节　不间断电源设备（UPS）

不间断电源设备（UPS）是一种含有储能装置的电力电子设备。它能在市电异常时，通过逆变器将电池的直流电转换为交流电，为负载提供持续稳定的电力供应。UPS广泛应用于计算机、通信、医疗、金融等领域，可有效保护重要设备免受电力中断、电压波动等影响，确保设备正常运行和数据安全，是保障关键业务连续性的重要设备。对UPS定期进行检查，可以确保突发情况下重要负荷的不间断供电，本节以中大型UPS为例进行讲解。

一、检查的流程、内容、标准

UPS检查的内容主要包括运行环境检查、外观检查、设备功能检查和管理制度检查等。

（一）UPS 运行环境检查的主要内容及标准

UPS 运行环境检查包括环境温度、湿度及设备周边环境状态检查，UPS 外观情况如图 8-7 所示。

图 8-7　UPS 外观情况示例图

（1）检查环境温度是否过高或过低。

> **检查依据**
>
> 　　《不间断电源设备（UPS）第 3 部分：确定性能的方法和试验要求》（GB/T 7260.3—2003）：
>
> 　　4.1.2 符合本部分的 UPS，在额定条件下运行的最小温度范围为 0℃～+40℃，室内办公室运行的环境温度范围为 +10℃～+35℃。注：在上述范围的极限使用 UPS 保证能够运行，但可能会影响某些组件的有效寿命，尤其是储能组件的寿命持续及其储能时间。可参阅制造厂商对寿命限度的详细说明。储能组件单独购买时，参阅蓄电池制造厂商对寿命限度的详细说明。

（2）检查 UPS 环境湿度是否过高。

> **检查依据**
>
> 　　《不间断电源设备（UPS）第 3 部分：确定性能的方法和试验要求》（GB/T 7260.3—2003）：
>
> 　　4.1.3 相对湿度符合本部分的 UPS 应按环境最小相对湿度范围 20%～90%（无凝露）设计。

（3）检查 UPS 设备周边环境状态是否良好，没有过多的灰尘和杂物，散热性能好。

▶ **检查依据**

《用户供配电设施运维及安全管理规范》（T/ZDL 024—2024）：

5.3.15 UPS 和 EPS 应具备良好的运行环境，运行环境温度应在20℃～30℃，并采取必要防爆、防潮、防尘和消防措施，并符合国家、行业标准要求。

（4）检查各类安全标识是否保持正确、清晰、完好。

▶ **检查依据**

《中华人民共和国安全生产法》：

第三十五条 生产经营单位应当在有较大危险因素的生产经营场所和有关设施、设备上，设置明显的安全警示标志。

《电力设备典型消防规程》（DL 5027—2015）：

4.2.3 消防安全重点部位应当建立岗位防火职责，设置明显的防火标志，并在出入口位置悬挂防火警示标示牌。标示牌的内容应包括消防安全重点部位的名称、消防管理措施、灭火和应急疏散方案及防火责任人。

《电力设备典型消防规程》（DL 5027—2015）：

10.6.1 酸性蓄电池室应符合下列要求：严禁在蓄电池室内吸烟和将任何火种带入蓄电池室内。蓄电池室门上应有"蓄电池室""严禁烟火"或"火灾危险，严禁火种入内"等标志牌。

（二）UPS 外观及设备功能检查的主要内容及标准

UPS 外观及设备功能检查主要包括 UPS 的铭牌、电池极柱、电池组及相关的连接线、监控系统和所有的接地装置等。UPS 监控系统如图 8-8 所示。

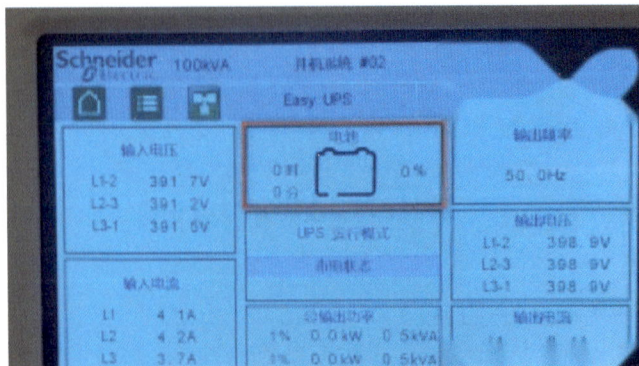

图 8-8　UPS 监控系统示例图

（1）检查铭牌是否清晰可读，重点检查 UPS 供电功率和持续供电时间，应满足用电设备要求。

检查依据

《民用建筑电气设计标准》（GB 51348—2019）：

6.3.3 UPS 的选择，应按负荷性质、负荷容量、允许中断供电时间等要求确定，并应符合下列规定：

1. UPS 宜用于电容性和电阻性负荷；

2. 为信息网络系统供电时，UPS 的额定输出功率应大于信息网络设备额定功率总和的 1.2 倍，对其他用电设备供电时，其额定输出功率应为最大计算负荷的 1.3 倍；

3. 当选用两台 UPS 并列供电时，每台 UPS 的额定输出功率应大于信息网络设备额定功率总和的 1.2 倍；

4. UPS 的蓄电池组容量应由用户根据具体工程允许中断供电时间的要求选定；

5. UPS 的工作制，宜按连续工作制考虑。

（2）检查蓄电池外观、电池极柱、电池组的连接点、馈电母线、电缆及软连接导线等是否正常。

检查依据

《电气装置安装工程蓄电池施工及验收规范》（GB 50172—2012）：

4.1.1 蓄电池安装前，应按下列规定进行外观检查：

1 蓄电池外观应无裂纹、无损伤；密封应良好，应无渗漏；安全排气阀应处于关闭状态。2 蓄电池的正、负端接线柱应极性正确，应无变形、无损伤。3 透明的蓄电池槽，应检查极板无严重变形；槽内部件应齐全，无损伤。4 连接条、螺栓及螺母应齐全。

4.1.4 蓄电池组的引出电缆的敷设应符合现行国家标准《电气装置安装工程电缆线路施工及验收规范》（GB 50168）的有关规定。电缆引出线正、负极的极性及标识应正确，且正极应为赭色，负极应为蓝色。蓄电池组电源引出电缆不应直接连接到极柱上，应采用过渡板连接。电缆接线端子处应有绝缘防护罩。

《电气装置安装工程蓄电池施工及验收规范》（GB 50172—2012）：

5.1.1 蓄电池安装前应按下列规定进行外观检查：

1 蓄电池外壳应无裂纹、损伤、漏液等现象。2 蓄电池正、负端接线柱应极性正确，壳内部件应齐全无损伤；有孔气塞通气性能应良好。3 连接条、螺栓及螺母应齐全，应无锈蚀。4 带电解液的蓄电池，其液面高度应在两液面线之间；防漏运输螺塞应无松动、脱落。

5.1.4 蓄电池组引线电缆的敷设应符合现行国家标准《电气装置安装工程电缆线路施工及验收规范》（GB 50168）的有关规定。电缆引出线正、负极的极性及标识应正确，且正极应为赭色，负极应为蓝色。蓄电池组电源引出电缆不应直接连接到极柱上，应采用过渡板连接。电缆接线端子处应有绝缘防护罩。

（3）检查 UPS 各项装置功能是否完好。

▶ **检查依据**

《用户供配电设施运维及安全管理规范》（T/ZDL 024—2024）：

5.3.14 UPS 和 EPS 日常巡查至少每个月检查 1 次，检查内容应包括：告警指示、显示功能、接地保护、继电器和断路器是否正常和遥信、遥测功能、正常电源进线、整流和逆变装置是否完好。若遇重要活动，活动前一周宜完成巡检，活动期间应每日进行巡查和监测。

（4）检查 UPS 是否设脱机外置检修旁路。

▶ **检查依据**

《用户供配电设施运维及安全管理规范》（T/ZDL 024—2024）：

5.1.11 UPS 应设脱机外置检修旁路，以便 UPS 发生故障后可完全与电源系统隔离，在满足 UPS 离线检修、蓄电池定期维护等工作的同时保证保安负荷正常运行。

（5）检查 UPS 设备房内所有设备的金属外壳、金属结构等是否有效接地。

▶ **检查依据**

《电气装置安装工程 接地装置施工及验收规范》（GB 50169—2016）：

3.0.4 电气装置的下列金属部分，均必须接地：1 电气设备的金属底座、框架及外壳和传动装置。2 携带式或移动式用电器具的金属底座和外壳。5 配电、控制、保护用的屏（柜、箱）及操作台的金属框架和底座。6 电力电缆的金属护层、接头盒、终端头和金属保护管及二次电缆的屏蔽层。7 电缆桥架、支架和井架。

（三）管理制度检查的主要内容及标准

（1）检查 UPS 操作规程和事故处理规程是否具备并上墙。

▶ **检查依据**

《用户供配电设施运维及安全管理规范》（T/ZDL 024—2024）：

5.1.12　用户应根据应急发电机、UPS 或 EPS 的具体情况，分别制定操作规程和事故处理规程并上墙，值班操作人员应熟悉该规程。

（2）检查是否按规定对 UPS 开展安全检查及预防性试验。

▶ **检查依据**

《用户供配电设施运维及安全管理规范》（T/ZDL 024—2024）：

5.4.12　用户自备发电机及 UPS 应定期进行安全检查、预防性试验、启机试验和切换装置的切换试验。安全检查应每月 1 次；预防性试验按照用户电压等级不同开展；切换装置的切换试验应每季度 1 次。

（3）检查 UPS 设备房安全管理制度是否建立并有效执行。

▶ **检查依据**

《中华人民共和国安全生产法》：

第四条　平台经济等新兴行业、领域的生产经营单位应当根据本行业、领域的特点，建立健全并落实全员安全生产责任制，加强从业人员安全生产教育和培训，履行本法和其他法律、法规规定的有关安全生产义务。

（4）检查消防安全是否合格。

▶ **检查依据**

《电力设备典型消防规程》（DL 5027—2015）：

10.6.2　其他蓄电池室（阀控式密封铅酸蓄电池室、无氢蓄电池室、锂电池室、钠硫电池、UPS 室等）应符合下列要求：

1 蓄电池室应装有通向室外的有效通风装置，阀控式密封铅酸蓄电池室内的照明、通风设备可不考虑防爆。

2 锂电池、钠硫电池应设置在专用房间内，建筑面积小于 200m^2 时，应设置干粉灭火器和消防砂箱；建筑面积不小于 200m^2 时，宜设置气体灭火系统和自动报警系统。

二、隐患及定性

不间断电源存在隐患大多是一般隐患或严重隐患，常见隐患及定性表见表 8-2。

表 8-2　　　　　　　　　　　不间断电源常见隐患及定性表

序号	常见隐患	隐患等级
1	线路老化,绝缘层破损,电池老化	一般隐患
2	电池组连接不牢固	一般隐患
3	软件 bug 造成控制系统轻微故障,不影响正常使用	一般隐患
4	UPS 功能设置不正确,无法正常工作	一般隐患
5	电池组箱体密封不严	一般隐患
6	环境潮湿,湿度超过 90%,引起控制电路板凝露	一般隐患
7	UPS 未配置消防设施	严重隐患
8	UPS 设备周围有易燃物	严重隐患
9	监控系统失灵,无法准确反映 UPS 运行状态和预警信息	严重隐患
10	电池鼓包漏液	严重隐患
11	风扇故障,导致热量无法及时散出	严重隐患
12	UPS 布置在狭小空间,或通道中且无围栏等防护措施	严重隐患
13	UPS 内部器件温度过高,环境温度超过 40℃	严重隐患

三、典型隐患示例

（一）UPS 未独立空间布置

1. 隐患描述

UPS 未设置在独立设备房内，与其他设备混放在一起，增大了运行风险。UPS 未独立空间布置如图 8-9 所示。

图 8-9　UPS 冷却系统未独立空间布置隐患示例图

2. 隐患判断依据

《电子信息系统机房设计规范》（GB 50174—2008）8.1.7：为保证电源质量，电子信息设备应由 UPS 供电。辅助区宜单独设置 UPS 系统，以避免辅助区的人员误操作而影响主机房电子信息设备的正常运行。

3. 隐患定性

可能导致热量积聚，影响 UPS 自身性能和寿命，甚至引发故障可能会带来电气环境风险、温度和湿度控制问题、通风不良，以及维护和保养困难等问题，判定为一般隐患。

4. 隐患整改标准

在条件允许的情况下，建议为 UPS 设置专用设备室，以确保 UPS 能够在独立的、受控制的环境中运行并配备必要的消防、通风和环境监控设施，以确保安全、可靠。

（二）UPS 温度异常

1. 隐患描述

UPS 运行时，电池组、逆变器等部件整体或局部温度过高，超出允许上限。通常情况下，内部器件最高温度超过 75℃～80℃且持续一定时间（如持续 100ms），UPS 可能会触发过温保护。UPS 温度异常如图 8-10 所示。

图 8-10　UPS 温度异常隐患示例图

2. 隐患判断依据

《通信用不间断电源—UPS》（YD/T 1095—2008）：

4.5.3　UPS 机内运行温度过高时，应发出声光告警并自动转为旁路供电。5.22.3 过温度保护 UPS 输入电压为标称值，使机内温度达到过温度保护点，UPS 应有过温度声光告警并转旁路工作。等机内温度降至安全温度后，UPS 应能正常工作。

《不间断电源设备（UPS）　第 3 部分：确定性能的方法和试验要求》（GB/T 7260.3—2003）4.1.2：符合本部分的 UPS，在额定条件下运行的最小温度范围为 0℃～+40℃，室内办公室运行的环境温度范围为 +10℃～+35℃。在上述范围的极限使用 UPS 保证能够运行，但可能会影响某些组件的有效寿命，尤其是储能组件的寿命持续及其储能时间。可参阅制造厂商对寿命限度的详细说明。储能组件单独购买时，参阅蓄电池制造厂商对寿命限度的详细说明。

3. 隐患定性

UPS（不间断电源）正常工作的环境温度通常要求在0℃～40℃之间。在这个温度区间内，UPS的各种电子元件能够稳定运行，其内部的电池性能也能得到较好的保障。当环境温度接近0℃时，电池的化学活性会有所降低。过高的温度会影响电子元件的性能和寿命，进而影响UPS的输出稳定性，导致UPS故障，判定为严重隐患。

4. 隐患整改标准

如因UPS自身故障引起温度异常，应及时进行修复，定期检查UPS内置电池的状态，如有必要，及时更换老化或损坏的电池；如因环境条件引起过热，应尝试降低室温或移动UPS电源至通风良好的位置。定期清理UPS内外部的灰尘和杂物，确保散热风扇正常运转。确认UPS负载是否超出设计范围，必要时减轻负载或升级UPS设备。

（三）UPS电池组直接日晒雨淋，无防护设施

1. 隐患描述

UPS电池组未设置在室内或采用其他措施防止直接遭受日晒雨淋。UPS电池组直接日晒无防护设施隐患如图8-11所示。

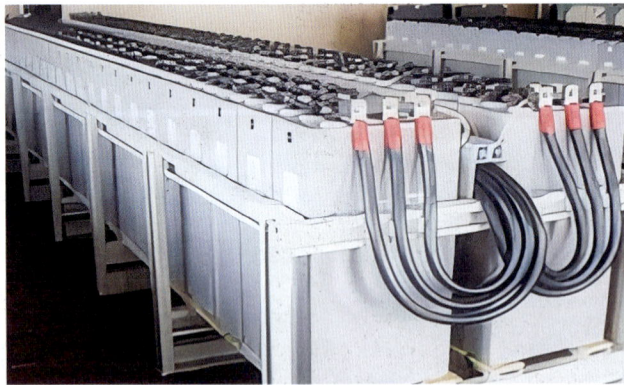

图8-11 UPS电池组直接日晒无防护设施隐患示例图

2. 隐患判断依据

《用户供配电设施运维及安全管理规范》（T/ZDL 024—2024）5.3.15：UPS和EPS应具备良好的运行环境，运行环境温度应在20℃～30℃，并采取必要防爆、防潮、防尘和消防措施，并符合国家、行业标准要求。

《通信用不间断电源—UPS》（YD/T 1095—2008）4.1.1：正常使用条件环境温度：5℃～40℃；相对湿度<93%[（40+2）℃]，无凝露，海拔应不超过1000m；若超过1000m时按GB/T 3859.2规定降容使用。

3. 隐患定性

电池组受日晒温度升高，蓄电池化学反应速率加快，极板腐蚀加剧，寿命缩短，老化速度加快约 50%。锂电池自放电率增加，活性材料性能变化，容量衰减，循环寿命降低。雨淋使电池组处于高湿度环境或直接接触雨水，若电池外壳破损或密封性不好，会造成正负极短路。潮湿环境加速金属部件腐蚀，连接端子易生锈，增大接触电阻，增加能量损耗，影响绝缘性能，导致漏电，浪费电能且有触电危险。高温和湿度影响下，电池组寿命大大缩短，可能引起短路、漏液、漏电等危险，甚至引发火灾或爆炸等严重后果，判定为严重隐患。

4. 隐患整改标准

为电池组安装遮阳棚或移至有遮挡的区域；定期检查电池组的状态，尽可能控制电池组所处的环境温度和湿度，保持在适宜的范围内；考虑为电池组加装专业的防护箱或外壳。

（四）UPS 布置在狭小空间

1. 隐患描述

UPS 布置在密闭、狭小空间内，如图 8-12 所示。

图 8-12　UPS 布置在狭小空间隐患示例图

2. 隐患判断依据

《通信电源设备安装工程设计规范》（GB 51194—2016）第 10.2.7.5 条：立放蓄电池组一端靠近机房出入口时，应留有主要走道，其净宽宜为 1.2m～1.5m，最小不应小于 1m。

3. 隐患定性

UPS 操作维护时，狭小的空间会使维护人员难以施展，可能无法全面地观察设备的状态，容易遗漏一些潜在的故障隐患，判定为一般隐患。

4. 隐患整改标准

预留适当的维护空间，使用壁挂式放置或者柜式放置，制定详细的安装方案，确保

UPS 能够稳定、安全地运行。

（五）UPS 未配置消防器材

1. 隐患描述

UPS 未配置消防器材或采用自动灭火装置，如图 8-13 所示。

图 8-13　UPS 未配置消防器材隐患示例图

2. 隐患判断依据

《建筑设计防火规范》（GB 50016—2006）8.3.9：国家、省级或人口超过 100 万的城市广播电视发射塔内的微波机房、分米波机房、米波机房、变配电室和不间断电源（UPS）室应设置自动灭火系统，并宜采用气体灭火系统。

3. 隐患定性

UPS 系统通常用于保护关键负载（如服务器、通信设备）免受电力中断的影响，但在某些情况下，如电池故障、电气短路或过载，UPS 系统本身也可能成为火灾的源头，初期的小火苗无法得到及时扑灭，火势会迅速蔓延。这不仅会烧毁 UPS 设备本身，还可能波及周边的其他电气设备、线路及建筑物的结构，这会大大降低人员疏散和火灾扑救的及时性，增加人员伤亡和财产损失的风险。UPS 未配置消防器材判定为危急隐患。

4. 隐患整改标准

评估 UPS 系统及其周围环境发生火灾的风险，选择适合电气火灾的灭火器。如果条件允许，可以安装自动喷水系统或自动灭火装置，以在火灾发生时自动启动；制定火灾应急预案，明确在火灾发生时应该采取的紧急措施。

（六）UPS 巡视检查管理不到位

1. 隐患描述

UPS 日常巡视检查管理不到位，未能及时发现设备隐患缺陷。

2. 隐患判断依据

《用户供配电设施运维及安全管理规范》（T/ZDL 024—2024）5.4.12：用户自备发电机及 UPS 应定期进行安全检查、预防性试验、启机试验和切换装置的切换试验。安全检查应每月 1 次；预防性试验按照用户电压等级不同开展；切换装置的切换试验应每季度 1 次。

ICS 29.240.01-D 4420-T/ZDL 浙江省电力行业协会团体标准 T/ZDL 006.2—2023-6.2.6 规定：UPS 或 EPS 日常巡查应每个月检查一次，重要活动开始前 10 天及开始期间应每日进行巡查，检查内容应包括告警指示、显示功能、接地保护、继电器和断路器是否正常、自动和"三遥"功能、正常电源进线、整流和逆变装置是否完好。

3. 隐患定性

不定期检查 UPS 存在诸多隐患。可能无法及时发现输出电压和频率偏离，过高或过低的电压及不稳定频率会损坏设备或致其运行异常，诸多因素会使 UPS 的可靠性降低，影响供电保障，判定为一般隐患。

4. 隐患整改标准

UPS 的运行、维护人员应经过操作保养和上岗培训，维护和保养时间宜根据设备使用天数和运行小时数来确定；蓄电池组应根据产品说明书要求的控制策略进行充放电并定期进行核对性放电试验；UPS 的日常巡检、季度保养和年度保养应按照产品说明书的要求进行。

第九章

运行管理隐患排查

用户变电站运行管理是用户供电系统中非常重要的环节，直接关系到用户生产安全、电力供应安全、用户电力设备运行安全等，需要用户有序、规范开展日常运行管理。变电站运行管理包括了变电站的运行管理制度、预防性试验、电能质量、应急预案等方面的运行要求。

第一节　运行管理制度

系统、全面的用户变电站运行管理制度是电力可靠供应、设备持续安全运行的基础，用户应为电力供应构建一套系统的组织、运行配电设施管理体系，确保配电设备健康运行，有效预防甚至是避免事故发生。

一、检查的流程、内容、标准

运行管理制度检查主要核查用户变电站应按照《电力用户变电站运行管理规范》要求，结合实际编制变电站现场运行规程和管理制度，检查内容包括变电站现场运行规程、运行岗位责任制度、工作票、操作票管理制度、交接班制度、设备巡回检查制度、设备定期试验轮换制度、设备缺陷管理制度、设备验收制度、设备运行分析、状态评价制度、应急管理制度、防误闭锁管理制度、变电站外来人员管理制度、培训制度、安全保卫制度、资料管理制度。运行管理制度检查与用电检查同步进行，采用现场实际与制度台账结合检查的形式开展现场检查。

（一）对一般规定执行情况检查的主要内容和标准

（1）检查变电站是否备齐相关标准及规程。

▶ **检查依据**

《10kV 及以上电力用户变电站运行管理规范》（GB/T 32893—2016）：

4.1　变电站应备齐相关法规、标准及规程。

（2）检查用户是否建立上墙制度。用户现场管理制度情况示例如图 9-1 所示。

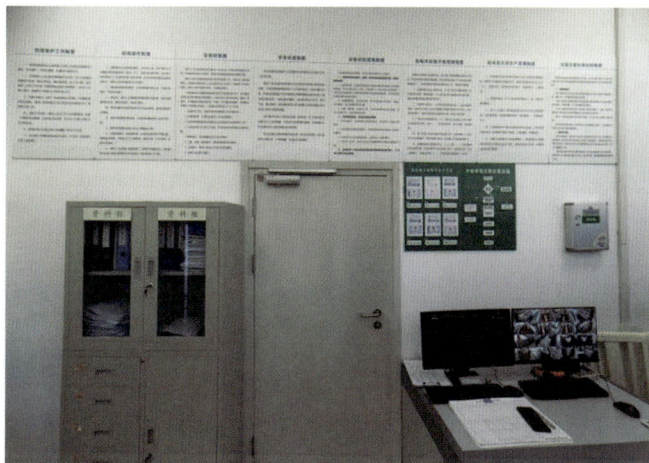

图 9-1　用户现场管理制度情况示例图

> **检查依据**
>
> 《10kV 及以上电力用户变电站运行管理规范》（GB/T 32893—2016）：
>
> 4.2 用户应建立现场运行规程及管理制度，参见附录 A。
>
> 附录 A 变电站现场运行规程及管理制度
>
> A.1 变电站现场运行规程及管理制度：
>
> a）变电站现场运行规程；
>
> b）运行岗位责任制度；
>
> c）工作票、操作票管理制度；
>
> d）交接班制度；
>
> e）设备巡回检查制度；
>
> f）设备定期试验轮换制度；
>
> g）设备缺陷管理制度；
>
> h）设备验收制度；
>
> i）设备运行分析、状态评价制度；
>
> j）应急管理制度；
>
> k）防误闭锁管理制度；
>
> l）变电站外来人员管理制度；
>
> m）培训制度；
>
> n）安全保卫制度；
>
> o）资料管理制度。
>
> A.2 用户可根据实际情况制定变电站其他规程及制度。

（3）检查用户是否持证上岗，并定期组织开展岗位培训工作。

▶ **检查依据**

《10kV 及以上电力用户变电站运行管理规范》（GB/T 32893—2016）：

4.3 用户应定期组织开展岗位培训工作，提高人员安全及操作技能。

《用户供配电设施运维及安全管理规范》（T/ZDL 024—2024）：

4.2 用户产权范围内供用电设施应由具备专业资质的电气人员进行管理，建立现场运行规程及管理制度。

（4）检查用户是否定期进行变电站安全运行分析、设备状态评价。

▶ **检查依据**

《10kV 及以上电力用户变电站运行管理规范》（GB/T 32893—2016）：

4.4 用户应定期进行变电站安全运行分析、设备状态评价。

（5）检查用户是否将变电站资料进行归档管理。

▶ **检查依据**

《10kV 及以上电力用户变电站运行管理规范》（GB/T 32893—2016）：

4.5 用户应将变电站资料进行归档管理，参见附录 B。

附录 B 变电站归档资料

B.1 变电站归档资料：

a）法规、标准、规程、制度；

b）运行资料；

c）安全活动资料；

d）培训资料；

e）应急预案；

f）规划设计资料；

g）设备出厂资料；

h）设备安装资料；

i）设备检修、技改资料；

j）设备试验资料；

k）设备缺陷、异常、事故资料。

B.2 用户可根据实际情况对变电站其他资料进行归档。

（二）组织管理情况检查的主要内容和标准

（1）检查用户是否按规范执行相应的运行管理模式。配电房监控中心示例如图 9-2 所示。

▶ **检查依据**

《10kV 及以上电力用户变电站运行管理规范》（GB/T 32893—2016）：

5.1 用户可根据变电站电压等级、设备数量、自动化程度、用电设备性质及组织结构设置运行管理模式，参见附录 C。

附录 C 变电站运行管理模式

用户根据变电站电压等级、设备数量、自动化程度、用电设备性质及组织结构，可采用如下运行管理模式之一：

（1）集控站模式：监控人员和操作人员为同一班组，负责所辖范围内各变电站的监视控制、设备巡视、运行维护、设备定期试验轮换、电气操作、异常及事故处理等工作。

（2）监控中心＋操作队模式：监控人员和操作人员为不同班组。由监控中心运行人员负责所辖范围内各无人值班变电站的监视及遥控、应急处理等工作；由操作队运行人员负责所辖范围内各变电站设备巡视、运行维护、设备定期试验轮换、电气操作、异常及事故处理等工作。

（3）有人值班模式：变电站本地设有运行人员，承担监视控制、设备巡视、运行维护、设备定期试验轮换、电气操作、异常及事故处理等工作。对于规模较小的变电站，可只设负责设备定期巡视、运行维护、电气操作、异常及事故处理等工作的运行人员。

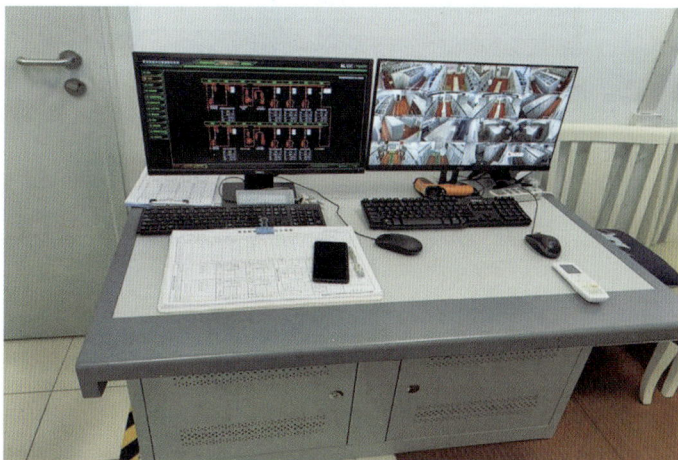

图 9-2 配电房监控中心示例图

（2）检查用户是否设置安全监察和电气运行管理岗位。配电房运行人员及上岗资格证书示例如图 9-3 所示。

> **检查依据**
>
> 《10kV 及以上电力用户变电站运行管理规范》（GB/T 32893—2016）：
>
> 5.2 用户应设置变电站安全监察和电气运行管理岗位，负责管理变电站安全、运行等工作。
>
> 5.3 变电站运行岗位一般包括站（队）长、安全员、专责工程师（技术员）、值班长、主值班员、值班员，以上统称为运行人员，用户可根据本单位实际情况设置岗位及人数。
>
> 5.4 变电站运行人员应取得国家有关部门颁发的资格证书持证上岗。

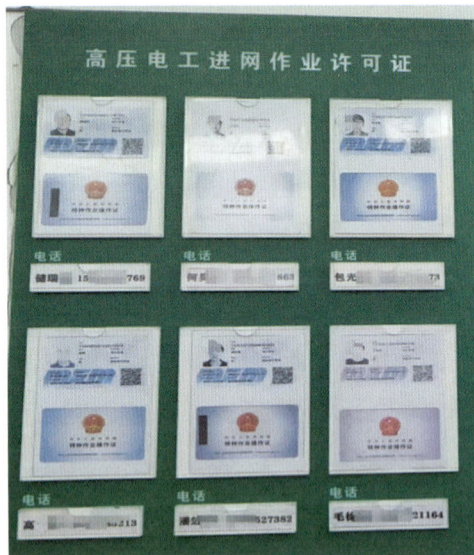

图 9-3　配电房运行人员及上岗资格证书示例图

（三）值班情况检查的主要内容和标准

（1）检查运行人员服从调度指令情况。

> **检查依据**
>
> 《10kV 及以上电力用户变电站运行管理规范》（GB/T 32893—2016）：
>
> 6.1.1 运行人员应严格服从调度指令。

（2）检查运行人员是否做好变电站运行、维护、日常管理及记录工作。变电站运行人员值班及维护情况示例如图 9-4 所示。

检查依据

《10kV 及以上电力用户变电站运行管理规范》（GB/T 32893—2016）：

6.1.2 运行人员应做好变电站运行、维护、日常管理及记录工作，不进行与运行工作无关的其他活动。

《用户供配电设施运维及安全管理规范》（T/ZDL 024—2024）：

4.1 电力用户供配电设施运维及安全管理应遵循资产全寿命周期管理理念，采用符合国家现行有关标准的安全可靠、节能环保、技术成熟、少（免）维护、低损耗、具备可扩展功能、抗震性能好的通用型设备，严禁使用已被国家淘汰及不合格产品。

4.2.1 重要电力用户和 35kV 及以上电压等级用户应自行组建或委托有资质的电气专业运维团队进行日常管理，随时进行抢修处置。

4.2.2 其他电力用户宜自行组建或委托有资质的电气专业运维团队，可及时进行应急抢修处置。

图 9-4　变电站运行人员值班及维护情况示例图

（四）交接班情况检查的主要内容和标准

检查运行人员执行交接班制度情况。变电站运行人员值班及交接班记录情况示例如图 9-5 所示。

检查依据

《10kV 及以上电力用户变电站运行管理规范》（GB/T 32893—2016）：

6.2.1 运行人员应严格执行交接班制度，未办完交接手续前，不得擅离职守。

6.2.2 交班人员按交接班内容向接班人员交待情况，接班人员在交班人员陪同下进行检查，共同核对无误，方可交接班。

6.2.3 在处理事故或进行电气操作时，不得进行交接班。交接班时发生事故，应立即停止交接班，并由交班人员处理，接班人员听从交班人员指挥，协助处理事故。

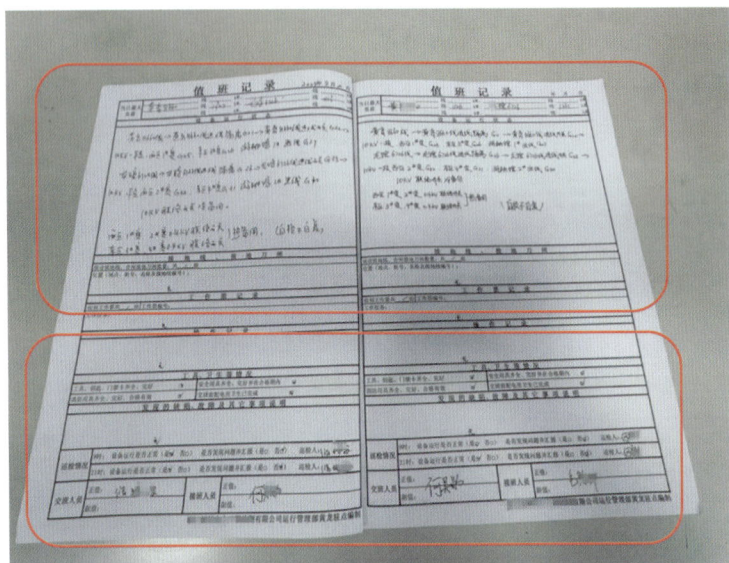

图 9-5　变电站运行人员值班及交接班记录情况示例图

（五）巡视检查情况检查的主要内容和标准

（1）检查运行人员巡查情况。变电站巡视制度情况示例如图 9-6 所示。

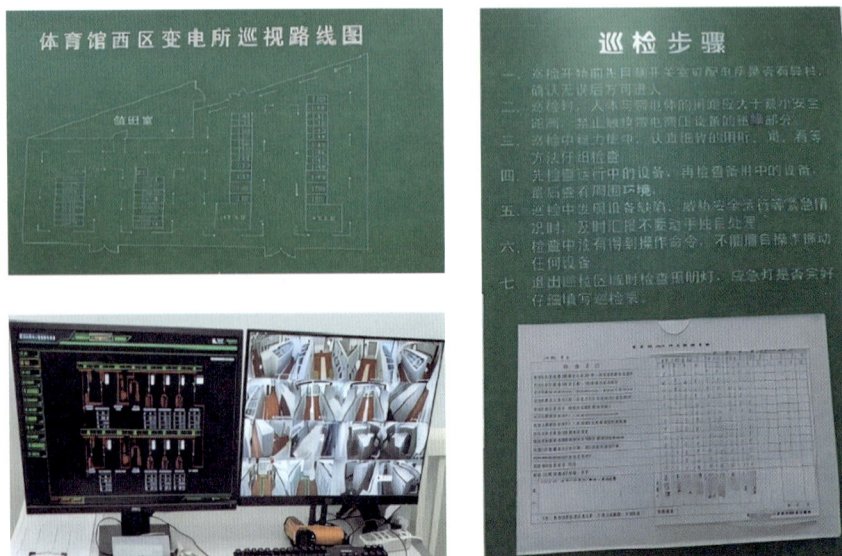

图 9-6　变电站巡视制度情况示例图

▶ **检查依据**

《10kV 及以上电力用户变电站运行管理规范》（GB/T 32893—2016）：

6.3.1　运行人员应按巡视检查制度规定的路线，定时、定点进行巡视检查。

《用户供配电设施运维及安全管理规范》（T/ZDL 024—2024）：

5.3.5.1　重点巡检项目

a）检查变（配）电站进出设备室电缆孔洞封堵、户外设备热缩套、设备室门窗及通风口网罩等防小动物措施是否完好；

b）检查户内除湿器、空调的运行情况，户外端子箱、机构箱、汇控箱、智能终端柜等密封及加热除湿装置的运行情况；

c）变压器、油泵、风扇运行情况，气体继电器防雨措施安装情况；

d）雨期和雨季后，应重点检查开关室穿墙套管墙体处有无渗水痕迹，低温及小雨期间重点检查户外设备放电及污闪情况；

e）持续性降雨期间应重点检查变电站房屋渗漏、门窗关闭、设备室进水、电缆层积水及排水设施完好情况；

f）检查户外设备的鸟巢隐患；

g）检查户外变电站周边环境隐患，如临时建筑、大棚、广告、树木、杂草等，跟踪检查变电站内外环境隐患等防汛防台遗留问题；

h）雨季前，通过观察窗检查开关室各类柜内绝缘件或壳体是否存在凝露，重点检查压变柜、所变柜、桥架等，检查建筑物屋顶排水设施是否堵塞；

i）检查设备室、智能终端柜、变压器冷控箱的通风、降温设施工作情况；

j）检查充油、充气设备，特别是变压器套管、压变等少油设备的油位、压力在正常范围内，并对比历史数据，做好趋势分析；

k）雾霾天气应重点检查户外设备污闪、雾闪情况；

l）检查户内除湿器、空调的运行情况，户外端子箱、机构箱、汇控箱、智能终端柜等密封及加热除湿装置的运行情况；

m）低温时期重点检查充油、充气设备，特别是变压器套管、压变等少油设备的油位、压力在正常范围内，并对比历史数据，做好趋势分析；

n）重点关注巡查室外给排水设施。

5.3.5.2　用户应根据季节性特点，结合自身实际开展巡检。

5.3.6　特殊巡检范围包括：

a）存在外力破坏可能或恶劣气象条件下影响安全运行的线路及设备；

b）设备缺陷近期有发展和有严重缺陷、异常情况、有薄弱环节或可能造成缺陷的线路及设备；

c）新投运、大修预试后、改造和长期停用后重新投运的线路及设备；

d）过温、过负荷或负荷有显著增加的线路和设备；

e）重要保电任务期间的线路和设备；

f）其他危及人身安全的设备隐患。

（2）检查运行人员是否按规定执行电气操作。变电站电气操作制度情况示例如图9-7所示。

▶ **检查依据**

《10kV及以上电力用户变电站运行管理规范》（GB/T 32893—2016）：

6.4 电气操作应遵循 GB 26860 和 DL/T 969 的有关规定。

《用户供配电设施运维及安全管理规范》（T/ZDL 024—2024）：

5.1.3 用户对产权范围的供配电设施进行倒闸操作、故障修复、缺陷处理等现场作业时，应严格执行"两票三制"。倒闸操作前应核对设备名称、编号、位置，对照操作票逐项执行并进行监护复诵。

5.1.4 用户可根据变配电站的设备规模、自动化程度、操作繁简程度和用电负荷级别，设置相应的集控站或监控中心。变配电站内采用无人值班、少人值守的运行管理模式，集控站或监控中心应安排全天 24h 人员值班。

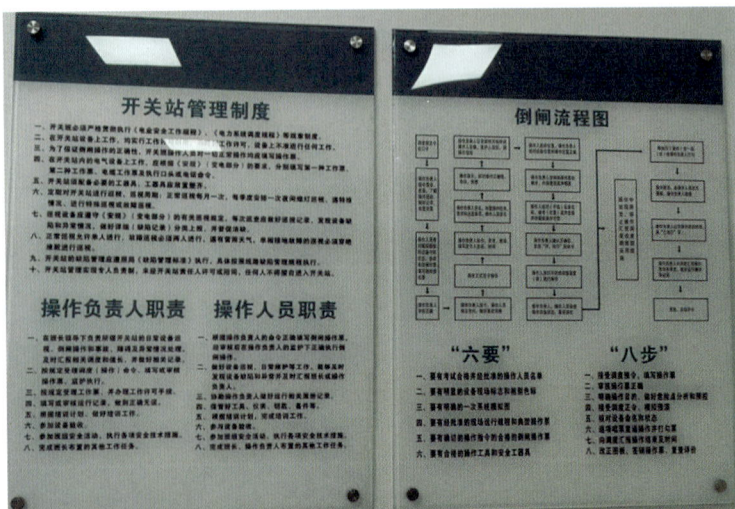

图 9-7　变电站电气操作制度情况示例图

（3）检查用户是否制定相关应急预案，并定期组织开展演练。

▶ **检查依据**

《10kV 及以上电力用户变电站运行管理规范》（GB/T 32893—2016）：

8.3　用户应制定相关应急预案，落实物资储备，定期组织开展演练。

《用户供配电设施运维及安全管理规范》（T/ZDL 024—2024）：

7.1　用户应根据各阶段的电力保障要求编制应急演练预案，开展相应的应急培训和演练。

7.1.1　重要电力用户要制定自备应急电源运行操作、维护管理的规程制度和应急处置预案，并定期（至少每年 1 次）进行应急演练。

7.1.2　其他用户应根据用户生产特性及电源配置情况制定针对性的应急预案，并定期自行组织演练。

二、隐患及定性

变配电运行环境隐患大多是一般隐患或严重隐患，运行环境常见隐患及隐患等级定性表见表 9-1。

表 9-1　　　　　　　　　运行环境常见隐患及隐患等级定性表

序号	运行环境常见隐患	隐患等级
1	电工数量不满足要求	一般隐患
2	未开展相应岗位培训	一般隐患
3	未完整归档变配电站竣工资料	一般隐患
4	运行人员未正常履行值班制度	一般隐患
5	未按要求履行现场交接班制度	一般隐患
6	未制定用户侧应急预案	一般隐患
7	电工未取得高压电工作业特种作业操作证	严重隐患
8	未按要求开展定期巡视检查	严重隐患
9	未编制典型操作票	严重隐患
10	变电站未配备一次主接线系统图、组织机构,系统变化后未及时更新系统图	严重隐患
11	未完整配备安全工器具	严重隐患
12	高配室未建立现场运行规程及管理制度	严重隐患

三、典型隐患示例

（一）未建立现场运行规程及管理制度

1. 隐患描述

某供电企业用电安全检查人员在某用户配电房开展安全检查过程中，发现该配电房未建立现场运行规程和管理制度。

2. 隐患判断依据

《10kV 及以上电力用户变电站运行管理规范》（GB/T 32893—2016）4.2：用户应建立现场运行规程及管理制度，参见附录 A。

3. 隐患定性

用户变电站未建立现场运行规程及管理制度属于严重的安全管理缺陷。未建立运行规程和管理制度，导致运行人员缺乏操作依据，可能引发误操作或事故。未明确设备操作流程、事故处理程序等，可能导致设备损坏、人员伤亡或停电事故。该隐患属于严重隐患。

4. 隐患整改标准

遵循相关国家标准和行业规范，确保运行规程和管理制度的建立、完善及有效实施。

首先，建立运行规程：制定变电站运行规程，包括设备操作、巡视检查、事故处理等内容。运行规程应涵盖所有设备的操作步骤、注意事项及应急措施。运行规程应经过审批并正式发布。

其次，建立管理制度：制定变电站安全管理制度、设备管理制度、人员培训制度等。管理制度应明确责任分工、工作流程及考核要求。管理制度应经过审批并正式发布。

（二）值班电工不具备资质

1. 隐患描述

某供电企业用电安全检查人员在某用户配电房开展安全检查过程中，发现该配电值班电工不具备资质。

2. 隐患判断依据

依据《10kV 及以上电力用户变电站运行管理规范》（GB/T 32893—2016）：5.4 变电站运行人员应取得国家有关部门颁发的资格证书持证上岗。

3. 隐患定性

变电站运行人员未取得国家有关部门颁发的资格证书，可能导致安全隐患和设备故障风险。这些人员缺乏必要的专业知识和技能，可能无法正确操作和维护设备，从而引发电力系统的运行异常，甚至导致大规模停电、设备损坏或人身伤害。该隐患属于严重隐患。

4. 隐患整改标准

首先，需对相关人员进行资格审查，明确未持证人员的名单，并暂停其在变电站的工作。接着，组织专业培训，确保所有运行人员获得必要的知识和技能，随后安排参加国家资格考试，取得相应的资格证书。此外，应建立健全人员培训和考核机制，定期进行技能评估和复训，以确保运行人员始终具备合格的专业能力，保障变电站的安全稳定运行。

第二节　预防性试验

预防性试验是保证用户侧电力系统安全运行的有效手段之一。预防性试验规程是用户侧电力系统绝缘监督工作的主要依据，本节规定了用电检查中各种电力设备预防性试验检查的项目、周期，用以判断设备是否符合运行条件，预防事故发生及设备损坏，保证电力设施安全运行。

一、检查的流程、内容、标准

为了发现运行中设备的隐患，预防事故发生及设备损坏，用户应对电力变压器、互感器、开关设备、电力电缆、电容器、绝缘油和六氟化硫气体、避雷器、母线、接地装置等配电设施按要求进行试验、检测、监测，也包括取油样或气样的试验。预防性试验包括停电试验、带电检测、在线监测。现场检查用户变电站是否按要求开展预防性试验、试验项目是否齐全、预防性试验报告是否在周期内等。预防性试验检查与用电检查同步开展，采用现场实际与台账结合检查的形式开展。

（一）预防性试验执行情况检查的主要内容和标准

（1）检查用户是否按要求开展设备的预防性试验。

> **检查依据**
>
> 《10kV 及以上电力用户变电站运行管理规范》（GB/T 32893—2016）：
>
> 7.3.1　用户应按 DL/T 596 及参照 DL/T 393 标准开展设备预防性试验，按 DL/T 995 开展继电保护及安全自动装置检验，试验及检验工作应由具备相应资质的单位进行。
>
> 7.3.2　用户可开展设备红外测温、油色谱分析和避雷器泄漏电流测试等试验工作。
>
> 《用户供配电设施运维及安全管理规范》（T/ZDL 024—2024）：
>
> 5.4.1　新建、改造、大修及备用电气设备，一年以上应按规定经试验合格后方可投运；供配电设施投运后，应编制试验检测计划，进行预防性试

验、状态检修试验等。对于运行中的电气设备以及重大活动保供电前，一年以上应按照设备现场实际状态评估情况，按国家行业标准要求进行预防性试验；其他电力用户可按照用户供配电设备现场实际状态评估情况进行电气预防性试验。

（2）开展预防性试验工作的企业是否具备相应的资质。

▶ **检查依据**

《用户供配电设施运维及安全管理规范》（T/ZDL 024—2024）：

5.4.3 试验检测工作应按规定由用户或具备相应资质的企业开展。

（3）检查设备的试验周期是否在规定范围内。

▶ **检查依据**

《用户供配电设施运维及安全管理规范》（T/ZDL 024—2024）：

5.4.7 常见设备相关项目试验周期按规定执行，具体见附录 A。

附录 A　　　　　　常见设备常见项目试验周期要求

序号	设备名称	试验周期要求
1	油浸变压器	红外测温，不小于 6 个月。 绕组绝缘电阻、直流电阻、介质损耗因数试验周期不大于 6 年。 短路阻抗试验周期不大于 6 年。 测温装置、气体继电器、压力释放器校验试验周期不大于 6 年
2	干式变压器	红外测温，不小于 6 个月。 绕组绝缘电阻、直流电阻试验周期不大于 6 年。 测温装置及二次回路试验周期不大于 6 年
3	断路器	机械特性、合闸接触器和分、合闸电磁铁线圈的绝缘电阻和直流电阻试验周期不大于 6 年
4	变压器油	水溶性酸、酸值、闪点、油中含气量试验周期不大于 3 年。 水分、击穿电压 ≤ 220kV 试验周期不大于 3 年
5	避雷器	工频放电电压、底座绝缘电阻试验周期不大于 3 年
6	发电机	4000kW 及以上时，定子绕组绝缘电阻试验、定子绕组泄漏电流试验的试验周期不大于 1 年
7	接地电阻	试验周期不大于 6 年
其他项目及其他设备详见 DL/T 596		

（二）各类电力设备试验项目及周期检查的主要内容和标准

1. 电力变压器

（1）检查油浸式电力变压器的试验项目、周期是否符合要求。

▶ **检查依据**

《电力设备预防性试验规程》（DL/T 596—2021）：

6.1.1 油浸式电力变压器的试验项目、周期和要求见表5。

表5　　　　　　　　　　　　　　　油浸式变压器

序号	试验项目	周期
1	红外测温	1. 6个月； 2. 必要时
2	绝缘油试验	见绝缘油试验
3	油中糠醛含量	1. 10年； 2. 必要时
4	铁芯、加夹件接地电流	1. 1个月； 2. 必要时
5	绕组直流电阻	1. A、B级检修后； 2. 不超过6年； 3. 必要时
6	绕组连同套管的绝缘电阻、吸收比或极化指数	1. A、B级检修后； 2. 不超过6年； 3. 必要时
7	绕组连同套管的介质损耗因数及电容量	1. A、B级检修后； 2. 不超过6年； 3. 必要时
8	绕组连同套管的外施耐压试验	1. A级检修后； 2. 必要时
9	感应电压试验	1. A、B级检修后； 2. 不超过6年； 3. 3.必要时
10	铁芯及夹件绝缘电阻	1. A、B级检修后； 2. 不超过6年； 3. 必要时
11	绕组所有分接的电压比	1. A级检修后； 2. 分接开关引线拆装后； 3. 必要时

序号	试验项目	周期
12	校核三相变压器组别或单相变压器极性	1. 更换绕组后； 2. 必要时
13	空载电流和空载损耗	1. 更换绕组后； 2. 必要时
14	短路阻抗	1. A级检修后； 2. 不超过6年； 3. 必要时
15	频率响应测试	1. A级检修后； 2. 不超过6年； 3. 必要时
16	全电压下空载合闸	更换绕组后
17	测温装置校验及其二次回路试验	1. A、B级检修后； 2. 不超过6年； 3. 必要时
18	气体继电器校验及二次回路试验	1. A、B级检修后； 2. 不超过6年； 3. 必要时
19	压力释放器校验及二次回路试验	1. A、B级检修后； 2. 不超过6年； 3. 必要时
20	冷却装置校验及二次回路试验	1. A、B级检修后； 2. 不超过6年； 3. 必要时
21	整体密封检查	1. A级检修后； 2. 必要时
22	噪声测量	必要时（发现噪声异常时）
23	箱壳振动	必要时（发现箱壳振动异常时或噪声异常时）
24	中性点直流检测	必要时

（2）检查干式变压器的试验项目、周期是否符合要求。

检查依据

《电力设备预防性试验规程》（DL/T 596—2021）：

6.2.1 干式变压器、干式接地变压器的试验项目、周期和要求见表 6。

表 6　　　　　　　　　　　干式变压器

序号	试验项目	周期
1	红外测温	1. 6 个月； 2. 必要时
2	绕组直流电阻	1. A 级检修后； 2. 不超过 6 年； 3. 必要时
3	绕组、铁芯绝缘电阻	1. A 级检修后； 2. 不超过 6 年； 3. 必要时
4	交流耐压试验	1. A 级检修后； 2. 必要时（怀疑有绝缘故障时）
5	绕组所有分接的电压比	1. A 级检修后； 2. 必要时
6	校核三相变压器的组别或单相变压器极性	必要时
7	空载电流和空载损耗	1. A 级检修后； 2. 必要时
8	短路阻抗	1. A 级检修后； 2. 不超过 6 年； 3. 必要时
9	局部放电测量	1. A 级检修后； 2. 必要时
10	测温装置校验及其二次回路试验	1. A、B 级检修后； 2. 不超过 6 年； 3. 必要时

2. 互感器

（1）检查浇注式电流互感器的试验项目、周期是否符合要求。

检查依据

《电力设备预防性试验规程》（DL/T 596—2021）：

8.1.4 浇注式电流互感器的试验项目、周期和要求见表 14。

表 14 浇注式电流互感器

序号	试验项目	周期
1	红外测温	1. 6 个月； 2. 必要时
2	绝缘电阻测量	1. A、B 级检修后； 2. 不超过 6 年； 3. 必要时
3	交流耐压试验	1. A 级检修后； 2. 必要时
4	局部放电测量	1. A 级检修后； 2. 必要时
5	极性检查	必要时
6	变比检查	必要时
7	绕组直流电阻测量	1. A 级检修后； 2. 必要时
8	校核励磁特性曲线	必要时

（2）检查电磁式电压互感器（固态绝缘）的试验项目、周期是否符合要求。

▶ **检查依据**

《电力设备预防性试验规程》（DL/T 596—2021）：

8.1.5.2 电子式电流互感器高压本体间的试验项目、周期和要求见表 18。

表 18 电磁式电压互感器（固态绝缘）

序号	试验项目	周期
1	红外测温	1. 6 个月； 2. 必要时
2	绝缘电阻	1. 不超过 3 年； 2. 必要时
3	交流耐压试验	必要时
4	局部放电测量	必要时
5	空载电流测量	必要时
6	联结组别和极性	必要时
7	电压比	必要时
8	绕组直流电阻测量	必要时

3. 开关设备

（1）检查气体绝缘金属封闭开关设备的试验项目、周期是否符合要求。

▶ 检查依据

《电力设备预防性试验规程》（DL/T 596—2021）：

9.1.1 气体绝缘金属封闭开关设备的试验项目、周期和要求见表 23。

表 23　　　　　　　　　　气体绝缘金属封闭开关设备

序号	试验项目	周期
1	红外测温	1. 6 个月； 2. 必要时
2	SF_6 分解物测试	1. A、B 级检修后； 2. 必要时
3	SF_6 气体检测	见 SF_6 气体检测
4	导电回路电阻测量	1. A 级检修后； 2. 不超过 6 年； 3. 必要时
5	断路器机械特性	1. A 级检修后； 2. 机构 A 级检修后
6	交流耐压试验	1. A 级检修后； 2. 必要时
7	SF_6 气体密度继电器(包括整定值)检验	1. A 级检修后； 2. 不超过 6 年； 3. 必要时
8	联锁试验	A 级检修后
9	操动机构压力表检验,压力开关(气压、液压)检验	1. A 级检修后； 2. 必要时
10	辅助回路和控制回路绝缘电阻	1. A 级检修后； 2. 必要时
11	辅助回路和控制回路交流耐压试验	A 级检修后
12	操动机构在分闸、合闸、重合闸下的操作压力(气压、液压)下降值	1. A 级检修后； 2. 必要时
13	液(气)压操动机构的密封试验	1. A 级检修后； 2. 必要时
14	油(气)泵补补压及零起打压的运转时间	1. A 级检修后； 2. 必要时

续表

序号	试验项目	周期
15	采用差压原理的气动或液压机构的防失压慢分试验	1. A 级检修后； 2. 必要时
16	防止非全相合闸等辅助控制装置的动作性能	1. A 级检修后； 2. 必要时
17	断路器防跳功能检查	1. A 级检修后； 2. 必要时
18	断路器辅助开关检查	1. A 级检修后； 2. 必要时
19	断路器分合闸线圈电阻	1. A 级检修后； 2. 必要时
20	断路器分、合闸电磁铁的动作电压	1. A 级检修后； 2. 不超过 6 年； 3. 必要时
21	合闸电阻阻值及合闸电阻预接入时间	1. A 级检修后； 2. 必要时
22	隔离开关机构电动机绝缘电阻	1. A 级检修后； 2. 必要时
23	隔离开关辅助开关检查	1. A 级检修后； 2. 必要时
24	电流互感器试验	见电流互感器
25	避雷器试验	见避雷器试验
26	电压互感器试验	见电压互感器
27	隔离开关和接地开关其他试验	见隔离开关和接地开关
28	SF_6 断路器其他试验	见 SF_6 断路器
29	带电显示装置检查	必要时

（2）检查 SF_6 断路器的试验项目、周期是否符合要求。

▶ **检查依据**

《电力设备预防性试验规程》（DL/T 596—2021）：

9.2.1 SF_6 断路器的试验项目、周期和要求见表24。

表 24 SF₆断路器

序号	试验项目	周期
1	红外测温	1. 6个月； 2. 必要时
2	SF₆分解物测试	1. A、B级检修后； 2. 必要时
3	SF₆气体检测	见SF₆气体检测
4	导电回路电阻测量	1. A级检修后； 2. 不超过6年； 3. 必要时
5	机械特性	1. A级检修后； 2. 不超过6年； 3. 必要时
6	耐压试验	1. A级检修后； 2. 必要时
7	SF₆气体密度继电器(包括整定值)检验	1. A级检修后； 2. 不超过6年； 3. 必要时
8	联锁试验	A级检修后
9	操动机构压力表检验,压力开关(气压、液压)检验	1. A级检修后； 2. 不超过6年； 3. 必要时
10	辅助回路和控制回路绝缘电阻	1. A级检修后； 2. 必要时
11	辅助回路和控制回路交流耐压试验	1. A级检修后； 2. 必要时
12	操动机构在分闸、合闸、重合闸下的操作压力(气压、液压)下降值	1. A级检修后； 2. 必要时
13	液(气)压操动机构的密封试验	1. A级检修后； 2. 必要时
14	油(气)泵补压及零起打压的运转时间	1. A级检修后； 2. 必要时
15	采用差压原理的气动或液压机构的防失压慢分试验	1. A级检修后； 2. 必要时
16	防止非全相合闸等辅助控制装置的动作性能	1. A级检修后； 2. 必要时

序号	试验项目	周期
17	断路器防跳功能检查	1. A 级检修后； 2. 必要时
18	断路器辅助开关检查	1. A 级检修后； 2. 必要时
19	断路器分合闸线圈电阻	1. A 级检修后； 2. 必要时
20	断路器分、合闸电磁铁的动作电压	1. A 级检修后； 2. 不超过 6 年； 3. 必要时
21	合闸电阻阻值及合闸电阻预接入时间	1. A 级检修后； 2. 必要时
22	隔离开关机构电动机绝缘电阻	1. A 级检修后； 2. 必要时

（3）检查真空断路器的试验项目、周期是否符合要求。

▶ **检查依据**

《电力设备预防性试验规程》（DL/T 596—2021）：

9.5.1 真空断路器的试验项目、周期和要求见表 26。

表 26 真空断路器

序号	试验项目	周期
1	红外测温	1. 不超过 1 年； 2. 必要时
2	绝缘电阻	1. A、B 级检修后； 2. 必要时
3	耐压试验	1. A 级检修后； 2. 不超过 6 年； 3. 必要时
4	导电回路电阻	1. A 级检修后； 2. 必要时
5	辅助回路和控制回路交流耐压试验	1. A 级检修后； 2. 不超过 6 年； 3. 必要时

续表

序号	试验项目	周期
6	机械特性	1. A 级检修后； 2. 不超过 6 年； 3. 必要时
7	操动机构分、合闸电磁铁的动作电压	1. A 级检修后； 2. 必要时
8	合闸接触器和分、合闸电磁铁线圈的绝缘电阻和直流电阻	1. A 级检修后； 2. 不超过 6 年； 3. 必要时
9	火弧室真空度的测量	1. A 级检修后； 2. 必要时
10	检查动触头连杆上的软连接夹片有无松动	1. A 级检修后； 2. 必要时
11	密封试验	1. A 级检修后； 2. 必要时
12	密度继电器（包括整定值）检验	1. A 级检修后； 2. 不超过 6 年； 3. 必要时

（4）检查负荷开关的试验项目、周期是否符合要求。

▶ **检查依据**

《电力设备预防性试验规程》（DL/T 596—2021）：

9.8.1 负荷开关的试验项目、周期和要求见表 30。

表 30　　　　　　　　　　　　　　负荷开关

序号	试验项目	周期
1	绝缘电阻	1. A 级检修后； 2. 不超过 6 年； 3. 必要时
2	交流耐压试验	1. A 级检修后； 2. 必要时
3	负荷开关导电回路电阻	1. A 级检修后； 2. 不超过 6 年； 3. 必要时

序号	试验项目	周期
4	操动机构线圈动作电压	1. A 级检修后； 2. 不超过 6 年； 3. 必要时
5	操动机构检查	1. A 级检修后； 2. 不超过 6 年； 3. 必要时

（5）检查隔离开关和接地开关试验项目、周期是否符合要求。

▶ **检查依据**

《电力设备预防性试验规程》（DL/T 596—2021）：

9.9.1 隔离开关和接地开关的试验项目、周期和要求见表 31。

表 31   隔离开关和接地开关

序号	试验项目	周期
1	红外测温	1. 6 个月； 2. 必要时
2	复合绝缘支持绝缘子及操作绝缘子的绝缘电阻	1. A、B 级检修后； 2. 不超过 6 年； 3. 必要时
3	二次回路的绝缘电阻	1. A、B 级检修后； 2. 不超过 6 年； 3. 必要时
4	交流耐压试验	1. A 级检修后； 2. 必要时
5	二次回路交流耐压试验	1. A 级检修后； 2. 必要时
6	导电回路电阻测量	1. A 级检修后； 2. 不超过 6 年； 3. 必要时
7	操动机构的动作情况	1. A 级检修后； 2. 必要时
8	电动机绝缘电阻	1. A 级检修后； 2. 不超过 6 年； 3. 必要时

（6）检查高压开关柜试验项目、周期是否符合要求。

▶ **检查依据**

《电力设备预防性试验规程》（DL/T 596—2021）：

9.10.1 高压开关柜的试验项目、周期和要求见表32。

表 32　　　　　　　　　　　　　高压开关柜

序号	试验项目	周期
1	辅助回路和控制回路绝缘电阻	1. A、B 级检修后； 2. 不超过 6 年； 3. 必要时
2	辅助回路和控制回路交流耐压试验	1. A 级检修后； 2. 不超过 6 年； 3. 必要时
3	机械特性	1. A 级检修后； 2. 不超过 6 年； 3. 必要时
4	主回路电阻	1. A 级检修后； 2. 不超过 6 年； 3. 必要时
5	交流耐压试验	1. A 级检修后； 2. 不超过 6 年； 3. 必要时
6	带电显示装置检查	1. A 级检修后； 2. 必要时
7	压力表及密度继电器检验	1. A 级检修后； 2. 不超过 6 年； 3. 必要时
8	联锁检查	1. A 级检修后； 2. 不超过 6 年； 3. 必要时
9	电流、电压互感器性能检验	1. A 级检修后； 2. 必要时
10	避雷器性能检验	必要时
11	加热器	必要时
12	风机	必要时

4. 电力电缆

检查电力电缆试验项目、周期是否符合要求。

▶ **检查依据**

《电力设备预防性试验规程》（DL/T 596—2021）：

13.4.1 35kV 及以下橡塑绝缘电力电缆线路的试验项目、周期和要求见表 42。

表 42　　　　　　　　　35kV 及以下橡塑绝缘电力电缆

序号	试验项目	周期
1	红外测温	1. 6 个月； 2. 必要时
2	主绝缘绝缘电阻	1. A、B 级检修后（新做终端或接头后）； 2. 不超过 6 年； 3. 必要时
3	电缆外护套绝缘电阻	1. A、B 级检修后（新做终端或接头后）； 2. 不超过 6 年； 3. 必要时
4	铜屏蔽层电阻和导体电阻比（$R_{\mathrm{f}}/R_{\mathrm{x}}$）	1. A 级检修后（新做终端或接头后）； 2. 必要时
5	主绝缘交流耐压	1. A 级检修后（新做终端或接头后）； 2. 必要时
6	局部放电试验	1. A 级检修后（新做终端或接头后）； 2. 必要时
7	相位检查	1. 新做终端或接头后； 2. 必要时

5. 电容器

检查电容器试验项目、周期是否符合要求。

▶ **检查依据**

《电力设备预防性试验规程》（DL/T 596—2021）：

14.2 断路器电容器的试验项目、周期和要求见表 46。

表 46　　　　　　　　　断路器电容器

序号	试验项目	周期
1	红外测温	1. 6 个月； 2. 必要时

续表

序号	试验项目	周期
2	极间绝缘电阻	1. A、B 级检修后； 2. 不超过 6 年； 3. 必要时
3	电容值	1. A 级检修后； 2. 不超过 6 年； 3. 必要时
4	介质损耗因数	1. A 级检修后； 2. 不超过 6 年； 3. 必要时
5	渗漏油检查	巡视检查时

6. 绝缘油和六氟化硫气体

（1）检查变压器油试验项目、周期是否符合要求。

▶ **检查依据**

《电力设备预防性试验规程》（DL/T 596—2021）：

15.1.4 新变压器油（电抗器）或经过 A 级检修的变压器（电抗器），通电投运前，变压器油的试验项目及方法见表 48，其油品质量应符合表 48 中"投入运行前的油"的要求。

表 48　　　　　　　　　　　　变压器油

序号	试验项目	周期
1	外观	1. 不超过 1 年； 2. A 级检修后
2	色度 / 号	1. 不超过 1 年； 2. A 级检修后
3	水溶性酸（pH 值）	1. A 级检修后； 2. 不超过 3 年； 3. 必要时
4	酸值（以 KOH 计）	1. A 级检修后； 2. 不超过 3 年； 3. 必要时
5	闪点（闭口）	1. A 级检修后； 2. 不超过 3 年； 3. 必要时

续表

序号	试验项目	周期
6	水分	1. A 级检修后； 2. 3 年； 3. 必要时
7	界面张力（25℃）	1. A 级检修后； 2. 不超过 3 年； 3. 必要时
8	介质损耗因数（90℃）	1. A 级检修后； 2. 3 年； 3. 必要时
9	击穿电压	1. A 级检修后； 2. 3 年； 3. 必要时
10	体积电阻率（90℃）	1. A 级检修后； 2. 必要时
11	油中含气量（体积分数）	1. A 级检修后； 2. 不超过 3 年； 3. 必要时
12	油泥与沉淀物（质量分数）	必要时
13	析气性	必要时
14	带电倾向	必要时
15	腐蚀性硫	必要时
16	颗粒污染度 / 粒	1. A 级检修后； 2. 必要时
17	抗氧化添加剂含量（质量分数）	必要时
18	糠醛含量（质量分数）	1. A 级检修后； 2. 必要时
19	二苄基二硫醚（DBDS）	必要时

（2）检查运行中 SF_6 气体试验项目、周期是否符合要求。

▶ **检查依据**

《电力设备预防性试验规程》（DL/T 596—2021）：

15.3.4 运行中 SF_6 气体的试验项目、周期和要求见表 50。

表 50　　　　　　　　　　　　　　运行中 SF$_6$ 气体

序号	试验项目	周期
1	纯度（质量分数）	1. A 级检修后； 2. 必要时
2	湿度（20℃）	1. A 级检修后； 2. 不超过 3 年； 3. 必要时
3	气体泄漏	必要时
4	毒性	必要时
5	酸度（以 HF 计）	必要时
6	空气（质量分数）	必要时
7	可水解氟化物	必要时
8	四氟化碳（质量分数）	必要时
9	矿物油	必要时

7. 避雷器

（1）检查无串联间隙金属氧化物避雷器试验项目、周期是否符合要求。

检查依据

《电力设备预防性试验规程》（DL/T 596—2021）：

16.1.1　无串联间隙金属氧化物避雷器的试验项目、周期和要求见表 51（表中无串联间隙金属氧化物避雷器简称避雷器）

表 51　　　　　　　　　　无串联间隙金属氧化物避雷器

序号	试验项目	周期
1	红外测温	1. 6 个月； 2. 必要时
2	避雷器用监测装置检查	巡视检查时
3	运行电压下阻性电流测量	1. 1 年； 2. 必要时
4	绝缘电阻	1. A、B 级检修后； 2. 不超过 6 年； 3. 必要时

续表

序号	试验项目	周期
5	底座绝缘电阻	1. A、B 级检修后； 2. 不超过 6 年； 3. 必要时
6	直流参考电压 U_{1ma} 及 0.75 倍 U_{1ma} 下的泄漏电流	1. A 级检修后； 2. 不超过 6 年； 3. 必要时
7	测试避雷器放电计数器动作情况	1. A 级检修后； 2. 每年雷雨季前检查一次； 3. 必要时

（2）检查线路用带串联间隙金属氧化物避雷器试验项目、周期是否符合要求。

▶ **检查依据**

《电力设备预防性试验规程》（DL/T 596—2021）：

16.1.3 线路用带串联间隙金属氧化物避雷器的试验项目、周期和要求见表 53。

表 53　线路用带串联间隙金属氧化物避雷器

序号	试验项目	周期
1	外观检查	1. 结合线路巡线进行； 2. 必要时
2	本体直流 1mA 电压（U_{1ma}）及 $0.75U_{1ma}$ 下的泄漏电流	必要时
3	检查避雷器放电计数器动作情况	必要时
4	复合外套、串联间隙及支撑件的外观检查	必要时

8. 母线

（1）检查封闭母线试验项目、周期是否符合要求。

▶ **检查依据**

《电力设备预防性试验规程》（DL/T 596—2021）：

17.1.1 封闭母线的试验项目、周期和要求见表 55。

表 55		封闭母线
序号	试验项目	周期
1	绝缘电阻	1. A、B 级检修后； 2. 必要时
2	交流耐压试验	1. A 级检修后； 2. 必要时
3	气密封试验	1. A 级检修后； 2. 必要时

（2）检查一般母线试验项目、周期是否符合要求。

▶ **检查依据**

《电力设备预防性试验规程》（DL/T 596—2021）：

17.2.1　一般母线的试验项目、周期和要求见表 56。

表 56		一般母线
序号	试验项目	周期
1	红外测温	1. A、B 级检修前； 2. 必要时； 3. 每年一次
2	绝缘电阻	1. A、B 级检修后； 2. 必要时
3	交流耐压试验	1. A 级检修后； 2. 必要时

9. 接地装置

检查接地装置试验项目、周期是否符合要求。

▶ **检查依据**

《电力设备预防性试验规程》（DL/T 596—2021）：

20　接地装置的试验项目、周期和要求见表 59。

表 59		接地装置
序号	试验项目	周期
1	检查有效接地系统的电力设备接地引下线与接地网的连接情况	1. 不超过 6 年； 2. 必要时

续表

序号	试验项目	周期
2	有效接地系统接地网的接地阻抗	1. 不超过 6 年； 2. 接地电网结构发生改变时； 3. 必要时
3	非有效接地系统接地网的接地阻抗	1. 不超过 6 年； 2. 必要时
4	1kV 以下电力设备的接地电阻	1. 不超过 6 年； 2. 必要时
5	独立的燃油、易爆气体贮罐及其管道的接地电阻	1. 不超过 6 年； 2. 必要时
6	露天配电装置避雷针的集中接地装置的接地电阻	1. 不超过 6 年； 2. 必要时
7	独立壁垒针（线）的接地电阻	不超过 6 年
8	抽样开挖检查设备接地引下线及地网的腐蚀情况	1. 沿海、盐碱等腐蚀严重的地区及采用降阻剂的接地网不超过 6 年； 2. 其他 12 年； 3. 必要时

二、隐患及定性

变配电设施预防性试验隐患中严重隐患、危急隐患较多，一旦发现需要及时闭环整改。运行环境常见隐患及隐患等级定性表见表 9-2。

表 9-2　　　　　预防性试验运行环境常见隐患及隐患等级定性表

序号	运行环境常见隐患	隐患等级
1	相应设备预防性试验报告、维护记录缺失	一般隐患
2	未定期开展高压成套、低压成套、10kV 电缆及重要负荷低压电缆、变压器等设备预防性试验	严重隐患
3	设备预防性试验报告不合格未及时闭环整改	危急隐患

三、典型隐患示例

（一）缺少交流耐压试验报告

1. 隐患描述

某供电企业用电安全检查人员在某用户配电房开展安全检查过程中，发现该配电房的变压器检修后缺少交流耐压试验报告。

2. 隐患判断依据

依据《电力设备预防性试验规程》（DL/T 596—2021）6.2.1：干式变压器、干式接地变压器的试验项目、周期和要求见表6。在 A 级检修后，需要开展交流耐压试验。

3. 隐患定性

配电房的变压器检修后缺少交流耐压试验报告，可能导致绝缘缺陷未被及时发现，增加短路、击穿甚至火灾或爆炸的风险，威胁设备和人员安全；此外，设备寿命可能缩短，维修成本增加，企业还可能因事故造成损失。该隐患属于严重隐患。

4. 隐患整改标准

针对配电房变压器检修后缺少交流耐压试验报告的问题，应立即联系具备资质的检测机构或专业人员，按照相关标准 [如《电力设备预防性试验规程》（DL/T 596—2021）] 重新进行交流耐压试验，确保变压器绝缘性能符合要求；同时，完善检修记录和试验报告归档，并对检修流程进行排查，明确责任环节，加强人员培训和管理，杜绝类似问题再次发生，确保设备安全可靠运行。

（二）缺少电缆绝缘试验报告

1. 隐患描述

某供电企业用电安全检查人员在某用户配电房开展安全检查过程中，发现该配电房缺少电缆绝缘试验报告。

2. 隐患判断依据

《电力设备预防性试验规程》（DL/T 596—2021）13.4.1：35kV 及以下橡塑绝缘电力电缆线路的试验项目、周期和要求见表42。

3. 隐患定性

配电房缺少电缆绝缘试验报告，可能导致电缆绝缘缺陷未被及时发现，增加短路、漏电或接地故障的风险，引发停电事故甚至火灾，威胁设备和人员安全；同时，绝缘性能下降会加速电缆老化，缩短使用寿命，增加维修和更换成本。

4. 隐患整改标准

针对配电房缺少电缆绝缘试验报告的问题，应立即安排具备资质的检测机构或专业人员，按照相关标准 [如《电力设备预防性试验规程》（DL/T 596—2021）] 对电缆进行绝缘电阻测试和耐压试验，确保其绝缘性能符合要求；同时，完善试验记录和报告归档，并对电缆运行状态进行全面排查，发现隐患及时处理；此外，需加强设备试验管理制度，明确责任分工，定期开展试验和检查，杜绝类似问题再次发生，确保配电系统安全可靠运行。

第三节　电能质量

电能质量管理应当遵循"标准指引、预防为主、综合治理"的方针，用户应在电力设备运行的全过程贯彻电能质量主动防治的理念，积极贯彻执行电能质量管理相关规范、标准，维护电气安全使用环境。因用户原因引起电能质量问题时，责任主体应当按"谁干扰，谁治理"的原则及时处理，并接受监督管理。电能质量检查主要开展用电电能质量监测、电能质量问题防治，配合开展公共连接点电能质量管理等工作的规范执行情况。

一、检查的流程、内容、标准

核查用户现场频率、电压、谐波、三相电压不平衡度、波动和闪变等各项电能质量指标是否符合国家标准。检查用户落实电能质量监测、电能质量问题防治，配合开展并网点、公共连接点电能质量管理等工作情况。电能质量检查与用电检查同步进行，采用现场实际与台账资料结合的形式开展检查。

（一）发电电能质量管理情况检查的主要内容和标准

（1）发电用户是否开展电能质量监测及治理工作。

▶ **检查依据**

《电能质量管理办法（暂行）》（中华人民共和国国家发展和改革委员会令第 8 号）：

第十四条 新（改、扩）建的新能源场站、10kV 及以上电压等级并网的分布式电源和新型储能应当在接入电力系统规划可研阶段开展电能质量评估，配置电能质量在线监测装置，采取必要的电能质量防治措施。治理设备、在线监测装置应当与主体工程同时设计、同时施工、同时验收、同时投运。在试运行阶段（6 个月内），应当开展电能质量监测，指标超标时应当主动采取治理措施。

第十五条 发电企业应当在生产运行阶段开展电能质量监测工作，针对自身引起的电能质量问题主动采取防治措施。新能源发电场站应当配置电能质量在线监测装置，并配合问题调查分析，为电能质量指标统计和问题分析提供数据支撑。

（2）发电用户是否配置必要的电能质量监测功能的设备。光伏发电电能质量监测装置如图 9-8 所示。

▶ **检查依据**

《电能质量管理办法（暂行）》（中华人民共和国国家发展和改革委员会令第 8 号）：

第十六条 10kV 以下电压等级并网的分布式电源应当配置具备必要的电

能质量监测功能的设备，并进行电能质量指标超标预警和主动控制。电能质量指标不符合国家标准有关规定的，应当采取防治措施。采取防治措施后电能质量仍不符合国家标准，影响电网安全运行或其他电力用户正常用电时，应当配合电网企业执行出力控制或离网控制。

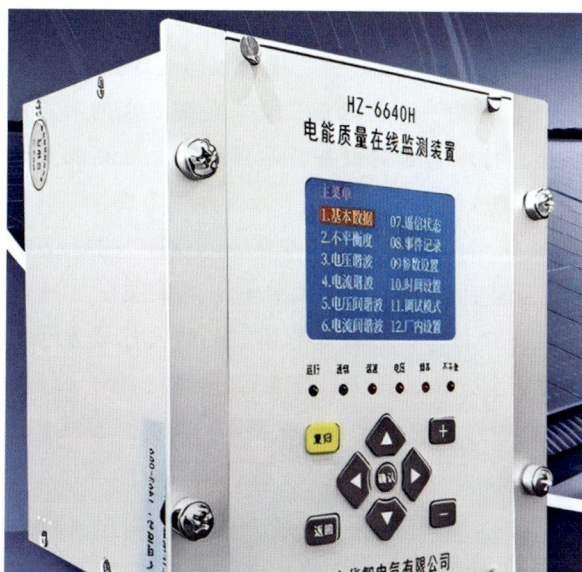

图 9-8　光伏发电电能质量监测装置

（二）用电电能质量管理情况检查的主要内容和标准

（1）检查用户是否开展用电电能质量监测、电能质量问题防治等工作。

▶ **检查依据**

《电能质量管理办法（暂行）》（中华人民共和国国家发展和改革委员会令第 8 号）：

第十条 电力用户负责所属厂站（房）或设备（设施）电能质量管理工作。负责用电电能质量监测、电能质量问题防治，配合开展公共连接点电能质量管理等工作。

《用户供配电设施运维及安全管理规范》（T/ZDL 024—2024）：

9.1 保障电力系统电能质量是供电企业、电力用户的共同责任。建立健全政府监督管理、行业自律和企业履责的机制，强化和落实供电企业、电力用户的主体责任，共同维护电力系统电能质量水平。因电网或用户原因引起电能质量问题时，责任主体应当按"谁干扰、谁治理"的原则及时处理，并接受监督管理。

（2）检查有干扰源的用户是否建立台账并采取主动防治措施。

▶ **检查依据**

《电能质量管理办法（暂行）》（中华人民共和国国家发展和改革委员会令第8号）：

第二十四条 存在电能质量问题的干扰源用户和对电能质量有特殊要求的用户应当加强电能质量监测分析，针对自身原因引起的电能质量问题主动采取防治措施，并配合问题调查分析，提供数据支撑。

第二十五条 干扰源用户和对电能质量有特殊要求的用户应当建立干扰源设备、对电能质量有特殊需求的设备、治理设备、监测装置台账库，定期维护更新。

《用户供配电设施运维及安全管理规范》（T/ZDL 024—2024）：

9.4 存在电能质量问题的干扰源用户和对电能质量有特殊要求的用户应当加强电能质量监测分析，针对自身原因引起的电能质量问题主动采取防治措施，并配合问题调查分析，提供数据支撑。

9.5 干扰源用户和对电能质量有特殊要求的用户应当建立干扰源设备、对电能质量有特殊需求的设备、治理设备、监测装置台账库，定期维护更新。

（3）检查谐波超出规定的用户是否配置谐波治理设备。电能质量（谐波）治理系统组成如图9-9所示。

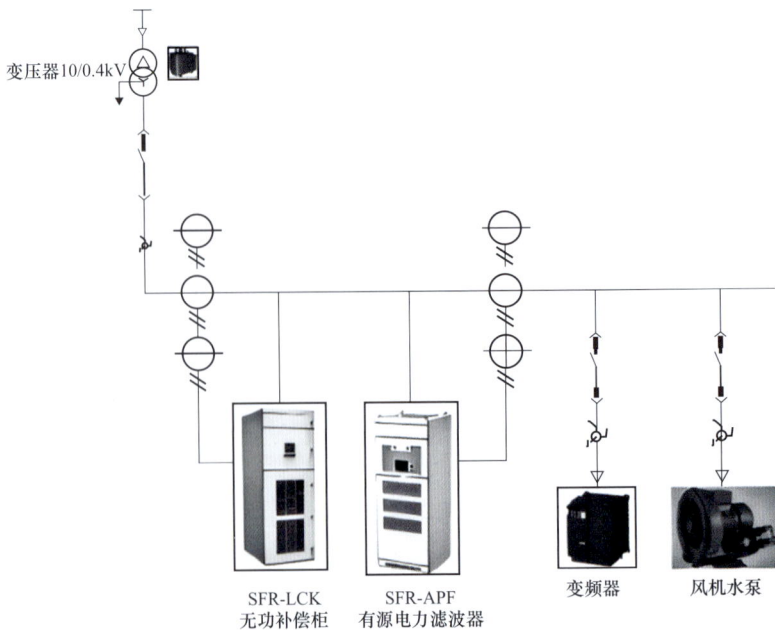

图9-9 电能质量（谐波）治理系统组成示意图

《10kV 及以上电力用户变电站运行管理规范》（GB/T 32893—2016）：

6.6.2 用电设备产生谐波超出规定时，用户应配置谐波治理设备，并定期开展检测。

（三）电能质量指标检查的主要内容和标准

电能质量指标包括电力系统频率偏差、供电电压偏差、谐波（间谐波）、三相电压不平衡、电压波动与闪变、电压暂升 / 暂降与短时中断等，各项电能质量指标应符合国家标准。

1. 频率

检查频率是否合格。

《电能质量 电力系统频率偏差》（GB/T 15945）：

3.1 电力系统正常运行条件下频率偏差限值为 ±0.2Hz，当系统容量较小时，偏差限值可放宽到 ±0.5Hz。

3.2 冲击负荷引起的偏差限制见本表附录 A。

附录 A 冲击负荷引起的频率偏差变化

冲击负荷引起的系统频率变化为 ±0.2Hz，根据冲击负荷性质和大小以及系统的条件也可适当变动，但应保证近区电力网、发电机组和用户的安全、稳定运行以及正常供电。

2. 谐波值

（1）检查谐波电压限值是否合格。

《电能质量 公用电网谐波》（GB/T 14549）：

4 谐波电压限值：公用电网谐波电压（相电压）限值见表 1。

表 1　　　　　　　　　　　公用电网谐波电压（相电压）限值

电网标称电压 kV	电压总谐波畸变率，%	各次谐波电压含有率，%	
		奇次	偶次
0.38	5.0	4.0	2.0
6	4.0	3.2	1.6
10			

续表

电网标称电压 kV	电压总谐波畸变率，%	各次谐波电压含有率，%	
		奇次	偶次
35	3.0	2.4	1.2
66			
110	2.0	1.6	0.8

（2）检查谐波电流允许值是否合格。

▶ **检查依据**

《电能质量 公用电网谐波》（GB/T 14549）：

5.1 公共连接点的全部用户向该点注入的谐波电流分量（方均根值）不应超过表 2 中规定的允许值。当公共连接点处的最小短路容量不同于基准短路容量时，表 2 中的谐波电流允许值的换算见附录 B（补充件）。

3. 三相电压不平衡度

检查三相电压不平衡度是否合格。

▶ **检查依据**

《电能质量 三相电压不平衡度》（GB/T 15543）：

4.2 接于公共连接点的每个用户引起该点负序电压不平衡度允许值一般为 1.3%，短时不超过 2.6%。根据连接点的负荷状况及邻近发电机、继电保护和自动装置安全运行要求，该允许值可做适当变动，但必须满足电力系统公共连接点电压不平衡度限值要求。

4. 电压波动和闪变

（1）检查电压波动是否合格。

▶ **检查依据**

《电能质量 电压波动和闪变》（GB/T 12326）：

4.1 电力系统公共连接点，与波动负荷产生的电压变动限值和变动频度、电压等级有关，见表 1。

表1

r,h−1	d,%		r,h−1	d,%		r,h−1	d,%	
	LV、MV	HV		LV、MV	HV		LV、MV	HV
$r \leqslant 1$	4	3	$10 < r \leqslant 100$	2*	1.5*	$r \leqslant 1$	4	3

注　1. 很少的变动频度 r（每日少于1次），电压变动限值 d 还可以放宽，但不在本标准中规定。

2. 对于随机性不规则的电压波动，依95%概率大值衡量，表中标有"*"的值为其限值。

3. 本标准中系统标称电压 U_N 等级按以下划分：

低压（LV）$U_N \leqslant 1kV$；

中压（MV）$1kV < U_N \leqslant 35kV$；

高压（HV）$35kV < U_N \leqslant 220kV$。

（2）检查电压闪变是否合格。

▶ **检查依据**

《电能质量　电压波动和闪变》（GB/T 12326）：

5.1　电力系统公共连接点，在系统正常运行的较小方式下，以1周（168h）为测量周期，所有长时间闪变值 P_{lt} 都应满足表2闪变限值的要求。

表2

P_{lt}	
$\leqslant 110kV$	$> 110kV$
1	0.8

二、隐患及定性

电能质量隐患多为严重隐患、危急隐患较多，涉及生产安全，可能造成电费支付，一旦发现需要及时闭环整改。常见隐患及隐患等级定性表见表9-3。

表9-3　　　　　　电能质量检查常见隐患及隐患等级定性表

序号	运行环境常见隐患	隐患等级
1	新（改、扩）建的新能源场站、10kV及以上电压等级并网的分布式电源和新型储能未开展电能质量评估	一般隐患
2	新（改、扩）建的新能源场站、10kV及以上电压等级并网的分布式电源和新型储能未配置在线监测装置	一般隐患
3	干扰源用户未开展电能质量评估，未开展有效的电能质量防治	一般隐患
4	干扰源用户和对电能质量有特殊要求的用户未建立干扰源设备、对电能质量有特殊需求的设备、治理设备、监测装置台账	一般隐患

序号	运行环境常见隐患	隐患等级
5	发电企业未在生产运行阶段开展电能质量监测工作,针对自身引起的电能质量问题未采取防治措施	严重隐患
6	用户电能质量指标超标	危急隐患
7	干扰源用户未采用耐受水平与电能质量需求相匹配的用电设备,以及配置合适的电能质量控制设备	危急隐患

三、典型环境卫生隐患示例

(一)谐波治理措施不到位

1. 隐患描述

某风电场与大型钢铁厂接入电网同一段 110kV 母线。风机为 DFIG(双馈异步风力发电机),风机变流器的 690V 转子侧装设 LC 型滤波器。周边的钢铁厂利用夜间谷电生产,大型电弧炉的 23 次谐波通过互联电网恶化了风机转子侧的谐波电压畸变,造成风机滤波电容 C1 谐波电流超限,风机安全链由此发出退出运行命令,导致风机夜间运行经常批量脱网。转子侧电压的现场测试波形如图 9-10 所示。

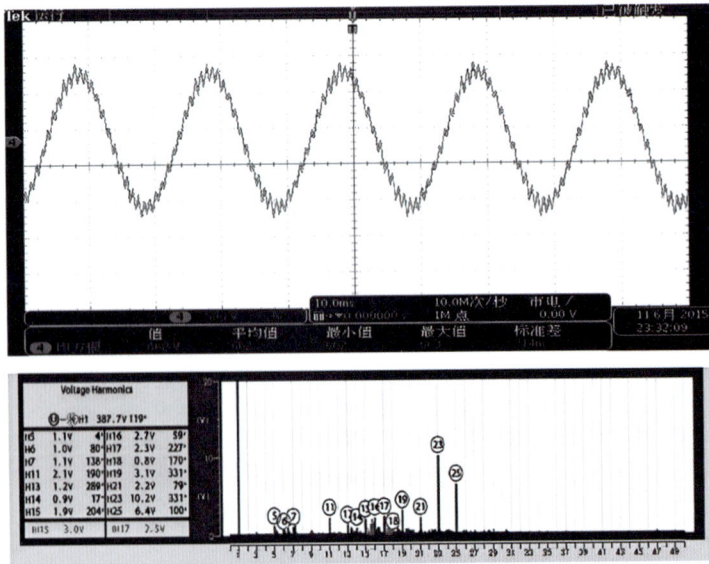

图 9-10　转子侧电压的现场测试波形

2. 隐患判断依据

谐波治理不到位造成谐波电压畸变,违反了《电能质量　公用电网谐波》(GB/T 14549)4 谐波电压限值:公用电网谐波电压(相电压)限值表 1 的要求。

3. 隐患定性

谐波电压超标会导致电缆的介质损耗增大，增加电缆的损耗，特别是在高次谐波的情况下，损耗会更加明显。谐波会引起电网电压的畸变，影响电力系统的稳定性和可靠性，该隐患属于危急隐患。

4. 隐患整改标准

谐波电压畸变的整改方法包括隔离、屏蔽、接地变频器系统，安装交流及直流电抗器，应用无源滤波器或有源滤波器，以及装设无功功率静止型补偿装置等。同时，合理规划电力系统结构，如分开产生谐波的负荷线路，也是有效的整改措施。

（二）有干扰源的用户未采取主动防治措施

1. 隐患描述

某单晶硅棒光伏产业基地，由于高功率设备及工艺过程导致电力负荷快速变化，进而冲击电网，引发电压波动。有干扰源造成电压的波动隐患如图 9-11 所示。

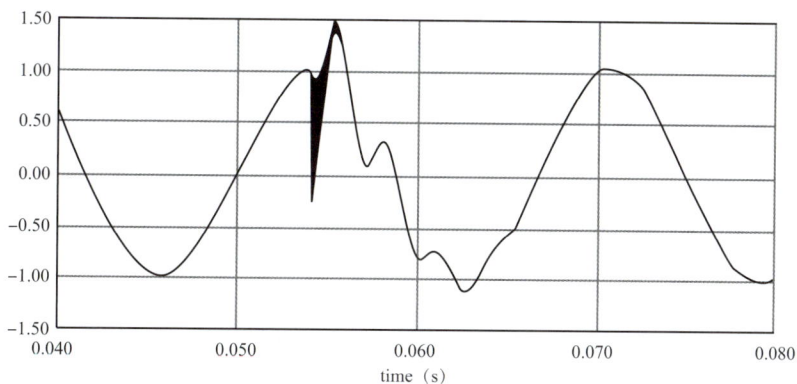

图 9-11 有干扰源造成电压的波动隐患

2. 隐患判断依据

《电能质量 电压波动和闪变》（GB/T 12326）4.1：电力系统公共连接点，与波动负荷产生的电压变动限值和变动频度、电压等级有关，见表 1。

3. 隐患定性

电压波动超出规范要求可能导致电气设备运行不稳定，引发电机过热、效率下降甚至损坏，影响生产工艺和产品质量；精密仪器和电子设备可能因电压不稳而出现故障或数据丢失，造成经济损失；同时，电压波动会缩短设备寿命，增加维护和更换成本，影响生产安全稳定运行。该隐患属于危急隐患。

4. 隐患整改标准

针对电压波动超出规范要求的问题，首先应排查波动原因，如大功率设备启停、负载不平衡或电网故障等，并采取相应措施，如加装稳压器、无功补偿装置或滤波器以稳定电压；其次要优化负荷分配，避免大功率设备同时运行；还可以建立电压监测系统，实时跟踪电压波动情况，确保整改措施有效落实。

第四节　应急预案

生产经营单位应急预案的制定和实施至关重要，因为它能确保电力系统的安全稳定运行，防止或减少因电力中断造成的巨大经济损失和生产中断。配电房作为电力系统的核心部分，其应急预案不仅涉及电力设备的快速有效恢复，还包括人员的安全和生命安全。通过制定科学、实用的应急预案，可以显著提高应对突发事故的能力，保障电力供应的稳定性，从而维护社会秩序和经济活动的正常运行。

一、检查的流程、内容、标准

应急预案检查主要检查生产经营单位（重要用户、民生用户、重要活动场所）结合重要生产、生活、活动需求和电气设备实际情况应急预案编制情况，应急预案内容及应急演练开展情况。应急预案检查与用电检查同步开展，主要以台账记录检查形式开展检查。预案的主要内容应包含用电基本信息、应急组织机构、应急指挥体系、应急联系网络、重要负荷分布、值守人员安排、备品备件、事故预想及应急处置步骤与方法等。

（一）应急预案演练实施检查的主要内容和标准

（1）检查用户是否制定应急预案并组织演练，应急演练情况如图 9-12 所示。

图 9-12　应急演练情况示例图

▶ **检查依据**

《10kV 及以上电力用户变电站运行管理规范》（GB/T 32893—2016）：

8.3　用户应制定相关应急预案，落实物资储备，定期组织开展演练。

应急管理部《生产安全事故应急预案管理办法》（2019 版）：

第五条 生产经营单位主要负责人负责组织编制和实施本单位的应急预案，并对应急预案的真实性和实用性负责；各分管负责人应当按照职责分工落实应急预案规定的职责。

《用户供配电设施运维及安全管理规范》（T/ZDL 024—2024）：

5.2.2 用户变（配）电站安全组织、技术措施应遵循国家行业相关安全规定，并制定相关应急预案，落实物资储备，定期组织开展演练。

（2）检查应急预案演练的次数是否满足要求。

▶ **检查依据**

《用户供配电设施运维及安全管理规范》（T/ZD 024—2024）：

5.3.9 对于重要用户要制定自备应急电源运行操作、维护管理的规则制度和应急处置预案，并定期（至少每半年1次）进行应急演练。

6.2.1 用户应根据具体情况，制定供配电故障抢修应急预案和抢修方案，并严格执行。储能电站、换电站应制定生产安全事故应急救援预案，包括电池热失控、火灾、触电、机械伤害、自然灾害等事故的应急预案，运维单位应每半年至少进行1次应急演练。

7.1.2 其他用户应根据用户生产特性及电源配置情况制定针对性的应急预案，并定期自行组织演练。

（3）应急预案的演练类型和方式是否符合要求。

▶ **检查依据**

《用户供配电设施运维及安全管理规范》（T/ZDL 024—2024）：

7.2 应急演练按演练方式可分为模拟演练和实战演练两类。模拟演练应按照事故预想进行桌面推演；实战演练应通过实际停电进行应急演练。

7.3 模拟演练应根据电源侧和用户侧不同程度、不同类型的事故预想，编制应急预案；实战演练应在保证安全的前提下开展，根据应急预案内容，按步骤逐一进行，并对演练结果进行记录和比对。

7.4 用户应开展应对电力突发事件、紧急情况、高峰时段负荷预测或可预计的电力供应短缺等的应急演练，确保负荷及时调整到位。

（4）应急预案是否在演练后或者灾后进行优化。

《用户供配电设施运维及安全管理规范》（T/ZDL 024—2024）：

7.5 应急演练结束后应做好总结，并及时消除演练中发现的隐患。

8.3.3 灾后及时开展总结评估，主要包含影响分析、组织措施、技术措施和预案的落实情况、具体实施过程及完成情况、人力物力投入情况、对所暴露问题的分析认识及改进提升措施等内容。

（5）检查用户是否开展应急资源的调查。

《生产经营单位生产安全事故应急预案编制导则》（GB/T 29639—2020）：

4.5 应急资源调查

全面调查和客观分析本单位及周边单位和政府部门可请求援助的应急资源状况，撰写应急资源调查报告（编制大纲参见附录B），其内容包括但不限于：

a）本单位可调用的应急队伍、装备、物资、场所；

b）针对生产过程及存在的风险可采取的监测、监控、报警手段；

c）上级单位、当地政府及周边企业可提供的应急资源；

d）可协调使用的医疗、消防、专业抢险救援机构及其他社会化应急救援力量。

（二）应急预案内容检查的主要内容和标准

（1）检查应急预案的内容是否符合要求。

应急管理部《生产安全事故应急预案管理办法》（2019版）：

第七条 应急预案的编制应当遵循以人为本、依法依规、符合实际、注重实效的原则，以应急处置为核心，明确应急职责、规范应急程序、细化保障措施。

第八条 应急预案的编制应当符合下列基本要求：

（一）有关法律、法规、规章和标准的规定；

（二）本地区、本部门、本单位的安全生产实际情况；

（三）本地区、本部门、本单位的危险性分析情况；

（四）应急组织和人员的职责分工明确，并有具体的落实措施；

（五）有明确、具体的应急程序和处置措施，并与其应急能力相适应；

（六）有明确的应急保障措施，满足本地区、本部门、本单位的应急工作需要；

（七）应急预案基本要素齐全、完整，应急预案附件提供的信息准确；

（八）应急预案内容与相关应急预案相互衔接。

（2）检查应急预案中是否识别了事故风险及调查应急资源。

检查依据

应急管理部《生产安全事故应急预案管理办法》（2019版）：

第十条　编制应急预案前，编制单位应当进行事故风险辨识、评估和应急资源调查。

事故风险辨识、评估，是指针对不同事故种类及特点，识别存在的危险危害因素，分析事故可能产生的直接后果及次生、衍生后果，评估各种后果的危害程度和影响范围，提出防范和控制事故风险措施的过程。

应急资源调查，是指全面调查本地区、本单位第一时间可以调用的应急资源状况和合作区域内可以请求援助的应急资源状况，并结合事故风险辨识评估结论制定应急措施的过程。

（3）检查应急预案的内容是否经过评审或论证，杭州亚运会场馆应急预案专家评审如图9-13所示。

图9-13　杭州亚运会场馆应急预案专家评审

▶ **检查依据**

应急管理部《生产安全事故应急预案管理办法》（2019版）：

第二十一条 矿山、金属冶炼企业和易燃易爆物品、危险化学品的生产、经营（带储存设施的，下同）、储存、运输企业，以及使用危险化学品达到国家规定数量的化工企业、烟花爆竹生产、批发经营企业和中型规模以上的其他生产经营单位，应当对本单位编制的应急预案进行评审，并形成书面评审纪要。

前款规定以外的其他生产经营单位可以根据自身需要，对本单位编制的应急预案进行论证。

（4）检查应急预案的内容是否完整。

▶ **检查依据**

《生产经营单位生产安全事故应急预案编制导则》（GB/T 29639—2020）：

6.1 总则

6.1.1 适用范围

说明应急预案适用的范围。

6.1.2 响应分级

依据事故危害程度、影响范围和生产经营单位控制事态的能力，对事故应急响应进行分级，明确分级响应的基本原则。响应分级不必照搬事故分级。

6.2 应急组织机构及职责

明确应急组织形式（可用图示）及构成单位（部门）的应急处置职责。应急组织机构可设置相应的工作小组，各小组具体构成、职责分工及行动任务应以工作方案的形式作为附件。

6.3 应急响应

6.3.1 信息报告

6.3.1.1 信息接报

明确应急值守电话、事故信息接收、内部通报程序、方式和责任人，向上级主管部门、上级单位报告事故信息的流程、内容、时限和责任人，以及向本单位以外的有关部门或单位通报事故信息的方法、程序和责任人。

6.3.1.2 信息处置与研判

6.3.1.2.1 明确响应启动的程序和方式。根据事故性质、严重程度、影响范围和可控性，结合响应分级明确的条件，可由应急领导小组做出响应启动的决策并宣布，或者依据事故信息是否达到响应启动的条件自动启动。

6.3.1.2.2 若未达到响应启动条件，应急领导小组可做出预警启动的决策，做好响应准备，实时跟踪事态发展。

6.3.1.2.3　响应启动后，应注意跟踪事态发展，科学分析处置需求，及时调整响应级别，避免响应不足或过度响应。

6.3.2　预警

6.3.2.1　预警启动

明确预警信息发布渠道、方式和内容。

6.3.2.2　响应准备

明确做出预警启动后应开展的响应准备工作，包括队伍、物资、装备、后勤及通信。

6.3.2.3　预警解除

明确预警解除的基本条件、要求及责任人。

6.3.3　响应启动

确定响应级别，明确响应启动后的程序性工作，包括应急会议召开、信息上报、资源协调、信息公开、后勤及财力保障工作。

6.3.4　应急处置

明确事故现场的警戒疏散、人员搜救、医疗救治、现场监测、技术支持、工程抢险及环境保护方面的应急处置措施，并明确人员防护的要求。

6.3.5　应急支援

明确当事态无法控制情况下，向外部（救援）力量请求支援的程序及要求、联动程序及要求，以及外部（救援）力量到达后的指挥关系。

6.3.6　响应终止

明确响应终止的基本条件、要求和责任人。

6.4　后期处置

明确污染物处理、生产秩序恢复、人员安置方面的内容。

6.5　应急保障

6.5.1　通信与信息保障

明确应急保障的相关单位及人员通信联系方式和方法，以及备用方案和保障责任人。

6.5.2　应急队伍保障

明确相关的应急人力资源，包括专家、专兼职应急救援队伍及协议应急救援队伍。

6.5.3　物资装备保障

明确本单位的应急物资和装备的类型、数量、性能、存放位置、运输及使用条件，更新及补充时限、管理责任人及其联系方式，并建立台账。

二、隐患及定性

应急预案隐患多为一般隐患、严重隐患。常见应急预案检查隐患及隐患等级定性表见表9-4。

表 9-4 应急预案检查常见隐患及隐患等级定性表

序号	运行环境常见隐患	隐患等级
1	编制应急预案不规范,缺少关键要素	一般隐患
2	未编制应急预案	严重隐患
3	未按周期开展应急演练	严重隐患
4	人员、设备变更后应急预案未及时更新、宣贯	严重隐患

三、典型环境卫生隐患示例

（一）无应急预案

1. 隐患描述

某供电企业在对某某企业开展用电安全检查过程中，发现该用户未编制相关的应急预案。

2. 隐患判断依据

该企业没有存在用电安全风险，但缺少应急预案，违反了《10kV 及以上电力用户变电站运行管理规范》（GB/T 32893—2016）8.3 条款及应急管理部《生产安全事故应急预案管理办法》（2019 版）第五条的要求。

3. 隐患定性

若该用电企业缺乏完善的应急预案，一旦面临突发事故或电力故障，将陷入极为被动的局面，可能导致关键生产设备瞬间停运，生产线停滞，造成重大经济损失。员工的人身安全也将受到威胁，紧急情况下无法迅速有效地疏散并安置到安全区域。该隐患属于严重隐患。

4. 隐患整改标准

企业缺少应急预案的问题，可以采取以下措施：

（1）建立应急管理小组：成立专门的应急管理小组，负责制定和执行应急预案，确保预案与企业的运营实际相匹配。

（2）全面审查和修订预案：对现有的应急预案进行全面审查，找出其中的不足，并根据最新的风险评估结果进行修订，确保预案内容全面且具有操作性。

（3）定期审查和更新预案：随着企业业务发展和外部环境变化，定期对应急预案进行审查和更新，以保持预案的有效性和实用性。

（二）应急预案编制不完整

1. 隐患描述

某供电企业在对某企业开展用电安全检查过程中，发现该用户应急预案不完整，未明确人员防护要求的内容。

2. 隐患判断依据

该用户的应急预案不完整，违反了《生产经营单位生产安全事故应急预案编制导则》（GB/T 29639—2020）6.3.4 应急处置内容的要求。

3. 隐患定性

未在用户应急预案中明确人员防护的要求会导致严重的后果。在应急响应过程中，员工可能因为缺乏明确的防护措施而暴露在危险环境中，这不仅会增加人员伤亡的风险，还可能导致无法有效控制事故，有可能扩大事故后果，增加事故救援成本和时间。该隐患属于严重隐患。

4. 隐患整改标准

在用户应急预案中，若未明确人员防护的要求，证明该预案存在明显的安全隐患。整改方案应包括以下几点：

（1）补充人员防护条款：明确在应急情况下，各岗位人员应穿戴的个人防护装备（如口罩、手套、防护服等）及使用方法。

（2）细化防护措施：针对不同类型的突发事件，制定具体的人员防护措施，包括疏散路线、避险场所及紧急救援流程。

（3）重新针对本预案开展评审和审批工作。

参考文献

［1］国网浙江省电力公司营销部，等．用电检查培训教材．北京：中国电力出版社，2015.

［2］国网浙江省电力有限公司．客户用电安全检查培训教材．北京：中国电力出版社，2023.

［3］四川省电力公司．供电企业高危和重要客户安全隐患辨识及防控措施．北京：中国电力出版社，2010.

［4］李珞新．行业用电分析．北京：中国电力出版社，2002.